「化学」で考える
環境・エネルギー・廃棄物問題

村田 德治 著

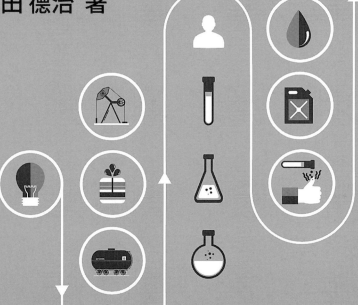

化学工業日報社

推薦の言葉

　本書の著者である村田徳治先生は「はじめに」に記述されているように、今から45年も前に"循環資源研究所"を設立され、それ以来永年にわたり環境・エネルギー・資源の問題を化学の視点で論じ、あるべき方向について発言されてきた。「循環」という言葉は今でこそ環境問題解決のキーワードとして人々に認知されているが、45年も前にこの言葉を用いた村田先生の先見性に改めて敬意を表する次第である。

　環境・エネルギー・資源問題の正しい解決には化学の基礎的な知識が不可欠であるとの信念のもとに、本書ではまず最初の第1章で化学の基礎が記述されている。その記述内容であるが、通常の高校の化学の教科書とは異なり、非常に身近な例を出しながら説明されており、化学を専門とする私でさえ、改めて感心する記述が豊富にある。これもひとえに長年にわたる村田先生の経験と幅広い教養から生み出された賜物である。

　また、第13章は村田先生の文明論、宗教論になっており、自然科学、特に環境問題を扱う研究者は哲学を持ち、高い倫理観が必要であると私は日頃考えており、まさに私の言いたいことを村田先生は具体的に述べている。

　さらに本書の特徴をあげるなら、それぞれの章末に「第○章のポイント」が書かれており、これは読者がその章の記述内容についての理解の確認と復習のためのよいヒントになると思う。

　本書の最大の特徴は"循環資源研究所"という政府からも、自治体からも、民間会社から、NPO（特定非営利活動法人）からも完全に独立した機関の代表者が自らの良心に基づき、あくまでも科学者としての信念で、種々の問題に関し、失礼な表現をすれば「歯に衣を着せず」正しい、あるべき姿を提言していることである。これらは結果として行政の方針や民間会社

[1]

の方向を批判することになるが、このようなことが発言できるのも、どこからも援助を受けていない独立の研究所であるからである。

　例えば、CO_2のリサイクル、金属くずからの水素の製造など一般に正しいと信じられていることを、村田先生は本書の中で化学の面から正しくないと論破している。全くその通りである。

　以上述べた如く、本書は村田先生の長年の研究、経験に基づく環境・エネルギー・資源の問題についての現状及びその解決のための考え方を述べた書籍であり、文科系、理科系を問わず、この領域の研究者、技術者ばかりでなく、関心ある多くの一般の方にもぜひ一読を勧める。

　2016年11月

淑徳大学人文学部　教授

北野　大

はじめに

敗戦時（1945年8月15日）、国民学校初等科5年生であった筆者は、理数科以外の学問が、180度変わってしまうことを知った。太平洋戦争は物事を合理的に考えられない日本を支配していた軍部・官僚・政治家達の完全な敗北であった。

1947年、学制改革で第1期新制中学1年生になったが、教科書は新聞を折り畳んだような粗末なものでもあれば上々で、数学の教師は教科書のできるまでと題するガリ版刷りのわら半紙を生徒に配布していた。

外側をボール紙で巻いた亜鉛缶に二酸化マンガンと炭素粉を詰め、真ん中の炭素棒をピッチで封じた乾電池しか知らない筆者にとって、アメリカ軍が使っている乾電池を見たときの驚きは今でも鮮明に覚えている。その外観は現在市販されている単1乾電池と変わっていない化粧鉄板で包まれている豪華なものであった。子供心にこんな国と戦争した指導者の頭を疑った。

当時、『ブロンディ』というアメリカの新聞に連載されていた漫画があり、そこには見たこともない電気掃除機や電気冷蔵庫が描かれていた。

「欲しがりません勝つまでは」という銃後の少国民の標語で育った筆者は、アメリカの豊かな生活を知り、真理を人間の力で恣意的に操作できない自然科学を学ぶことを子供心に決心した。

高校時代、東京大学化学科卒の恩師が「化学は生徒から嫌われるばかりでなく、世間からも正しく評価されておらず、化学を学ぶ奴はどこかおかしいのではないか。と言われている。」と嘆いておられた。化学は暗記物と言われているが、それは先生の教え方が悪いのであって、化学のせいではない。

筆者は化学に心酔して、応用化学を専攻したが、一時、化学に興味を失っ

[3]

た時期があった。1957年は鍋底不況と言われた就職難であり、化学にあまり関係ない数社を受験したが、ことごとく不合格であった。今にして思えば不採用で良かったと思っている。

翌年1月に重金属化合物を製造・販売している中小企業に採用が決まった。もともと化学に興味を抱いたのは、重金属の化学であったので、水を得た魚であり、会社の方も金の卵のように大事にしてくれた。当時は石油化学工業の黎明期であり、触媒用の重金属化合物が製造できる競争相手が少なかったため、会社は急成長し入社2年目で株を東京証券取引所に上場し、たちまち時価相場は株価の7倍以上になった。

1960年代、高度経済成長政策の結果、日本各地で公害問題が発生、それを治めるため、1970年、第64回国会（通称：公害国会）で「大気汚染」「水質汚濁」「土壌汚染」「騒音」「振動」「地盤沈下」「悪臭」の典型7公害が指定され、関連の法律が成立した。

公害企業の筆頭は、化学工業であり、化学を専攻した筆者にとって、肩身が狭い思いをなんとか払拭したかった。

1970年、弱冠35歳で研究所長を拝命していた筆者は、直属の上司で実質上の創業者であった専務に、有害重金属化合物メーカーの製造責任として廃水処理を充実させるべきであると意見具申を行ったが、その当時の多くの経営者がそうであったように、公害問題を真剣にとらえておらず、廃水処理を先延ばしにする回答しか得られなかった。

1971年、化学工業に属さず、独立技術者として今まで蓄積した化学知識を生かして公害防止に寄与するべく技術士事務所を創立、独立する道を選んだ。

化学を専攻した人達の進路は、化学系の企業や研究機関・大学などであり、本当は専門知識を必要とする廃棄物関連の企業へ就職する人は希である。特に行政の廃棄物関連部署は、文科系の人が多く、しかも任期が2、3年で別の部署へ異動してしまう。そのため、知識の蓄積がなく、廃棄物処理を化学的に考えることが不得手である。

[4]

本書は、文科系の人や廃棄物処理を生業としている人達を対象に、化学の歴史・身近な環境問題・廃棄物等を題材にして、物事に対し、合理的な考え方を培ってもらうことを念頭に、化学読み物風に書いたものである。

　地球温暖化の原因物質の一つであるCO_2（気体）、水俣病の水銀含有廃水（液体）による環境汚染、エネルギー問題などを歴史的にとらえ、化学知識が身に付くように配慮した。

　2016年11月

村田 德治

目　　次

推薦の言葉

はじめに

第1章　様々な問題を考える上での化学知識 ………… 3

1.1　元素・原子・分子・単体・化合物とは　　　　　3

1.2　燃焼の化学　　　　　6

　　1.2.1　火の使用の歴史 ………………………………… 7

　　1.2.2　火の使用と効用（加熱加工、生活圏拡大等）…… 8

　　1.2.3　火の使用により生まれたモノ ………………… 9

　　1.2.4　アルカリが食品添加物の元祖 ………………… 11

　　1.2.5　火から金属 …………………………………… 12

1.3　物質不滅の法則　　　　　14

1.4　エントロピーと廃棄物　　　　　17

1.5　物質不滅の法則に反する廃棄物のリサイクル　　　　　18

1.6　物質を理解するための化学の法則　　　　　20

　　1.6.1　周　期　表 …………………………………… 20

　　1.6.2　原子の電子構造 ……………………………… 21

　　1.6.3　八隅子則とイオン結合・共有結合 …………… 22

　　1.6.4　化学式の見方 ………………………………… 25

　▶ 第1章のポイント ……………………………………… 26

[7]

第2章　フロギストン（火素・燃素)への迷い道 ……… 27

2.1 18世紀末まで化学界を支配したフロギストン説　　27

2.2 酸素と窒素（空気の組成）の発見　　29

2.3 物質命名法を発表（近代化学の父・ラボアジェの登場）　　32

2.4 水素と水の組成の発見　　33

2.5 フロギストン説の否定　　34

▶ 第2章のポイント ……………………………………… 37

第3章　水素の化学 ……………………………………… 39

3.1 効果のないCO_2リサイクル技術（水素の逆錬金術）　　41

　3.1.1　CO_2からメタノールの製造 ……………………… 42

　3.1.2　CO_2の減らないマヤカシ研究に多額の税金が … 45

　3.1.3　アンモニアNH_3の合成（空中窒素固定法）…… 50

3.2 木を見て森を見ずの金属アルミニウムから水素の製造　　51

　3.2.1　アルミニウムの精錬 ……………………………… 52

　3.2.2　アルミナの製造（バイヤー法）………………… 53

　3.2.3　アルミナの製造工程 ……………………………… 54

　3.2.4　アルミナの電気分解 ……………………………… 54

　3.2.5　苛性ソーダの製造エネルギー ………………… 55

3.3 金属くずから水素の製造　　56

　3.3.1　アルミニウムから水素の製造反応 ……………… 56

　3.3.2　シリコンくずから水素の製造 ………………… 57

　3.3.3　金属くず再生の在り方 ………………………… 58

3.4 メタンからCO_2が発生しない水素の製造　　59

3.5 水素（エネルギーキャリヤー・エネルギー貯蔵物質）

　　の貯蔵・供給・輸送の困難性　　59

[8]

3.6　水素と燃料電池　　　　　　　　　　　　　　　　　　63

　　3.6.1　燃料電池の原理 ················· 63

　　3.6.2　燃料電池自動車・電気自動車との比較 ·········· 65

3.7　水素の価格　　　　　　　　　　　　　　　　　　　66

3.8　水素と爆発の関係性 （可燃ガス・爆発範囲・原子炉）　67

　　3.8.1　爆発限界 （Flammability limit）［爆発範囲］······ 68

　　3.8.2　原子炉からの水素の発生と爆発 ················· 69

　▶ 第3章のポイント ································· 72

COLUMN① 　電気自動車こぼれ話　73

第4章　CO₂の循環－増え過ぎで地球温暖化 ········ 75

4.1　生態系とCO₂の循環　　　　　　　　　　　　　　75

4.2　燃焼と消火　　　　　　　　　　　　　　　　　　78

4.3　廃棄物からエネルギー回収の歴史　　　　　　　79

4.4　燃焼の歴史　　　　　　　　　　　　　　　　　　80

　　4.4.1　製鉄から始まった環境破壊 ················· 81

　　4.4.2　コークス炉 ··································· 84

　　4.4.3　悪魔の水から有機化学物－ベンゼンの発見 ······ 85

4.5　油脂とエステル　　　　　　　　　　　　　　　　88

　　4.5.1　脂肪 （油脂） ······························ 88

　　4.5.2　蝋 （ワックス） ·························· 90

　　4.5.3　エステル系エッセンス ···················· 92

4.6　金属石鹸　　　　　　　　　　　　　　　　　　　93

　　4.6.1　塩化ビニル樹脂の安定剤 （金属石鹸） ·········· 95

　▶ 第4章のポイント ································· 96

COLUMN② 　戦争に使われたアルミニウム金属石鹸　97

[9]

第5章 有害物質（不滅の元素が有害物質）‥‥‥‥‥ 99

5.1 水　　銀　　100

5.1.1 水銀利用の歴史 ‥‥‥‥‥‥‥‥‥‥‥ 100
5.1.2 水銀を使う小規模な金採掘現場 ‥‥‥‥‥ 103
5.1.3 水銀の精錬 ‥‥‥‥‥‥‥‥‥‥‥‥‥ 104
5.1.4 水銀蒸気の除去 ‥‥‥‥‥‥‥‥‥‥‥ 105
5.1.5 水銀による環境汚染 ‥‥‥‥‥‥‥‥‥ 106
5.1.6 水俣病と石炭化学 ‥‥‥‥‥‥‥‥‥‥ 107
5.1.7 水銀と水俣条約 ‥‥‥‥‥‥‥‥‥‥‥ 113

5.2 カドミウムとイタイイタイ病　　116

5.2.1 カドミウムの用途 ‥‥‥‥‥‥‥‥‥‥ 117
5.2.2 カドミウムの行方 ‥‥‥‥‥‥‥‥‥‥ 121
5.2.3 イタイイタイ病は幻ではない ‥‥‥‥‥ 124
5.2.4 カドミウム汚染大国日本 ‥‥‥‥‥‥‥ 127
5.2.5 カドミウムの毒性 ‥‥‥‥‥‥‥‥‥‥ 129

5.3 古典的な毒物－砒素　　131

5.3.1 愚者の毒－砒素 ‥‥‥‥‥‥‥‥‥‥‥ 131
5.3.2 練丹術の時代から知られていた毒性 ‥‥‥ 131
5.3.3 砒素の用途 ‥‥‥‥‥‥‥‥‥‥‥‥‥ 133
5.3.4 砒素による中毒事件 ‥‥‥‥‥‥‥‥‥ 135
5.3.5 砒素による公害 ‥‥‥‥‥‥‥‥‥‥‥ 137
5.3.6 亜鉛製錬所における砒素中毒 ‥‥‥‥‥ 138
5.3.7 砒素は内分泌撹乱化学物質 ‥‥‥‥‥‥ 139
5.3.8 砒素の化学的性質 ‥‥‥‥‥‥‥‥‥‥ 140
5.3.9 砒素化合物の不溶化処理 ‥‥‥‥‥‥‥ 144
5.3.10 砒素含有廃棄物の最終処分 ‥‥‥‥‥ 145

5.4 6価クロム（酸化数で有害物質） 146

    5.4.1 クロムの発見と人体影響 …………………… 147

    5.4.2 クロムとイオン、原子価、酸化数 ………… 148

    5.4.3 クロム原子と酸化数 ………………………… 151

    5.4.4 土壌汚染処理対策と失敗の原因 …………… 154

    5.4.5 6価クロム分析法に問題 …………………… 156

    5.4.6 6価クロムの廃水処理 ……………………… 157

    5.4.7 6価クロム鉱さいが発生する工程 ………… 158

    5.4.8 6価クロム化合物 …………………………… 159

    5.4.9 3価クロム化合物 …………………………… 160

▶ 第5章のポイント ………………………………………… 162

第6章　シアン化合物と有毒ガスの化学
（硫化水素）－無害化できる有害物質 ……… 163

6.1 犯罪に使われたシアン化合物 164

6.2 シアン化合物の歴史 166

6.3 シアン化水素は杏の匂いはしない 167

6.4 植物が持っているシアン化合物 170

    6.4.1 豆類、イモ類に含まれるシアン化合物 ………… 171

6.5 シアン化合物の製法と用途 174

    6.5.1 シアン化ナトリウム ………………………… 174

    6.5.2 紺青$Fe_3K_3[Fe(CN)_6]_3$（プルシアンブルー）の
        製造 ……………………………………………… 175

    6.5.3 青化銅（シアン化銅） ……………………… 176

6.6 シアン化合物の毒性 177

    6.6.1 シアン水素の毒性 …………………………… 177

    6.6.2 シアン化合物による死亡事故事例 ………… 179

[11]

6. 7　シアン化合物の分解無害化技術　　183

　　6. 7. 1　次亜塩素酸塩によるシアンの分解 ……………… 184

　　6. 7. 2　加熱加水分解法 ………………………………… 185

　　6. 7. 3　湿式酸化法 ……………………………………… 187

6. 8　シアン化合物の回収法　　188

6. 9　シアン化物の分析問題　　189

6. 10　硫化水素　　190

　　6. 10. 1　硫化水素とは …………………………………… 190

　　6. 10. 2　化学的性質 ……………………………………… 192

　　6. 10. 3　実験室的製法 …………………………………… 193

　　6. 10. 4　分析化学 ………………………………………… 194

　　6. 10. 5　その他の金属硫化物 …………………………… 194

6. 11　硫化水素による死亡事故　　195

▶ 第6章のポイント …………………………………… 197

COLUMN③　シアン化水素と遺伝子　198

第7章　都市ゴミ焼却炉とエネルギー回収 ………… 199

7. 1　ヨーロッパに遅れた日本のエネルギー開発　　200

7. 2　青砥藤綱の教訓　　202

7. 3　火力発電の現状　　205

7. 4　これからの都市ゴミ焼却炉（エネルギー回収炉）　　206

　　7. 4. 1　CO_2削減と都市ゴミ処理 ……………………… 206

▶ 第7章のポイント …………………………………… 207

第8章　バイオ燃料の現状と問題点 ………………… 209

8. 1　バイオ燃料　　209

8.1.1　第1世代バイオ燃料（食糧から時代遅れの
バイオエタノールの生産）……………………… 210

8.1.2　第2世代バイオ燃料（セルロース系原料からの
バイオエタノールの生産）……………………… 211

8.2　バイオエタノールの問題点　212

8.2.1　カーボンニュートラルではないバイオエタノール … 212

8.3　化学プロセスによるバイオマスからの合成ガソリン製造　213

8.3.1　化学プロセスを使ったバイオ燃料にBHF
（BioHydrocracking Fuel）……………………… 214

**8.4　第3世代バイオ燃料
（微細藻類による油脂、炭化水素の生産）**　215

8.5　メタン発酵と微細藻類　216

8.5.1　気体バイオ燃料（メタン）………………………… 216

8.5.2　メタン発酵の概要—
メタン発酵（Methane Fermentation）、
嫌気性消化（Anaerobic Digestion）………… 217

8.5.3　メタン生成菌の活動条件 ……………………… 218

8.6　メタン発酵廃液の微細藻類による資源化　219

▶ 第8章のポイント ………………………………… 223

第9章　廃棄物処理と高圧化学 ……………… **225**

9.1　蒸気機関と硬水　225

9.2　硬水と缶石の生成反応　226

9.3　高圧化学の発達　226

9.3.1　湿式酸化法（ジンマーマン法）………………… 227

9.3.2　触媒湿式酸化法（CWO）……………………… 228

9.3.3　亜臨界水熱分解法 ……………………………… 229

[13]

9. 4　加圧殺菌とSTAP細胞　　　　　　　　　　　　　　　　　230

　　9. 4. 1　STAP細胞に対する疑問　……………………………… 230

　▶ 第9章のポイント　………………………………………… 231

第10章　電　　池 ……………………………………………… **233**

10. 1　乾電池とその問題点　　　　　　　　　　　　　　　　233

10. 2　電池と化学反応　　　　　　　　　　　　　　　　　234

10. 3　電池の電流供給源は金属　　　　　　　　　　　　　237

10. 4　マグネシウム空気電池　　　　　　　　　　　　　237

　　10. 4. 1　実用化への課題　……………………………………… 238

　　10. 4. 2　使用済みマグネシウムの再生　………………… 238

　　10. 4. 3　マグネシウム循環社会構想　………………… 239

10. 5　マグネシウム空気二次電池の動き　　　　　　　240

　▶ 第10章のポイント　……………………………………… 241

COLUMN④　レドックスフロー蓄電池　242

第11章　プラスチックと廃棄物 ……………………… **243**

11. 1　プラスチックの誕生　　　　　　　　　　　　　　244

11. 2　塑性と弾性、熱可塑性樹脂と熱硬化性樹脂　　244

11. 3　プラスチックの種類　　　　　　　　　　　　　246

　　11. 3. 1　生産量の多いポリオレフィン樹脂　…………… 246

　　11. 3. 2　ポリエステル樹脂　……………………………… 246

　　11. 3. 3　不飽和ポリエステル樹脂（熱硬化性樹脂）…… 247

　　11. 3. 4　ナイロン（ポリアミド樹脂）…

　　　　　　　アミド結合−CONH−の構造　…………… 248

　　11. 3. 5　スチレン樹脂　…………………………………… 249

[14]

11.3.6　ポリカーボネート ················· 250
11.4　マイクロプラスチック問題　　　　　　252
　　11.4.1　一次マイクロプラスチック ················· 252
　　11.4.2　二次マイクロプラスチック ················· 253
　　11.4.3　海洋環境への潜在的影響 ················· 253
　　11.4.4　海洋で検出されている有機合成化学物質、
　　　　　　残留性有機汚染物質［POPs］
　　　　　　（マイクロプラスチックに吸着）················· 255
11.5　マイクロプラスチックと残留性有機汚染物質　　256
11.6　プラスチックと環境ホルモン　　　　　257
▶ **第11章のポイント** ················· 258

第12章　銅とその化合物（ニッケルとの分離） ········· 259

12.1　銅の精錬工程　　　　　　260
　　12.1.1　銅精錬プロセス ················· 260
12.2　銅精錬（湿式法）　　　　　　261
　　12.2.1　SxEw法の長所と短所 ················· 263
12.3　粗硫酸ニッケルから塩化ニッケルの製造プロセス　264
　　12.3.1　粗硫酸ニッケルの精製 ················· 264
　　12.3.2　塩化ニッケルの製法 ················· 265
12.4　液体イオン交換法による塩化ニッケルの製法　266
12.5　銅の化合物　　　　　　267
　　12.5.1　第一銅化合物 ················· 267
　　12.5.2　第二銅化合物 ················· 271
12.6　ヘキスト・ワッカー法によるアセトアルデヒドの製法　271
12.7　塩化第二銅とオキシクロリネーション（オキシ塩素化反応）　272
▶ **第12章のポイント** ················· 274

[15]

第13章　環境破壊と人間の行動 ································ **275**

13.1　荒廃した環境と宗教　　　　　　　　　　275

　　13.1.1　イスラム教とキリスト教の衝突 ················ 276

　　13.1.2　死への恐怖と宗教 ·························· 277

　　13.1.3　不寛容な一神教 ·························· 277

　　13.1.4　自然を破壊し続ける人類 ·················· 280

13.2　人間中心主義はなぜ生まれたのか　　　282

13.3　人間行動とその行動原理の解析　　　　286

13.4　潜在化している人間の行動　　　　　　290

13.5　利己的遺伝子　　　　　　　　　　　292

　▶ 第13章のポイント ······································ 295

COLUMN⑤　宗教と食物　296

おわりに

参考文献

索　　引

[16]

「化学」で考える

環境・エネルギー・廃棄物問題

第1章

様々な問題を考える上での化学知識

　理科系の学問では、定義という基礎的なことを最初に学ぶが、定義がうろ覚えであったり、最初から拒絶してしまい理解する気がない人、或いは人間関係以外に興味が無い人に、理科系の考え方の苦手な人が多い。

　物理学、特に力学の分野では、物を物体という。重さや形状を問題にする力学では、物の質は問わない。しかし、化学の分野では、物の成分・組成など、その質を問う分野なので、その形状よりその質を問題にするので、物を物質という。

　物の質を考える視点を培うと、一般の人とは物の見方が異なってくるばかりでなく、価値観が全く変わってくることに気付く。

1.1 元素・原子・分子・単体・化合物とは

　私達の身辺に存在する物（物質）は、すべて原子atomから構成されている。atomはギリシャ時代から存在する概念であり、もうそれ以上分割

第1章　様々な問題を考える上での化学知識

できない物で、物質の本源をなす想像上の粒子であったが、現在では、走査型トンネル顕微鏡など特殊顕微鏡でパチンコ玉のような球体をしている原子を見ることができる。

　地球上で安定に存在する原子は、92種類が知られており、その種類を区別するためにそれぞれに名前（元素名）とそれを表す化学記号が決められている。この他に人工的に造りだされた超ウラン元素が約20種類ある。

　その中で日常よく使われる元素名は水素H・炭素C・酸素Oなど30種類くらいしかない。

　元素記号で表す水素Hや酸素Oは、水素原子1個と酸素原子1個を表す。一番軽くて小さい元素が水素Hであり、空気中の酸素と反応すると水ができる。

$$2H_2 + O_2 \rightarrow 2H_2O \cdots\cdots （化学反応式）$$

　原子は、煮ても焼いても叩いても通常の操作では壊れることはなく不滅である。そのため化学反応式の左辺と右辺の元素（原子）の数は等しい。現在、化学反応式は矢印（→）で示すが、筆者の高校時代には数学の等号＝（イコール）が用いられていた。

　矢印が使われるようになったのは、化学反応が100％右辺のように進行するとは限らないからである。

　水素や酸素のように1種類の元素からなる物質を単体、水素と酸素という2種類以上の元素からなる水のような物質を化合物という。水の生成する反応式では、水素と水の前に2という係数が付いているが、反応式に付いている係数は物質不滅の法則を守るための員数合わせの数値であり、特に難しいものではない。

　$2H + O \rightarrow H_2O$ … という反応式が間違っているのは、燃焼する水素は水素原子が2個結合した水素分子H_2であり、水素ガス中では水素はH_2という分子と成っており原子1個では存在していないからである。

　一般に原子が2個以上結合した原子団を分子（多原子分子）というが、

4

1.1　元素・原子・分子・単体・化合物とは

ヘリウムHe・ネオンNe・キセノンXeのようなガスは、通常は他の原子と結合せずに孤高を守っているので、高貴なガスという意味の貴ガス（日本では希ガス）という。原子1個で安定に存在しているので単原子分子という。

　食塩NaClのように、原子が規則正しく結合して結晶をつくっている場合には、結晶の最小単位であるNaClを分子とみなして扱う。

　水は水素原子H 2個と酸素原子O 1個とが結合した物質で、通常は1を省略して化学式ではH_2Oと書く。H_2Oの2は水素が2原子、酸素原子1個と結合していることを表し、アルファベット文字のほぼ半分の大きさ（下付き文字）の数字で表す。水素は最も単純な構造をした最も軽い原子であり、水素原子は中心に原子核（陽子というプラスに帯電した粒子1個）があり、その周りをマイナスに帯電した電子が1個廻っており、原子は原子核のプラスと電子のマイナスの電荷が釣り合って電気的に中性になっている。

　酸素の原子核は、プラスの電荷を持つ陽子8個と電荷のない中性子8個からできており、陽子と同数の8個の電子が原子核の周りを廻っている。中性子の電荷は0なので中性子というが、重さは陽子と同じである。酸素の重さは陽子8個と中性子8個の和なので16になる。原子の重さを原子量という。水素の原子量は1なので酸素は水素の16倍も重い元素ということになる。

　元素（原子）には固有の重さがあり炭素原子C_{12}を12（無名数：単位がない数）と決めて、各元素の重さを決めたものが原子量であり、ほぼ整数に近い値になる。また、原子（元素）を6.02×10^{23}個（アボガドロ数）集めた量の重さは原子量にグラムgを付けた値（1モル※という）になる。例えば金属リチウムは原子量が7なので7gが1モルである。当然その数はアボガドロ数に等しい。

※モル：1. 6. 4項　化学式の見方（25頁）参照

5

第1章 様々な問題を考える上での化学知識

1.2 燃焼の化学

　私達は、調理や喫煙等でいつも火を使用しており、火災は年中起きている。そのため、物が燃えることに何の疑問も抱いていないが、自然界でものが燃えるという現象は、普通は滅多に起きない、極めて珍しい自然現象である。自然界における出火の原因としては、落雷・火山の噴火・オーストラリアのように乾燥した地帯で強風により木と木がこすれあって、その摩擦熱による発火などが知られているが、いずれにしても滅多に起きない珍しい自然現象と言える。

　今でも大規模な山火事や野火が世界各地で起きているが、出火原因のほとんどは、タバコのポイ捨て、たき火の不始末など、人間の不注意による愚かな行為によって、引き起こされたものである。

　火の使用は、燃焼という激しい化学反応の制御に、人類が初めて成功した例と言える。おそらく偶然の機会から火を制御することを習得した古代人は、最初、住居である洞窟の照明や暖をとったり、食物を加熱加工するために利用したものと想像される。

　火の使用事例として日本では、ゴミ処理の主流を焼却処理が占めているが、焼却を化学的にみると燃焼という「熱と光を発生する激しい化学反応」である。花火などの爆発も速度の速い燃焼反応に分類されている。使い捨てカイロのように熱だけが出て、光を発生しない、或いはホタルの光のように光だけを発生して熱を出さない化学反応は酸化反応ではあるが、燃焼反応ではない。

　一般の燃焼反応は酸素が関与しているが、合成塩酸HClの製造反応のように、水素H_2と塩素Cl_2とが激しく反応する酸素が介在しない燃焼反応もある。

6

$$H_2 + Cl_2 \rightarrow 2HCl \cdots\cdots$$ この反応は熱と光を出す燃焼反応だが酸素は介在しない

　白熱電球はタングステンフィラメントに電流を流すと、熱と光が発生するが、電気を切ると元通りに戻る。電球の中では化学反応は起きていないので、これも燃焼反応ではない。

　化学反応以外に核反応という、原爆や原発などで起きている反応もある。原子炉の中で起きている核分裂反応は、化学反応ではないので燃焼とはいわない。しかし、原子力産業では、核燃料といったり、燃料棒といったり、原子の火というような、わざと普通の燃焼反応と思わせるような、まぎらわしい表現を使って、通常の化学反応と同じように、危険性はないということを強調しようとしているようで、浅ましい魂胆がみえみえで、やりきれない気がする。これらの化学用語とまぎらわしい言い回しは、核アレルギーと呼ばれている人々をあざむくために、故意に使用しているとしかいいようがない。

1.2.1　火の使用の歴史

　古代人による火の使用が、いつ頃から始まったかについては、はっきりしておらず、古いものの多くが否定されているか、或いは確かな証拠が示されていない。

　石器時代の遺跡の発掘作業では、ヒトが火を使っていたかどうかを確認するのは困難である。小規模な火の跡は風雨に晒されるなどして証拠が遺物として残らない場合がある一方、火山活動・落雷・野火などによる自然発火と火の使用とを区別するのは難しい。また、洞窟などは風雨に晒されにくいため、火を使った跡が比較的残りやすいが、古代人が住んだ洞窟は、鍾乳洞のように石灰石など浸食されやすい石でできている場合が多く、確実に火の使用の証拠が残るとは限らない。

第1章　様々な問題を考える上での化学知識

　火を使いだした頃は、火を起こすことができず、野火などを利用していたものと想像されるが、日常的に広範囲にわたって使われるようになったことを示す証拠が約12万5千年前の遺跡から見つかっているという。火を照明に使うことで、夜間の活動も可能となり、獣や虫除けにもなった。火は起こすのが難しかったため、集団生活で守られてきたらしい。

　食物を焼いたり、石蒸しをしたりすることから、化学は始まったといってもよい。

　枯れた植物がよく燃えるという現象を化学的にみると、植物の成分である有機物が、空気中の酸素と化合して、熱と光を発生する現象である。

1.2.2　火の使用と効用（加熱加工、生活圏拡大等）

　体温を保持するために重要な体毛を象と同じように、極端に少なくしてしまった裸のサル（人類）は、熱帯或いは亜熱帯でしか、生活することはできなかったが、火の使用を体得してから、その生活圏を寒冷な地域にまで急速に拡大していった。

　火を使用して食物を加工することにより、病気のもとになる寄生虫や細菌を減少させ、炭水化物（澱粉：デンプン）を含む植物を加熱加工することにより、風味が増して消化酵素が効率よく働くアルファ化を起こし、ヒトの摂取カロリーは上がった。これにより頭脳が大きくなったとの説もある。肉は火であぶることにより、軟らかくなり、コラーゲンのゼラチン化がおきる。生肉より、熱を加えた肉の方が消化が良いことが知られている。また、加熱により殺菌され、腐敗や食中毒が防げることを知るようになった。このようにして火は人類の生活にとって必要不可欠なものとなり、また、猛獣から身を護るなど人類の生活向上に役立った。後に、森林を焼き払い放牧地や農地を拡大する自然破壊の元凶ともなった。

1.2 燃焼の化学

1.2.3 火の使用により生まれたモノ

(1) 土　　器

ケニアのバリンゴ湖付近にあるチェソワンジャからは142万年前の赤粘土製の土器のようなものが見つかっているという。しかし、石器時代を経て、土器の時代が訪れ、やがて土器（陶磁器）やガラスの時代になる。もし140万年も前に土器があったとすれば、火の使用はその時代より前であり、火の使用は延々と受け継がれてきているにもかかわらず、赤粘土製の土器が石器時代より前に存在すると言うのは怪しい話である。

火を燃やし続けた所は、粘土が焼き固められて硬くなることから、土器の製造技術は生まれ、同様にガラスも製造できるようになったと推察されている。

(2) ガ ラ ス

エジプトでは、5000年も前に、ソーダ湖から天然の炭酸ナトリウム（炭酸ソーダ）と重炭酸ナトリウムの複塩であるトロナ（$Na_2CO_3 \cdot NaHCO_3 \cdot 2H_2O$）を採取して、珪砂（$SiO_2$ 石英・純品は水晶）と炭酸カルシウム（$CaCO_3$・貝殻・石灰石・大理石等）とともに溶融してガラスを製造していた。ちなみにソジウムsodiumは英語であり、ソーダはソジウム化合物である。ナトリウムnatriumはドイツ語である。

日常身の回りにあり、大量生産されているガラスは、ソーダ石灰ガラスと呼ばれ、板・瓶・電球などに使われている。窓ガラスの場合、SiO_2 71～73%・Na_2O 12～15%・CaO 8～10%・MgO 1.5～3.5%・Al_2O_3 0.5～1.5%を混合して熔融し、製造する。炭酸ソーダ（ソーダ灰）により、融点は1,000℃近くまで下がり加工が容易になる。しかし炭酸ソーダは珪砂と反応してケイ酸ソーダとなり、水溶性になるため、炭酸カルシウム等を加えて、融点を調節している。ソーダ石灰ガラスをガスバーナーで加熱すると

9

第1章　様々な問題を考える上での化学知識

ナトリウムとカルシウムの混じった黄色の炎色反応がみられる。

　ガラスには原料に酸化鉛を使った鉛ガラス、硼酸を使った珪硼酸ガラスなどもあり、鉛ガラスは屈折率が高く、カットすると美しくなるのでクリスタルガラス（カットグラス）としてブランデーグラス等の装飾品ばかりでなく、放射線を防ぐガラスとしても用いられている。珪硼酸ガラスはフラスコ・ビーカー等、耐熱ガラスとして用いられている。

◎草木灰とボヘミアンガラス

　有名なベネチアングラスは、世界中で珍重される高価な商品であり、ベニスの商人の重要な交易品であった。そのためベニスの支配者は、ガラス職人をムラノ島に閉じ込め、ガラス製品の製作をさせていた。この島から逃亡したガラス職人は、まだ森林がたくさん残っているチェコのボヘミア地方でガラス製品の製作を始めた。これがボヘミアングラスの始まりである。しかし、内陸部のボヘミア地方では、ガラスの原料であるソーダ灰の入手が困難であっため、ガラス熔融用燃料として用いた薪の灰（炭酸カリウムとシリカ SiO_2）をソーダ灰の代わりに用いて、ガラスを製造するようになった。これが硬質ガラス（カリガラス）からできているボヘミアングラスである。

　ボヘミア地方を旅すると、まだ森林が残っているが、昔に比べたら比較できないほど、減少しているに違いない。

（3）　石　　鹸

　石鹸の歴史は古く、メソポタミア地方は古代文明の発祥地の一つに挙げられているが、紀元前3000年頃のウル王朝時代に、シュメール人がアルカリと油脂のことを楔型文字で刻んだ石版が残っているそうである。この地方から産出する天然トロナや群生するカリウム分を多量に含む植物を集めて、大きな穴の中で静かに燃やして、その灰に水を注いでカリ分を溶かしだして、炭酸カリウム K_2CO_3 をつくり、アルカリとして利用していた。

1.2 燃焼の化学

　紀元前16世紀、エジプトで書かれた「エーベル・パピルス」の中に、油脂を加熱して、それにアルカリ類を加えて石鹸をつくったことが記されているという。また、天然トロナがミイラ作りに盛んに利用されていたことが、ギリシャの名高い歴史家であるヘロドトスも記録しているという。

　ちなみにカリウムkaliumはドイツ語であり、英語ではポタシウム potassiumというが、ポット potは壺・かめという意味があり、アッシュ ashは灰のことである。potは植物plantという説もある。カリ qaliはアラビア語で灰のことである。ちなみにシンダー cinderは、燃え殻（灰）のことで、シンデレラは灰娘という意味である。

　草木灰の水溶性成分は炭酸カリであり、日本でもかまどの灰を水に溶かしたものを灰汁といい、それを洗濯石鹸の代わりに洗濯に使っていた。そのため灰汁桶という灰汁を入れる桶が一家に一つはあった。小林一茶の俳句に「灰汁桶のもやうに成や草の花」という灰汁桶を詠んだ句がある。

1.2.4 アルカリが食品添加物の元祖

　本物の中華そばは、天然の鹹水という液体を使って麺を打っている。鹹水とは、中華そばやワンタンやシューマイの皮などを練るのに用いられるアルカリを主成分とする食品添加物で、小麦粉のタンパク質を変成させて、粘性を向上させる作用がある。たまたま、何気なく見ていたテレビの番組で、鹹水の製造工程を見ることができた。中国奥地のサバンナ地帯に草丈30cmくらいの低い植物が生えていて、それはスコットランドの荒地に生えているエリカの葉を落としたものによく似ている。葉が落ちてしまって干からびて灰色をしたこの植物を刈り集めて燃やし、燃え残りとその灰を固めた真っ黒けの塊を水に溶かし、この上澄みで小麦粉をこねて、中華麺をつくる。

　中国南部や台湾ではバナナの茎を焼いた灰の水溶液を煮つめた溶液

11

第1章　様々な問題を考える上での化学知識

も、鹹水と呼んでいるようである。この鹹水の主成分は、炭酸カリウム約45％であり、炭酸ナトリウム、リン酸カリウム、リン酸ナトリウム等を含んでいる。

　鹹水の製造法が、紀元前3000年も前のメソポタミアの炭酸カリの製造法とよく似ており、人類の文化は急速に進歩するものと、そうでないものとがあるらしい。

　現在、日本では中華麺やインスタントラーメン用に化学工場で製造した、炭酸カリウム、炭酸水素ナトリウム（重曹）、リン酸カリウム、リン酸ナトリウムのうち、1種もしくは2種以上を含むものが、溶液または粉末状で鹹水として市販されている。

　中華料理の食材である皮蛋は、家鴨の卵を草木灰と消石灰 $Ca(OH)_2$ の液に漬け込んで製造する。草木灰に消石灰を加えると炭酸カリと消石灰が苛性化反応をおこして強アルカリの水酸化カリウム KOH（苛性カリ）が生成する。

$$K_2CO_3 + Ca(OH)_2 \rightarrow 2KOH + CaCO_3 \cdots\cdots 苛性化反応$$

　皮蛋を製造している人は、苛性化などという原理は知らないが、草木灰や消石灰を単独で使うより混ぜることにより、アルカリ性が強くなることを経験的に体得したものと思われる。日本の藍染めでも草木灰と消石灰を混ぜて、強アルカリとして使っているところがある。

1.2.5　火から金属

　石器時代には、金・銀・銅など自然界に金属状態で産出するものを拾ってきて、初めは装飾品として使っていたものと思われる。

　自然銅は旧大陸全土に分布していたので、銅の伸展性と銅特有の色に関心がもたれ、軟らかい石材の一種として使用されていたに過ぎないが、次

1.2 燃焼の化学

第に研磨や鍛造によってピン、針、錐などが製作されるようになった。その後、土器の焼成窯を利用して銅を融かす技術が紀元前3000年頃に開発され、平刃の斧や手斧が製作された。これらはエジプトやメソポタミア・イランなどの初期王朝の遺跡から出土している。

　偶然、たき火の灰の下に銅或いはその合金を発見して、金属の製錬方法を体得したというのは、俗説であると一蹴している主張もある。その根拠はたき火の温度は600～700℃であり、この温度では銅は融けないというものである。しかし、この主張には無理がある。塩基性炭酸銅(マラカイト、孔雀石)などの銅鉱石は、たき火の温度で容易に酸化銅となり、たき火の燃えさしで、溶融温度に達しなくても金属銅に還元できる。当然、溶融温度には達していないので、粉末状またはスポンジ状の金属銅であるが、これを石でたたけば塊にすることはできる。刀鍛冶のように熱してたたくことによって溶融温度に達していない金属でも固めることは可能なのである。

　銅と錫の合金である青銅は、銅と錫の鉱石の上で火を燃やしたために、燃えさしの炭素によって、鉱石が還元されて、青銅が偶然生成したと想像できる。青銅器の製造技術はきわめて古く、エジプト・メソポタミア・中国などで様々な青銅器が造られていた。

　隕石（隕鉄）の鉄は、紀元前約3000年以前から使われていたが、銅に比べて還元の困難な鉄がどのようにして、製錬されるようになったのか、詳細は不明であるが、本格的な鉄製錬ができるようになったのは、紀元前約1500年頃である。小アジア東方に大帝国を建設したヒッタイトは、鉄を道具として日常生活に使用した最初の民族と言われている。この頃から鉄の冶金技術は急速に進歩し、浸炭・焼入れ法も開発され、硬度に優れた鉄は青銅を駆逐していった。

　金属製錬は、化学反応を利用して金属を生産しているので、れっきとした化学工業なのであるが、化学工業が発達する以前から続いている非常に古い産業なので、日本の産業分類では金属製錬業は化学工業に分類されていない。

13

第1章 様々な問題を考える上での化学知識

1.3 物質不滅の法則

廃棄物の分野で多用されている焼却処理は、炭素の化合物である有機物を空気中の酸素で酸化して、炭酸ガス（二酸化炭素CO_2）・水・窒素N_2のような目に見えない気体に変化させる化学反応である。焼却は一見、物質が消滅して、焼却灰だけが残ると理解されているようであるが、有機物を構成していた元素（原子）は消滅せず、気体・液体・固体となって残っている。

現代化学が発達する以前は、有機物の中にフロジストン（火素）という物質が含まれていて、それが焼却により大気中に拡散するため、軽くなり灰が残ると考えられていた。

フランス革命で断頭台の露と消えた近代化学の父と呼ばれるアントワーヌ＝ローラン・ド・ラボアジェ（フランス・1743−1794）は、天秤を用いて化学反応を探求し、物質不滅の法則（law of indestructibility of materials）を確立した。燃焼反応は空気中の酸素による酸化反応であることを解明したのもラボアジェである。

ラボアジェは、様々な実験を繰り返しているうちに化学反応にあずかるすべての物質の総量は、変化しないことを確信するようになる。結局、ラボアジェの得た結論は、質量は決してつくりだされたり、失われたりすることはなく、ただある物質から他の物質に変化するだけであることを、実験的に立証した。この概念が19世紀の化学の基礎になった「質量保存の法則」「物質不滅の法則」である。

元素（原子）は、新しく生まれることもなければ、消滅することもない。従って原子で構成されている物質は元素のレベルでみれば不滅である。これが「物質不滅の法則」である。

高校時代、化学の先生が「元素は不生不滅」であると教えた。不生不滅は、

14

てっきり科学用語であると思い込み、筆者は講演で多用していたが、岐阜で講演したとき、懇親会の席上でこれは仏教用語であると教えられた。般若心経にこの用語を見つけたのは40歳を過ぎてからである。

戦時中、甘いものに飢えた子供を救うため、陸軍の参謀が大学教授の研究室を訪れ、塩から砂糖を造る研究をしてくれるよう、依頼したという。食塩は化学式NaClで表されるナトリウムNaと塩素Clという不滅の元素から構成された物質である。一方、砂糖は炭素Cと水素Hと酸素Oという元素から構成されている炭水化物である。食塩の中には炭素も水素も酸素も含まれておらず、どんなに研究を続けても砂糖の原料にはならないことをこの陸軍参謀は知らなかったのである。化学知識がなく、まさに錬金術の世界である。

金属は元素であり、不滅なので最終処分地に処分したところで、そこには金属元素は残存しており、その土地は潜在的な土壌汚染地帯となり、その土地を転売するような場合、土壌汚染対策法の適用を受ける可能性もある。

筆者は1975年、重金属系廃棄物から金属を回収することにより、資源枯渇と土壌汚染を解決し、セメント固化して埋立処分されている重金属化合物の流れを変えるため循環資源研究所を設立した。やがて、経済性優先の社会では、理念が正しくてもその通りには動かないことを知ることになる。

日本は2012年度において資源を7億4,100万トン、製品を6,000万トン輸入し、自動車その他の製品に加工して輸出している量は1億7,900万トンである。輸出されなかった残りの何億トンかは、製品や廃棄物の状態で国内に蓄積する。これは2012年度のデータであるが、このような状態は毎年続いている。ラボアジェが18世紀末に立証した「物質不滅の法則」によれば、毎年輸入する資源や製品は、不滅の元素から構成された物質であり、資源化や輸出されない限り、最終的にはゴミ埋立地に捨てられるので、日本列島は年々何億トンか重くなっていくのである。

廃棄物埋立地の不足が全国的に問題になっており、産業廃棄物埋立地建設反対をした町長が何者かに刺されるという物騒な事件すら起きた。化学

第 1 章　様々な問題を考える上での化学知識

的にみれば「物質不滅の法則」は、自然の摂理であり、輸入した化石燃料
や食糧や焼却した廃棄物は水や炭酸ガスに分解してしまい、固体として残
る量は少なくなるが、それ以外の原料や製品は固体状で残り、これを輸出
しない限り、物質は日本国内のどこかに残り、やがて廃棄物となって廃棄
物埋立地へ行くことになる。これでは廃棄物埋立地をいくら造成しても、
すぐ不足してしまうのは当然である。この問題を根本的に解決するために
は、廃棄物を資源として使用し、海外からの資源の輸入を極力減少させる
ことに努力する以外にない。

　18世紀末にその概念が確立されていた「物質不滅の法則」が、200年
以上経過した日本で、産業にいる人達にまだ普及していないということを
考えたとき、日本の理科教育というものが、何であったのか。日本の理科
教育がこのままでいいのかということを、文部科学省・政治家・経済人・
大学などに反省してもらわなければならない。日本は西欧に比べてすべて
が遅れているので、自然科学的思考が育っていないという人もいる。

　持続性ある社会を構築するためには、現代の化学工業をはじめ製錬業な
どの製造業を、廃棄物を原料として使うように、転換させる必要がある。

　最も単純な物質である水素ガスは、水素原子が 2 個結合して安定な水素
分子H_2を構成している。水素原子 1 個では不安定で長時間安定に存在す
ることはできない。近年、活性水素水と称して、極めて水素ガス濃度の低
い怪しげな造水器や水が販売されているが、もし、水中で原子状の水素が
安定に存在できる技術が開発されたら、発見者は物理系のノーベル賞を授
与されるはずである。

　1900年に制定された汚物掃除法（1954年清掃法施行に伴い廃止）は、
当時流行していたネズミやハエが媒介する伝染病を撲滅する公衆衛生が目
的の法律であった。そのため焼却処理優先の法律であり、廃棄物を資源と
考える発想はなかった。また、屎尿は下肥として農地に戻され、空缶・空
瓶・古紙・古布などは、当時クズ屋と呼ばれた人達によって買い集められ
ていたので廃棄物にはならなかった。

16

1960年代、高度経済成長政策により、大量生産・大量消費・大量廃棄時代を迎えると廃プラスチックをはじめとする様々なゴミが街にあふれ、最終処分場の逼迫や清掃工場から出る煤煙の問題など、ゴミ問題がより顕著に現れるようになった。

美濃部亮吉東京都知事は1971年「東京ゴミ戦争」宣言をして、問題の多い廃棄物処理に、取り組むことになった。

廃棄物は公害に含まれなかったが、1970年公害国会で清掃法は廃棄物処理法（廃棄物の処理及び清掃に関する法律）に代わり、廃棄物は一般廃棄物と産業廃棄物とに分類され、産業廃棄物は排出者責任、一般廃棄物は地方自治体と処理責任が決められた。しかし、産業廃棄物の分類では、汚物掃除法から引きついだ汚泥という分類が残っていた。汚泥には、めっき汚泥のように有害重金属（無機物）から、下水汚泥のように主成分は有機物でそれに無機物の凝集剤を含むものまで、千差万別であり、また、水分含有量もまちまちである。紙くずは成分・組成が特定できる性状を表す分類であるが、汚泥は泥状という状態を表す分類である。無機物と有機物では、資源化や処理方式が全く異なるのに、汚泥を1種類に分類すること自体が間違っている。また、産業廃棄物の紙くずは、紙を商売にしている製紙工場、印刷製本工場などから排出される紙に限り、デパート、オフィスなどから発生する紙くずは、事業系一般廃棄物に分類された。そのため排出者責任が曖昧になり、古紙のリサイクルが問題になっている。

1.4 エントロピーと廃棄物

部屋の中は、片付ける人がいなければ散らかり放題散らかってしまう。きちんと整理したはずの机の上も片づけなければ乱雑になっていく。乱雑

第1章　様々な問題を考える上での化学知識

になった机は整理しなければ益々乱雑さを増していく。これは自然の法則（エントロピー増大の法則）であり、乱雑になった机の上が何もしないのに整理されるという現象は今まで一度も起きていない。

　もともとエントロピーという概念は、熱機関を研究していたニコラ・レオナール・サディ・カルノー（フランス・1796－1832）が、思考実験として1824年に導入したものであるが、四半世紀のもの間、注目されることがなく、19世紀後半にウィリアム・トムソン（イギリス・1824－1907）により再発見され、これによって本格的な熱力学が始まり、エントロピー等の重要な概念が導き出されることになった。後に統計力学において、系の微視的な「乱雑さ」を表す物理量という意味付けがなされた。更に、系から得られる情報に関係があることが指摘され、情報理論にも応用されるようになった。

　エントロピーは、熱力学、統計力学、情報理論など様々な分野で使われている。しかし分野によって、その定義や意味付けは異なる。

　1970年代後半から、自動販売機の普及により観光地などでは空缶などが散乱し、散乱ゴミとリサイクルが問題となった。

　1983年、エントロピー学会なるものが設立され、環境問題、エコロジー、廃棄物問題などにエントロピーの視点からも発言を始めた。

1.5　物質不滅の法則に反する廃棄物のリサイクル

　製品中含まれている有害物質に指定されている重金属類は、その製品が廃棄物となったとき、一般廃棄物として処理しないで、別に収集して資源回収する必要がある。塗料の顔料などに使用されている場合は回収できないので、使用を禁止するか、回収を義務付ける以外に環境汚染を防ぐ方法

18

1.5 物質不滅の法則に反する廃棄物のリサイクル

はない。

金属資源の統計資料を見ると可採埋蔵量と世界生産量比をとった静態的耐用年数というのが示されているが、30年前、耐用年数30年であった金属は、今年みても30年である。

耐用年数というのは、業界が価格を維持したり、つり上げたりするために用いられている指標とも言えないような指標である。可採埋蔵量を少なく見積もるのは、資源をコントロールしている国際資本の常套手段である。

金属は不滅の元素であり、不滅の元素は枯渇することはないはずである。ロケットに積んで大気圏外へ飛ばせば、その分は地球上からはなくなるが、地球で使用したものはどこかに残っており、これは潜在的な土壌汚染や海洋汚染になる。

ゴミ問題に苦慮していた東京都町田市や静岡県沼津市は空缶・空瓶・古紙などのリサイクルを始め、筆者が調査研究に参画した愛知県豊橋市でも分別収集の実験を始めた。

2000年、循環型社会形成推進基本法が制定され、これに付帯する容器包装・家電・建設・食品・自動車など七つのリサイクル法が制定された。

しかし、リサイクルの中には、効果が期待できず、エネルギーを浪費するだけのやってはいけないリサイクルもある。

CO_2のリサイクルは、その典型である。人工光合成によるバイオエタノールの製造、アルミニウムなどの金属くずからクリーン水素の製造という怪しげな技術について、環境省が研究費を出している。地球温暖化防止に役立ちそうなテーマがあると、これに反応する困った人達が台頭する。

増えすぎて困っているCO_2は、枯渇性資源ではなく、いかにその排出量を削減するかが問題であって、エネルギーをかけてリサイクルしてもCO_2は減少しないので、発生抑制か砂漠緑化や熱帯の海辺をマングローブ林にしたりして、植物にCO_2を固定するのが最も効果的なCO_2削減手段と言えるはずなのに、本末転倒の研究が次々出現する。発想そのものが間違っているので、研究する前から駄目なことは明確になっている。

19

第1章　様々な問題を考える上での化学知識

　企業が自社の費用で何を研究しようと、これについては、傍からとやかく言う筋合いはない。しかし、最初から間違っている研究に税金が浪費されてはたまらない。これは厳しく批判しなければならない。

　誤った研究をしないためには、取り扱う物質を化学式で考え、その物質の根源まで遡ると森が見えてくる。温故知新も駄目研究をしないためには必要である。

　地球温暖化が問題になるや技術評価（Technology Assessment）や LCA（Life Cycle Assessment）も経ないCO_2のリサイクル技術、バイオエタノール、人工光合成、金属アルミニウムから水素の製造など、次々と怪しげな技術が発表されるようになり、この研究や実証実験に税金が使われるようになった。

　これらの研究の本質を見抜くためには化学式で考える習慣が必要である。化学式を書いてみれば、これらがいかにインチキ技術であるかが判明する。

1.6　物質を理解するための化学の法則

　物質を理解するための基本的な化学の法則はさほど多くない。そのいくつかを理解しよう。

1.6.1　周　期　表

　最も単純な原子（元素）は、原子核（陽子1個）と電子1個とからでき

ている水素Hである。次に複雑な原子は原子核（陽子2個と中性子2個）と電子2個からなるヘリウムHeである。ヘリウムは安定で化合物を造らない。陽子の数を原子番号といって、水素は1番、ヘリウムは2番である。原子番号3番は陽子3個と中性子4と電子3個からなるリチウムLiである。陽子が1個増えるに従い原子番号も一つ増える。プラスに荷電した陽子1個に対してマイナスに荷電した電子1個が対応して、原子はプラスとマイナスの電荷が等しくなり原子は電気的に中性になっている。

　陽子3個のLiの次はベリリウムBeで陽子4個（原子番号4）であり、ホウ素B・炭素C・窒素N・酸素O・フッ素F・ネオンNeと陽子数が一つ増えるだけで、性状が全く異なる元素になる。さらに元素を順番に並べていくと性状がよく似ている元素が周期的に表れる。1869年3月6日、ドミトリ・イバノビッチ・メンデレーエフ（ロシア・1834 − 1907）はロシア化学学会で、元素を原子量順に並べると、その性状が周期性を示すことを発表。また未発見の元素の性状を予測し、後に、その予測が的中したことでその正しさが証明され、メンデレーエフの周期律表は有名になった。

　サンクトペテルブルク大学構内にはメンデレーエフの胸像とその後ろの校舎の外壁に周期表のレリーフが飾られている。周期表は**巻末見開き**を参照のこと。

1.6.2　原子の電子構造

　原子は原子核の周りを電子が回っている。しかし、電子が回る軌道は決まっていて、勝手に周囲を飛び回っているわけではない。最も外側（最外殻）を回っている1〜8個の電子を価電子といい、同じ数の価電子を持つ元素はよく似た化学的性質を示す（**図1−1**参照）。

　原子核に最も近い軌道はK殻であり、この軌道は電子が2個しか入れない。ヘリウムHeは2個の電子が入りK殻は満杯になってしまうので、他

の元素と反応せず単原子のまま安定に存在している。

K殻の次がL殻(第2周期)でこの殻には8個の電子が入ることができる。L殻に電子が1個入った元素がリチウムであり、満杯の8個入ったものがネオンである。

ネオンはK殻に2個、L殻8個、合計10個の電子が入っており、K・L両方の殻が満杯なのでヘリウム同様、他の元素と反応しない貴ガスになる。貴ガスにはHe・Neの他にアルゴンAr・クリプトンKr・キセノンXe・ラドンRa（放射性元素）がある。

1.6.3　八隅子則とイオン結合・共有結合

最外殻の電子数が8個の貴ガス構造となって安定化しようとする傾向を八隅子則（オクテット則・Octet rule）という。多くの塩類や有機化合物に適用できる便利な経験則であるが、複雑な化合物では多くの例外が存在する。第二周期の元素や第三周期のアルカリ金属やアルカリ土類金属まではこの経験則が当てはまる化合物が多い。

(1) イオン結合

真ん中の数値は、原子核の電気量を示している。
原子核の周りの同心円は、内側からK殻、L殻、M殻を示し、⊖は電子を示す。

【図1－1】核外電子の配置の仕方

1.6 物質を理解するための化学の法則

　ナトリウム原子Naは最外殻の電子1個を塩素原子Clに与えると、最外殻電子8個の貴ガスであるネオンNe構造となり安定する。電子はマイナス1価の電荷を有し、この電子を塩素に与えると、ナトリウムはプラス1価のイオンNa$^+$（陽イオンcationまたはpositive ion）になる。最外殻に7個の電子を保持している塩素原子はNaから1個の電子を受け取り、最外殻8個の貴ガス　アルゴンAr構造になり安定な塩素イオンCl$^-$（陰イオンanionまたはnegative ion）になる。巷には科学用語にはないマイナスイオンが流行しているが、学術用語でもなく、何を表しているか不明のまま、製品宣伝に使われている。

　Naイオンはプラス、Clイオンはマイナスに荷電しているので、互いに引き合ってNaCl（塩化ナトリウム・食塩）の結晶になる。イオン同士の

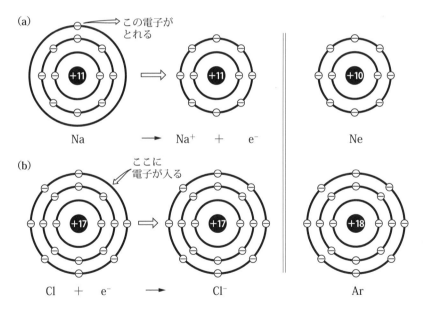

e$^-$は電子（electron）を意味する。
（a）Na$^+$とNeは原子核だけが違う。核外電子の配置は同じで、安定な状態である。
（b）Cl$^-$とArは原子核だけが違う。核外電子の配置は同じで、安定な状態である。

【図1－2】Na$^+$, Cl$^-$のでき方とNe, Arの電子配置

第1章　様々な問題を考える上での化学知識

結合をイオン結合という。

(2) 共有結合

　水素Hは電子1個を保持し、酸素Oは最外殻に6個の電子がある。酸素原子の電子と水素の電子2個とが共有すると、酸素は貴ガスのネオンと同じ最外殻電子8個のネオン構造になり安定になる。一方、水素は酸素の電子1個を共有して貴ガスのヘリウム構造になり安定化する。酸素がネオン構造をとるためには、水素2原子が必要であり、そのため水の化学式はH_2Oになる。

　炭素Cは最外殻に4個の電子を保有しており、水素4原子と共有結合して、炭素は最外殻電子8個のネオン構造になり、水素は炭素の電子1個を共有してヘリウム構造になりメタン（化学式CH_4）として安定になる。メタンは炭素と水素の共有結合で安定化している。

　この他に水素結合、配位結合などがあるが、本書では省略する。

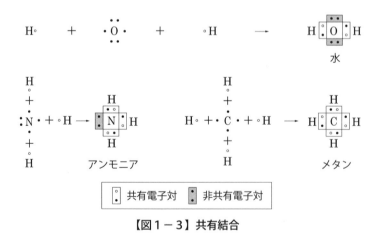

【図1−3】共有結合

1.6 物質を理解するための化学の法則

1.6.4 化学式の見方

[例①]

$$CO_2 + 3H_2 \rightarrow CH_3OH + H_2O$$

    ↑   ↑↑

    (a)   (b)(c)

(a)二酸化炭素（炭酸ガスCO_2）：炭素原子"C"1個と酸素原子"O"2個から成る分子を表す

(b)水素分子"H_2"の前にある3は"H_2"3個を示す。"CO_2"1分子と"H_2"3分子が反応して、メタノール"CH_3OH"1分子と水"H_2O"1分子が生成する反応。

(c)水素は水素原子"H"2個から成る分子、右下に2と小さく書く。1種類の原子（元素）から成る物質を単体、2種類以上の元素から成る物質を化合物という。

[例②]

$$CO_2 + 4H_2 \rightarrow CH_4 + 2H_2O$$

鉛筆でもゴルフボールでも缶ビールでも1ダースは12個。

化学の分野では6.02×10^{23}個（アボガドロ数）という非常に大きい数を1モルという。モルは数を表す単位で化学のダースと思えばよい。モルはmolecule（分子）の略である。上記の反応は炭酸ガス"CO_2"1モル（1は省略して表記しない）と水素"H_2"4モル（4化学ダース？）が反応して1モルのメタン"CH_4"と2モルの水"H_2O"が生成するサバチェ反応と呼ばれる有名な反応である。

25

第1章　様々な問題を考える上での化学知識

▶ **第1章のポイント**

　それまで他の動物同様、胃腸で自然界と接してきた人類は、火の使用により、他の動物と全く異なる進化を遂げてきた。

　この章では以下の点に留意して学んでほしい。

- ◉ **火の使用と人類文明の発達**
- ◉ **物質の根源である元素・原子・分子・単体・化合物の区別**
- ◉ **物質不滅の法則とエントロピーの概念**
- ◉ **物質不滅の法則に反する廃棄物リサイクル**
- ◉ **周期表と原子の電子構造**
- ◉ **八隅子側とイオン結合・共有結合**
- ◉ **化学式の見方**

第2章

フロギストン（火素・燃素）への迷い道

2.1 18世紀末まで化学界を支配したフロギストン説

　17世紀になると、イギリスでは機械に仕事をさせようとする動きがさかんになり、トーマス・サベリ（イギリス・1650頃－1715）やトーマス・ニューコメン（イギリス・1664－1729）などにより蒸気機関が製造された。スコットランド・グラスゴー大学にあったニューコメンが作った模型の蒸気機関の修理をしていたジェームズ・ワット（イギリス・1736－1819）は、ニューコメンの蒸気機関を効率の良いものに改良し、18世紀の終わり頃、発売し成功する。子供の頃聞いた蒸気機関はワットがヤカンの蓋が蒸気でパタパタ持ち上がるのをみて発明したというのは嘘であった。

　蒸気機関という今までなかった火の新しい使い方によって、人間は重労働から解放される兆しがみえてきた。そのため化学者達は、火について興味を抱き、研究を始めた。

　燃える物と燃えない物に対するギリシャの古典的な考え方によれば、燃

第2章　フロギストン（火素・燃素）への迷い道

える物の中には火の元素が含まれていて、燃焼によってそれが放出されるというものである。錬金術師達にもこの考え方が固定化されており、ヨーロッパにはこの考え方が根強く残っていた。

ドイツの化学者ヨハン・ヨアヒム・ベッヒャー（1635－1682）が、すべての物質は空気と3種類の「土」からできていて、その中の一つ「油性の土」が燃える物の本体であるという説を発表した。この考え方を発展させたのがドイツの医師兼化学者であるゲオルク・エルンスト・シュタール（1659－1734）である。彼は著書『科学の基礎』（1697）の中で、可燃性物質の中にはフロギストンが含まれており、燃焼という現象はフロギストンが空気中に放出される反応であると述べている。フロギストンは「点火する」というギリシャ語をもとに名付けられた。日本では火素或いは燃素と訳されている。

フロギストンをたくさん含む木は燃えてフロギストンを放出し、後に残った灰にはフロギストンが含まれないので燃えないというのである。

シュタールはさらに、金属が錆るのも木が燃える現象と同じで、金属はフロギストンを含むが錆には含まれないという重要な洞察をしている。これによって、鉱石から金属を製錬する反応を合理的に説明できるようになった。その説明というのは次のようなものである。

フロギストンを含まない鉱石がフロギストンに富んだ木炭とともに加熱されると、フロギストンは木炭から鉱石に移るので、フロギストンに富んだ木炭がフロギストンに乏しい灰になる一方、フロギストンに乏しい鉱石はフロギストンに富んだ金属になるというものである。

「フロギストンを現代流に解釈すると電子のことである」と書いてある本がある。現代の化学理論によれば、金属製錬の原理は次に示す製鉄における還元反応式のように、鉱石中の金属元素が木炭（炭素）から電子を受け取って自身は金属にまで還元され、炭素は金属に電子を与えて一酸化炭素に変化するというものであるから、フロギストンに結び付けるのには無理があり、またその必要もない。

$$Fe_2O_3 + 3C \rightarrow 2Fe + 3CO$$

シュタールは、解放されたフロギストンを吸収するのが空気の役目であり、空気が限度いっぱいにフロギストンを吸収してしまえば、もうそれ以上放出できなくなるため火は消えると考えた。フロギストン説の最大の意義は、それまで無関係と思われていた燃焼や金属が錆ることから、動物の呼吸までフロギストンという一つの元素によって体系的に説明したことにある。

2.2 酸素と窒素（空気の組成）の発見

フロギストン説は、きわめて多くのことをうまく説明することができるようにみえたので、当時の化学者に広く受け入れられていた。

フロギストン説では、金属が錆るときフロギストンが放出されるので軽くなるはずである。しかし実際には重くなる。この事実は1630年にフランスのジャン・レー（1583 − 1645）が発見していたが、これをフロギストン説ではうまく説明することができなかった。これに対してシュタールは、金属からフロギストンが抜けると金属が縮まるためであると説明したが、実際には金属酸化物の方が金属より体積が大きく膨張している。或いはフロギストンが抜けた穴に空気が入るためである」などと説明をしていたようである。後に、フロギストンは負の重さを持つとか、他の物質から反発されるという説明がなされるようになった。

18世紀の化学者は正確な測定の重要性を認識していなかったので、外観や性質の変化を説明できるかぎり重量の変化は無視してもかまわないと考えていたようである。

第2章　フロギストン（火素・燃素）への迷い道

　カール・ヴィルヘルム・シェーレ（スウェーデン・1742 − 1786）は、1771年に赤色水銀カルク（赤色酸化水銀HgO）を加熱して「火の空気（現在の酸素）」を得ており、翌1772年には窒素を発見したが、彼が注意深く記述した実験結果の論文は出版社の怠慢により、1777年まで印刷されなかった。

　シェーレは薬剤師の技術にあこがれ、ゴッテンプルグ（イェーテボリ）のバウヒで薬剤師の徒弟奉公に入り6年間修行し、この間に化学者としての基礎を身に着けた。1765年に薬剤師の地位を得てからは化学の研究に没頭し、現在、有害物質として問題となっている亜砒酸、フッ化水素、シアン化水素、硫化水素などの無機物を発見する。また酒石酸、シウ酸、リンゴ酸、乳酸、安息香酸、クエン酸など数々の有機酸を発見している。

　シェーレは44歳の若さで他界しているが、その原因が自分が発見した様々な物質を舌で味わうという今では考えられないような無謀なことをしたために、次第に体が蝕まれ中毒死したのが原因であると言われている。彼ほど数々の重要な発見をした化学者はそれまでおらず、とくに有機化学の分野での発見は目覚ましいものがあった。

　現在、彼の名前が付けられている猛毒で鮮やかな緑色顔料であるシェーレグリーン（砒酸銅）は彼の発見ということになっているが、中国の宋応星（1590頃−1650頃）が1637年に書いた技術書『天工開物』の中に、銅を亜砒酸で染めるという記述がある。これは銅の表面に鮮やかな緑色の砒酸銅（シェーレグリーン）を形成していたものと想像される。銅の錆（緑錆）は無毒であるという宣伝が銅製品協会などで行われているが、もし砒酸銅の緑錆であったら猛毒である。また『天工開物』には、亜砒酸（白砒）の製造方法が記載されており、製造した亜砒酸は農薬として使用していたことが記述されている。これをみると、当時は中国の方が実用的な化学技術は進んでいたように思われるが、理論的な面が遅れていたために現代自然科学のような発展が望めなかった。

　酸素はシェーレが発見したのであるが、実際にはイギリス人牧師で化学

2.2 酸素と窒素（空気の組成）の発見

者であったジョセフ・プリーストリー（1733－1804）が発見者の栄光に浴すことになってしまった。彼は1774年8月1日、水銀（Hg）を空気中（酸素：O_2）で加熱してつくった赤い粉（赤色酸化水銀）をガラス容器に入れ、外からレンズで太陽光線を集めて加熱することによって物がよく燃える新しい気体を得た。熱心なフロギストン論者であった彼は、この気体に「フロギストン抜き空気（現在の酸素）」と名付けた。

$$2Hg \ + \ O_2 \ \rightarrow \ 2HgO \ \cdots\cdots \ 空気酸化$$
$$2HgO \ \rightarrow \ 2Hg \ + \ O_2 \ \cdots\cdots \ 太陽光で熱分解$$

エジンバラ大学の教授で、炭酸ガスを発見して空気が単一成分でないことを見つけたジョセフ・ブラック（1728－1799）は、学生のダニエル・ラザフォード（イギリス・1749－1819）の卒業研究のテーマとして空気の組成に関する研究をさせていた。

ラザフォードは、密閉した容器でネズミを飼い、それが死ぬのを待ち、残った空気の中で消えるまでロウソクを燃やした。その後、残っている空気の中で燃えなくなるまでリンを燃やし、次にこの空気を炭酸ガスを吸収する能力のある溶液に通した。得られたこの気体の中では、ネズミも死にロウソクも燃えなかった。

1772年、ラザフォードも師のブラックもフロギストン説の正当性を確信していたので、この空気はフロギストンを飽和するほど含んでいて、もはやこれ以上フロギストンを受け取ることができない空気ということで、「フロギストン化空気（現在の窒素）」と名付けた。ラザフォードは後に窒素の発見者としての栄誉を得ている。

第2章　フロギストン（火素・燃素）への迷い道

2.3　物質命名法を発表（近代化学の父・ラボアジェの登場）

　ラボアジェは、3人のフランス人化学者、ルイ＝ベルナール・ギトン・ド・モルボー（1737−1816）、クロード・ルイ・ベルトレ（1748−1822）、アントワーヌ・フールクロア（1755−1809）と共同で、物質の理論的命名法を研究し、その成果を1787年に出版した。

　化学は、錬金術師のように自分勝手に物質の名前を決めることをやめて、理論的原理に基づいて体系的に命名しなければ進歩しないということである。物質の名前を聞けば、それがどのような元素から構成されているのか、わからなければならない。塩化ナトリウム（NaCl食塩）といえば、ナトリウム元素と塩素元素とから構成されていることがわかる。また、同一元素から構成されている物質でも、接頭辞や接尾辞をつけることによって、区別できるようにした。例えば硫酸ナトリウムと亜硫酸ナトリウムのような表示である。

　1789年にラボアジェは、フロギストン説との戦いの中であげた成果を、体系的にまとめあげた『化学原論』を出版し、彼の新しい化学理論と物質の命名法に基づいた化学の知識の統一に寄与した。

　ロバート・ボイル（イギリス・1627−1691）は、もうこれ以上単純な物質にできないものを元素と定義したが、この基準に基づいてラボアジェは、33項目の元素を分類した。この中には、現在では元素ではない酸化カルシウム、酸化マグネシウム、硫酸バリウムなど8種類が含まれていた。

　『化学原論』の中で、ラボアジェがおかした完全な誤りといえば、「光」と「熱素」を元素として分類したことで、彼の没後数十年を経過した後、明らかになったように、現在これらは、元素ではなくエネルギーに分類されている。

32

この『化学原論』は世界初の現代的化学の教科書になった。化学は、この本を機に近代化学として道を歩き出し、フロギストン説は18世紀の終わりとともに終焉を迎えた。

1794年、有史以来の大化学者と言われたラボアジェは、殺す必要も殺す意味もないまま、フランス革命で断頭台の露と消えてしまった。有名な数学者ジョゼフ＝ルイ・ラグランジェ（1736−1813）は、「あの頭脳を切り落とすのにはほんの一瞬しかかからなかったが、同じような頭脳は1世紀たっても現われてこない」と言ったと伝えられている。また、ラボアジェは「近代化学の父」と呼ばれている。

2.4 水素と水の組成の発見

南フランス地中海沿岸・コートダジュールのリゾート地ニース（当時イタリア領）の大富豪の家に生まれた風変わりな人物とされている化学者ヘンリー・キャベンディシュ（1731−1810）は、1766年に酸がある種の金属と反応したときに生じる気体「燃える空気（現在の水素）」の性質を研究したために、彼は水素の発見者という栄冠によくした。しかし、実際にはボイルが鉄の針金を酸に溶かすと「非常に燃えやすい空気」が発生することをみつけていたし、ボイルをはじめヘールスその他の人達によって、キャベンディシュ以前にも水素は単離されていたのである。

キャベンディシュが単離した気体（水素）は、フロギストンに富む金属から発生し、きわめて軽くて空気の十四分の一の比重しかないので浮揚力（負の重さ）をもち、燃えやすいことから、フロギストンそのものであるとして、フロギストン支持派を勢いづけたこともあった。

1783年に、キャベンディシュは自らが単離した燃える気体（H_2水素）

33

第2章　フロギストン（火素・燃素）への迷い道

を燃焼させて生じた蒸気を冷やすと、水 H_2O を生じることを発見する。

$$2H_2 + O_2 \rightarrow 2H_2O$$

　それまでのギリシャの元素理論では、水はもうそれ以上分解することのできない元素とされていたのであるが、この実験では二つの気体が化合して生成するというのであるから、これは今までの考え方を根底から覆す重要な事実がキャベンディシュにより発見されたことになる。

2.5　フロギストン説の否定

　18世紀も終わりに近づくと、気体に関する多くの発見があり、これらの重要な発見を統一した理論にまとめあげる必要性が求められていた。そこに登場したのがフランス人化学者ラボアジェであった。ラボアジェは天秤を用いた正確な測定が重要であることを認識していた。したがって「フロギストンの負の重さ」などという概念を認めなかった。

　1774年、「フロギストン抜き空気（現在の酸素）」の発見者であるプリーストリーは、パリを訪れ、ラボアジェに会い自分が得た気体の説明をした。

　燃焼という現象に興味を抱いたラボアジェは、プリーストリーの業績を認め、彼の理論を実証するために、翌年、歴史に残る次のような定量実験を追試した。

　ガラス容器の中で水銀を12日間加熱し、水銀の一部が赤い粉（HgO）に変わり、容器内の空気の体積が約5分の1だけ減った。残った空気はものを燃やす力もなく、動物が窒息死することを確かめた。次に生成した赤い粉（赤色酸化水銀、金属灰）だけ集めて加熱したところ、もとの空気の約5分の1の量の気体（酸素）が得られた。その気体の中では、ものがよ

34

2.5 フロギストン説の否定

く燃え、動物は死ななかった。この両方の気体を混ぜると、普通の空気と変わらない気体が得られた。この実験から、プリーストリーのいう「フロギストン抜き空気」が全く新しい種類の気体であることを突き止め、自分が思い違いをしていることに気付いた。そのためこの実験結果から、ラボアジェは、空気が単一な物質ではなく、二つの気体が1対4の割合で混合している物質であることを1775年に発表する。金属を加熱して生ずる金属灰は、金属と「フロギストン抜き空気、生命維持空気（酸素）」とが結合したものであり、酸素は空気の成分であり、金属を空気中で焼くと酸素がそれに結びついて金属灰になるという結論に達したのであった。

ラボアジェはこの実験の報告を1777年にフランス科学アカデミーに提出しており、その中でフロギストンなしでも燃焼が説明できることを、控えめにほのめかしている。その後、彼は自説を裏付けるために数々の実験を試み、着々と証拠を準備していた。その中の一つに、密閉容器中で一定量の空気とともにスズや鉛を加熱するという実験を行っている。この二つの金属は、ある一定量まで表面に「金属灰:金属酸化物」の層ができたが、それ以上は増えなかった。この現象をフロギストン説では、空気が含むことができる量のフロギストンを金属から吸収したと解釈するのであるが、ラボアジェはそのようには考えなかった。ラボアジェは加熱前の容器と加熱後の容器の重さをきちんと測定していて、重さが変化しないことを確かめていたのである。

ラボアジェは金属が部分的に金属灰になる際に重さが増えたとすれば、容器の中の何かが等しい重量だけ失われているはずだと推測したのである。実際には、この何かというのが空気であるということになる。もしこの考えが正しいならば密閉容器の中は、圧力が低くなっていなければならない。実験終了後、ラボアジェが容器を開けると、空気が勢いよく流れ込み、容器内が減圧状態にあったことがわかった。さらに、開けた容器と内容物の重さを計ってみると、増えていることがわかった。

ラボアジェは1783年に発表した燃焼理論"フロギストンに関する考察"

第2章　フロギストン（火素・燃素）への迷い道

で「フロギストンは燃焼の説明には不必要であるだけでなく、根拠のない間違った考え方である」とフロギストン説を厳しく批判した。また、水素と酸素が反応すると水ができること、赤熱した鉄Feに水蒸気H_2Oを通すと、水素H_2が発生するなどの現象から、水が元素ではないことを証明し、フロギストン説に決定的な打撃を与えた。

　　$Fe + H_2O \rightarrow FeO + H_2$ …… 鉄による水の還元

　ラボアジェは「燃える空気」を、ギリシャ語で水を生成する気体という意味で水素Hydrogeneと名付けた。

　　Hudor（水）＋ genero（つくるもの）　→　Hydrogene（水をつくるもの）

　また、「フロギストン抜き空気O_2」の中で硫黄やリンを燃やすと、酸を生じるところから、ギリシャ語の刺激のある・鋭いという意味のoxysとつくるという意味のgeneroとを組み合わせて酸素Oxygeneと名付けた。後に塩酸のように酸素を含まない酸の存在が確認された。

　日本ではOxygenを酸の素であるとラボアジェ風に解釈して酸素と名付けているのであるが、塩酸HClのように酸の素が入っていない強酸もあるので、この命名が誤りであることは明らかである。しかし、一度決めてしまうと混乱を避けるために、間違ったままで使われてしまうのが現状である。

　ラボアジェは、食物や生体を構成している物質には、炭素と水素が含まれており、肺に吸い込んだ空気中の酸素は、炭素から炭酸ガス（CO_2：二酸化炭素）を生成させるためだけでなく、水素から水を生成させるためにも消費されると考えた。

　ラボアジェの燃焼理論は、ロシアの化学者ミハイル・ロモノソフ（1711－1765）が既に予測していた。彼はラボアジェの燃焼に関する研究が発表されるほぼ20年前の1765年にフロギストン説に反対し、物質は燃焼のときに空気の一部と結合するということを発表したのであるが、残念な

36

ことにロシア語の論文であったために、西欧の化学者の知るところとはならなかった。彼はまた、当時より50年も100年も進んでいる現代的な原子や燃焼に対する考え方をもっていた。西欧文明の中心地に生まれなかったことが不運であったと言える。

▶ 第2章のポイント

> 現在では常識になっている燃焼が酸化反応であることが、永い間、ヨーロッパではフロギストン（火素）という想像上の物質が関与する現象と考えられていた。このように、物質に対する理解にも永い歴史があり、その足取りをたどり、化学知識を深めてほしい。

第3章

水素の化学

　2015年は水素元年と喧伝され、化石燃料に代わり、水素をエネルギー貯蔵物質（エネルギーキャリヤー・エネルギー媒体）として使う社会が実現するという。水素は燃焼しても水しか生成せず、CO_2のような環境に影響を及ぼすような物質を生じないので地球温暖化防止に貢献するクリーンで理想的燃料（エネルギー貯蔵物質）と喧伝されている。

　しかし、水素は常温で気体であり、体積当たりのエネルギーはメタンCH_4を主成分とする天然ガスの３分の１しかなく、気体のままパイプ輸送では効率が悪い。天然ガスのような常温で気体は、通常は加圧・冷却して液体にして輸送する。しかし、水素は液化しにくく、マイナス260℃に度まで冷却しなければ液化しない。液化天然ガスLNGのマイナス160℃に比較して如何に液化しにくいかがわかる。

　水素を液化するためのエネルギーは、水素の持つエネルギーの３割にも達する。

　このように水素は製造・輸送・貯蔵コストの高さは致命的であり、タンカーでの水素輸送は経済性が見いだせない。また、マイナス20℃以下では鉄鋼中に水素が浸透し、水素脆性をひき起こすため、鉄製タンクの使用に制限がある。

第3章　水素の化学

　水素の工業的製造は、長い間、水を化石燃料で還元する方法が採用されてきた。しかし、この方法では必ずCO_2が発生するので地球温暖化防止には役立たない。

$$2H_2O + C \rightarrow 2H_2 + CO_2$$

　現在、水素は、アンモニア製造原料、ロケット燃料、半導体製造、ベルヌーイ法宝石製造、金属精錬などに用いられている。

　水素は化石燃料とは異なり、油井やガス田から採掘によって得ることはできない。一方、無知なマスコミは、『水素の使い道はクルマを動かすだけではなく、海外の石油資源にエネルギーの大半を依存する日本にとって、水素は水から無限に取り出せるため「枯渇しない究極のエネルギー」』と誤った喧伝をしている。木を見て森をみないモータージャーナリストやマスコミなどは、とんでもない間違いを犯している。

　水素を水から生産するのには莫大なエネルギーが必要である。化石燃料から水素を製造する過程でCO_2が発生しており、ライフサイクルの観点からは決して「ゼロエミッション」ではない。

　水素を水から造るためには、エネルギーが必要であり、CO_2を出さないエネルギーは自然エネルギーしかないので、自然エネルギーで発電した電力で水を電気分解し水素を製造するか、或いはメタンを水素と炭素に熱分解して得るしかない。わざわざ自然エネルギーで水素を製造して、燃料電池自動車を動かすのであれば、電気自動車に直接充電した方がエネルギー効率は良いし、燃料電池、高圧水素燃料タンク、大がかりな水素供給ステーションも不要になる。

　現在、工業的に使用されている水素は、石油精製や製鉄所のコークス炉で副産物として発生するガスを分離精製したものである。石油やガスを原料にして製造した水素は、改質時点でCO_2を発生しているので、地球温暖化防止に対してクリーンな水素というわけではない。エネファームでは都市ガス（主成分メタンCH_4）を水蒸気と反応させて水素H_2を得ている。

3.1 効果のないCO_2リサイクル技術（水素の逆錬金術）

メタンの水蒸気による改質反応では、メタン1モルと水2モルから水素3モルと$CO_2$1モルが生成するので完全にクリーンなガスとは言えない。

$$CH_4 + 2H_2O \rightarrow CO_2 + 3H_2$$

3.1 効果のないCO_2リサイクル技術（水素の逆錬金術）

CO_2をリサイクルしても地球温暖化防止には何の寄与もしないのに、燃料に対する正しい知識が欠如している困った連中が、この役にも立たない怪しげなテーマを標榜してこの研究に多大な税金が投与された。研究費と称して血税をかすめ取っているとしか、言いようがない。

現在、化石燃料として石炭、石油、天然ガスを大量に採掘し、燃料として使用するため、大量のCO_2が大気中に放出されている。

2013年5月、米・ハワイ州のマウナロア観測所、サンディエゴのスクリップス海洋研究所の観測で日間平均CO_2濃度が人類史上初めて400ppm（0.04％）を突破したことを発表。氷床コアなどの分析から産業革命以前のCO_2濃度は、約280ppm（0.028％）であったので1.4倍以上に増加している。

CO_2は赤外線の2.5〜3μm・4〜5μmの波長帯域に強い吸収帯を持つため、地上からの熱が宇宙へと拡散することを防ぐ、毛布の役目する温室効果ガスである。

CO_2の温室効果は、同じ体積当たりではメタンやフロンに比べ小さいものの、排出量が莫大であることから、地球温暖化の最大の原因とされている。

燃料には化石燃料以外に動植物性の燃料があるが、これらは植物が空気中

第3章　水素の化学

のCO$_2$と根から吸い上げた水を原料にして有機物であるブドウ糖（C$_6$H$_{12}$O$_6$：グルコース）を光合成したもので、ブドウ糖の中には太陽エネルギーが化学エネルギーに変化して入っている。そのためブドウ糖1mol（180.16g）を燃やすと2,805kJの燃焼熱が発生する。この熱の根源は太陽エネルギーである。

$6CO_2 + 6H_2O$　→　$C_6H_{12}O_6 + 6O_2$　……（光合成）

$C_6H_{12}O_6 + 6O_2$　→　$6CO_2 + 6H_2O$　……（標準燃焼熱2,805kJ／mol）

　生成したブドウ糖を燃やしてCO$_2$にしても、もともと空気中にあったもので、CO$_2$の増加にはつながらないので、動植物燃料はカーボンニュートラルと呼ばれている。メタン醗酵で得たメタンも当然カーボンニュートラルである。

　昔、燃料といえば、炭素（木炭等）とその化合物（有機物）が主たるものであった。

　電力や自動車用燃料として、化石燃料は大量に消費されているが、これ以外のエネルギー源として水素の他に、亜鉛、リチウム、マグネシウム合金等の金属も電池の材料として用いられている。

3.1.1　CO$_2$からメタノールの製造

　水素、炭素、有機物、金属は、いずれも熱エネルギーや電気エネルギーが得られるエネルギー貯蔵物質と言える。したがって、水素（エネルギー媒体）を使ってCO$_2$を還元して、別のエネルギー媒体に過ぎないメタンやメタノールを製造してもエネルギー損失が起きるだけでエネルギーという視点からは全く意味がない。

　自然エネルギーで発電した電力で、水を電気分解して水素を製造したら、水素のまま燃料として使うのが最もエネルギー効率が高く、エネルギー損

42

3.1 効果のないCO_2リサイクル技術(水素の逆錬金術)

失も少ない。

　CO_2のリサイクルでは、CO_2は削減できず、CO_2の発生抑制以外に方法はない。

　地球温暖化防止のため、温室効果ガスであるCO_2の発生を抑制する必要があり、大量発生源である火力発電所、製鉄所、セメント工場などでは、その対応に苦慮している。

　これに呼応したのか、ある電力会社が発表したCO_2リサイクルシステムがある。発電用ボイラー排ガス中のCO_2をアミンに吸収させ、吸収した液を加熱してCO_2を回収し、これを液化して砂漠へ運び、太陽光発電で水を電気分解して得た水素とCO_2を反応させてメタノールを製造。このメタノールを日本の火力発電所に運び発電用燃料にし、発生するCO_2を再度、吸収・液化して砂漠へ運ぶという手の込んだもので、これがCO_2のリサイクルなのだそうである。

　燃焼廃ガスからCO_2を分離回収する技術では、次のような研究がなされている。

- 弱アルカリのアルカノールアミン(モノエタノールアミン等)の溶液でCO_2を吸収し、加熱して分離する化学吸収法
- メタノール、ポリエチレングリコール等の溶媒に高圧・低温でCO_2を溶解させ、減圧・加熱してCO_2を分離回収する方法
- ゼオライトや活性炭に吸着させて分離する物理吸着法
- ガス透過膜で分離する方法

そこで分離されたCO_2をリサイクルするという方法が、冗談ではなく、真面目に考えられていた。**図3-1**がその典型的なものである。この噴飯ものの技術とは呼べないようなシステムを見ると、研究者がいったい何を考えているのかよくわからない。何ともへんてこな技術なのである。

　排ガスからCO_2を回収するためには、膨大なエネルギーを必要である。

　＊蒸気消費量：0.900×10^6kcal／t-CO_2

　＊電力消費量：120kwh／t-CO_2

43

第3章 水素の化学

このようにCO_2回収のエネルギーだけは計算されているが、CO_2を輸送するためのエネルギーやメタノール合成に要するエネルギーは検討されていない。

①式はCO_2を水素H_2で還元してメタノールCH_3OHへ転換する反応である。

$CO_2 + 3H_2 \rightarrow CH_3OH + H_2O$ …… ①

①式では3モルの水素H_2のうち1モルが水に戻り、水素が無駄になってしまう。

$2CH_3OH + 3O_2 \rightarrow 2CO_2 + 4H_2O$ …… ②

このプロセスではCO_2をCH_3OHに転換しても燃焼させれば②式のように元のCO_2に戻り、元の木阿弥である。このリサイクルではCO_2は減らないばかりか、発電排ガス中CO_2回収率が90％なので、7回リサイクルす

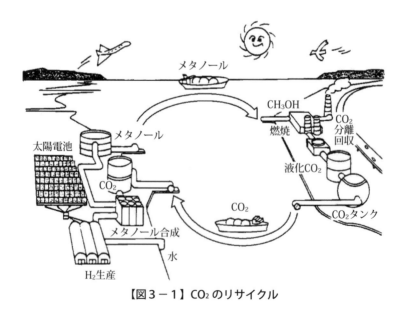

【図3-1】CO_2のリサイクル

3.1 効果のない CO_2 リサイクル技術（水素の逆錬金術）

ると CO_2 の半分は大気中へ戻り、リサイクルしたことにならない。

　砂漠で太陽光発電により製造した水素は、そのまま運んで、発電所で燃やせば、水素も無駄にならず、CO_2 は発生しないので回収する必要もないし、メタノールを製造する必要もないので、これらに要するエネルギーと製造装置は不要になる。また、CO_2 を液化して砂漠へ運ぶ必要もない。

　こんな子供でもわかるようなエネルギーの無駄遣いで、技術とも呼べないようなナンセンス技術を、何を血迷ったのか、臆面もなく堂々と発表しているのである。

　このように**図3−1**の CO_2 リサイクルは、ハイテクの殻をかぶったインチキ技術なのである。余談になるが、あるセミナーでこの話をしたところ、聴講者のなかに電力会社の社員がいて、「図3−1は当社のパンフレットに印刷されている。社に戻って早速削除させます」といった。筆者に指摘されるまで気付かなかった自身の不明を恥じている様子であった。

　日本の科学技術は、原理や技術思想が問われず進められる場合が多いのは、バイオエタノール技術に限ったことではない。この電力会社の CO_2 リサイクル技術はアイデア段階であり、幸いにして、国の補助金や研究費は使われなかったようなので、それが唯一の救いである。

3.1.2　CO_2 の減らないマヤカシ研究に多額の税金が

　エントロピーが増大してしまった CO_2 はエネルギーを使ってリサイクルしても CO_2 を増加させるだけで、地球温暖化防止には役立たないにもかかわらず、CO_2 リサイクルを標榜して、温暖化を促進させるようなインチキ技術があまりにも多い。筆者がこの技術を税金の無駄遣いと批判してから20年以上経過しているが、一向に減る気配はみられない。

　1996年4月3日付けの河北新報は、電力会社の研究とそっくりな CO_2 リサイクル技術開発を東北大学の教授が発表したと報じている。

45

第3章　水素の化学

　太陽光発電により得た電力で、海水を電気分解して水素を造り、この水素とCO_2を反応させてメタンを製造するという、メタノールがメタン代わっただけの**図3－1**によく似たシステムである。電力会社の構想ではメタノールを製造するというものであったが、この研究はメタノールよりさらに取り扱いにくいメタンにするというのであるから、いよいよ病膏肓に入ってしまった。メタンはCO_2の21倍も温暖化効果があり、製造・輸送・使用の過程で少しでも漏洩すれば、CO_2よりはるかに影響が大きいのである。

　CO_2を水素で還元して、メタンを製造する反応では、メタノールよりさらに余分に水素を浪費する。海水を電気分解して水素を得るという、自称新技術？では特殊な電極の開発で海水の電気分解時に塩素が発生しないといい「水素とCO_2からメタンだけを高速に製造できる装置は世界で初めて」とうそぶいているが、既に工業的に稼働している技術を開発する人は欧米にはいないので、世界で初めてのはずである。

　南フランスの世界遺産、城砦都市カルカッソンヌ生まれの化学者ポール・サバチェ（1854－1941）は、水素による還元反応の業績により1912年ノーベル化学賞を受賞している。東北工業大学のH教授が提唱する③の反応は1世紀も前に発明されたサバチェ反応である。

$$CO_2 + 4H_2 \rightarrow CH_4 + 2H_2O \cdots\cdots ③ \quad ── サバチェ反応$$

　CO_2を水素H_2で還元してメタンCH_4に転換すると、③式からもわかるように4モルのH_2のうち半分にあたる2モルのH_2が水に戻り、無駄になってしまう。これはメタノール製造よりさらに悪質である。さらにメタン液化には膨大なエネルギーが必要なのである。

　アンモニア製造工程中の水素精製技術（メタネーションプロセス）として、CO_2と水素からメタンを製造するサバチェ反応が使われている。このCO_2リサイクル研究は、メタネーションプロセスそのものであり、1世紀近くの歴史を持つ有名なプロセスである。したがって、化学プラントを建

3.1 効果のないCO_2リサイクル技術（水素の逆錬金術）

設するエンジニアリング会社に問い合わせれば即座に建設できる。

$$CH_4 + 2O_2 \rightarrow CO_2 + 2H_2O \ \cdots\cdots ④$$

製造したメタンで発電すれば、④式のようにCO_2が発生し、それを回収するというイタチごっこを続けなければならない。メタンになど加工しないで、水素をそのまま発電に使えばCO_2の回収もリサイクルも不要であり、地球温暖化を加速することもない。

この技術には、特殊な電極の開発で海水の電気分解時に塩素が発生しないという、まさに錬金術ともいうべきおまけまでついている。

$$2NaCl + 2H_2O \rightarrow 2NaOH + H_2 + Cl_2 \ \cdots\cdots ⑤$$

海水をそのまま電気分解すると、⑤式のように陽極に塩素Cl_2（毒ガス）が発生してその処分に困るのである。また、２モルの水から１モルの水素しか得られないので、必要電力の半分が無駄遣いということになる。二酸化マンガンの電極を使えば塩素は発生しないというが、反応式が開示されていないので、塩素陰イオンがどうなるのか理解できない。

$$2H_2O \rightarrow 2H_2 + O_2 \ \cdots\cdots ⑥$$

海水は淡水化した上で、電解質として苛性ソーダ$NaOH$を加えて、⑥式のように水電解をするのが常道である。水電解では１モルの水から１モルの水素が得られるので、計算上は海水電解の半分の電力で同量の水素を得ることができる。

※メタネーションプロセス（サバチェ反応）とその稼働条件

アンモニア製造原料ガス中には、まだCO_2が0.01〜0.1vol％含まれている。CO_2やCOはアンモニア合成触媒の機能を劣化（被毒）させるので、除去しなければならない。そのためメタネーションプロセスを使う。このプロセスは、触媒一層の反応器だけのもっとも簡単なプロセスでありながら、

47

第3章　水素の化学

機能として優れている。

　メタネーションプロセスはAl_2O_3を担体とした$20 \sim 30\%$Niを含む触媒上で$20 \sim 30$kg／㎠・$300 \sim 400$℃で次の反応が行われる。

$$CO + 3H_2 \rightarrow CH_4 + H_2O$$

$$CO_2 + 4H_2 \rightarrow CH_4 + 2H_2O$$

　反応後のガス中に通常$CO + CO_2$が10volppm以下となるように設計されている。

　メタネーション触媒は極端に硫黄化合物に弱く、ガス中の硫黄化合物は0.1volppm以下にしなければならない。

　メタンやメタノールから水素を造る時代に、価値が高い貴重な水素を価値の低いメタンやメタノールに替える技術は、まさに逆錬金術であり、インチキ技術と言える。

　2003年に文部科学省（以下、文科省）がこの馬鹿げた技術になんと1億1,600万円もの補助金を出してしまった。宮城県の目玉研究ということで、大々的に新聞やインターネットで宣伝されていた。こんなわけのわからないシステムを無批判に新聞記事にする記者の常識も疑わざるを得ない。

　三井造船と大機エンジニアリングと東北大学を定年退職した東北工業大学のH教授のグループとの共同研究である。CO_2というだけで、国はろくに審査もせずに、安易に補助金や研究費を無造作に出してしまうのであろうか。こんなシステムを恥ずかしくもなく発表するところをみると、そのようなことすら考慮されていない可能性も高い。メタンを燃料にするよりは、水素を燃料とする方が地球温暖化防止になるので、メタンを製造する必然性はなにもない。ラボアジェによって錬金術が完全に否定されたが、現代でもその亡霊が生きているようである。

　文科省が1億1,600万円もの研究費を出した研究は、既に世界各国のア

48

3.1 効果のない CO_2 リサイクル技術（水素の逆錬金術）

ンモニア工場で稼働実績があり、反応条件まで公表されているメタネーションプロセスである。これを新規研究の如く宣伝した裏に何か不明朗なものを感じる。誰も気付かなかったのであろうか。

新規性のない間違った研究に税金が浪費されても、研究者が研究費を返納して責任を取ったという話を聞かない。税金が無駄遣いされているが、その責任を問われることもなく、誰も疑問に思わないのは、日本人の科学知識のレベルがこの程度しかないことを物語っているのであろうか。価値の高いものから、価値の低いものを製造する原理的に間違っている子供だましのような研究に税金を浪費してはならない。これは日本の後進性といって済まされる問題ではなく、税金を無駄遣いした研究の当事者はもとより役人の責任も問われなければならない。今後も CO_2 にからむインチキ技術で税金が無駄遣いされないように、市民は監視しなければならない。

蛇足になるが、1988年に英修らが、サバチェ反応で使われている Ni 触媒の代わりにルテニウム Ru をアルミナに担持させた触媒を用いて、CO_2 のメタン化技術を研究し、メタン化率を大幅に向上させた実験を報告している。

2014年1月16日付けの日経産業新聞によれば、「水素は爆発の危険性があるため、メタンに変換して安全運ぶ技術研究」を2013〜17年度の5年間にわたり実施し、経済産業省は初年度3,800万円の補助金をつけたという。ここでも文部科学省の無駄遣い研究は生かされていない。

確かに水素は爆発範囲（爆発限界）がメタンより大きいが、可燃ガスは空気中の酸素と混合し、何らかの着火源に触れた場合、爆発するのであって、酸素と混合しなければ爆発の危険性はない。水素が危険でメタンは安全であるという根拠はない。

舛添要一元東京都知事は2020年開催の東京オリンピックで燃料電池自動車を走らせるために、水素ステーションを増設することを表明しているが、水素がもしそんなに危険なものであったら、これを都内に建設することは重大な問題であるはずである。しかも既に市販されている電気自動車があ

第3章　水素の化学

るのにもかかわらず、なぜ燃料電池自動車普及なのか、その説明はない。

　水素をメタンにする研究ではなく、水素を都市ガスとして使用する研究の方がまだましである。因みに石炭ガスを都市ガスとして使用していた時代には、都市ガス中に水素が混在していた。

3.1.3　アンモニアNH_3の合成 （空中窒素固定法）

　1906年、ドイツの化学者フリッツ・ハーバー（1868－1934）とカール・ボッシュ（1874－1940）は、石炭と水から造った水素H_2と、空気の成分である窒素N_2を原料にして、鉄を主体とした触媒を用いて、400～600℃・200～1,000気圧の高温高圧で、アンモニアNH_3を合成する方法を開発した。この空中窒素固定法は、開発者の名をとってハーバー・ボッシュ法（Haber-Bosch process）またはハーバー法（Haber process）という。

$$N_2 + 3H_2 \rightarrow 2NH_3$$

　ハーバーはアンモニア合成の業績により1918年にノーベル化学賞を受賞したが、第一次世界大戦中にドイツの毒ガス開発を主導していたために物議を醸した。BASF社で工業化を指導したボッシュも1931年にノーベル化学賞を受賞している。

　空中窒素N_2固定法（アンモニア製造法）により、日本でも年間約150万トンものアンモニアNH_3が製造されている。

　小麦の育成には窒素肥料が必要だが、痩せた土地が多いドイツでは小麦の栽培は困難で、主要な穀物生産はチリ硝石$NaNO_3$などの海外の窒素肥料に頼るか、痩せた土壌に強いライ麦を栽培するか、ジャガイモに頼らざるを得なかった。

　ハーバー法は、アンモニアの大量生産を可能にし、多量の化学肥料が農地に供給されたため、穀物の生産量が増大し、世界の人口は急速に増加し

た。

化学肥料として農地に撒かれた窒素化合物のうち、農作物が吸収しきれなかった分は、雨水によって川から海へ流入したり、生物分解されて窒素ガスとなって、空気中に放出されている。過剰な窒素化合物（肥料成分）の閉鎖性水域への蓄積は、赤潮の発生やアオコの異常増殖などの富栄養化をひき起こすことになった。現在、富栄養化はバルト海やメキシコ湾などでも発生している。

アンモニアを酸化すると硝酸HNO_3になることは知られていたが、ハーバー法によるアンモニアの生産は、爆薬の原料になる硝酸の大量生産を可能にした。

$$2NH_3 + 4O_2 \rightarrow 2HNO_3 + 2H_2O$$

そのためドイツは、第一次世界大戦で使用した火薬原料の窒素化合物のすべてを国内で賄うことができた。

水素を用いないハーバー法に代わる常温・常圧下、可視光線により水と空中窒素からアンモニアを合成する人工光合成の研究も行われている。

金ナノ粒子電極／チタン酸ストロンチウム／ルテニウム電極の反応セルは、金ナノ粒子側が酸化側、ルテニウム側が還元側になる。酸化槽側には水酸化ナトリウム水／エタノール溶液を充填、還元側には水蒸気飽和窒素を充填して酸化槽側から可視光線を照射すると、還元槽にアンモニアが生成するというものである。

3.2　木を見て森を見ずの金属アルミニウムから水素の製造

細かい点に気を取られ、本筋を見誤ってしまう例えとして「木を見て森

第3章　水素の化学

を見ず」という諺がある。CO_2のリサイクルやクリーン水素など一見、地球温暖化防止に役立ちそうなテーマがあると、諺通りに反応する困った人達が台頭する。もう少し、森を見て動きたいものである。

それには取り扱う物質を化学式で考え、その物質の根源まで遡ると森が見えてくる。

アルミニウムは電気の塊と言われている。アルミニウムの精錬には多大の電力を要するため、石油危機以降、電力価格が高騰し、日本のアルミニウム地金は輸入に依存している。

3.2.1　アルミニウムの精錬

金属アルミニウムの大量生産はフランス人冶金技術者ポール・エルー（1863−1914）によって開発された。彼はパリの鉱山学校で学び、サン・パルフ研究所でアルミニウムに関する研究を行い、1886年アメリカのチャールズ・マーティン・ホール（1863−1914）とほとんど同時に、独立にアルミニウムを電解精錬する工業的製法を発明し、この方法はホール・エルー法と呼ばれている。

エルーが電解法を発明するまでは、アルミニウムは貴重な金属であり、金よりも高価であった。アルミニウムが金属として単離されたのは1800年代なかばであり、フランス皇帝ナポレオン三世が催した晩餐会では、臣下のテーブルには銀食器が並び、皇帝夫妻にはアルミニウムの食器が並んだという。

ホールがアメリカでアルミニウム電解法を発明したとき、1ポンド8ドルのアルミニウムが0.33ドルまで暴落し、アルミニウムが一躍大衆的な金属になった。エルーもホールもともに23歳で電解法を発明し、1914年に二人とも亡くなっている。

金属アルミニウムの原料鉱石であるボーキサイトは、南仏プロバンスの

52

3.2 木を見て森を見ずの金属アルミニウムから水素の製造

レ・ボーという村から採掘されたのでその名があるということを筆者は現地を訪れて初めて知った。

アルミニウムは通常ケイ素や酸素と結合してケイ酸塩鉱物（粘土鉱物等）を形成しており、これが熱帯気候で分解し、水酸化物系鉱石を形成する。40〜60％のアルミナ（Al_2O_3・酸化アルミニウム）を含むこの種の鉱石であるボーキサイトはアルミナの原料として重要な鉱物である。

ボーキサイトには、赤土のような茶褐色で鉄分を含んだものから、クリーム色或いは薄いピンク色で硬い結晶性ギブサイトの層をなしたものまである。自然条件によって、アルミナを含んだほとんどすべての岩石からボーキサイトが生成し得る。

ボーキサイトの主な鉱山があるのは、オーストラリア、ギニア、ブラジル、ジャマイカ、カメルーン、ギリシャ、スリナム等である。

斜長石に富んだ火成岩、頁岩、明ばん石、リン酸アルミニウム、フライアッシュ、ケイマイトーシリマナイト鉱物群などの他に、アルミナ供給源としては、種々の粘土がある。

ホール・エルー法電解槽の電解浴の主成分である氷晶石（クリオライトNa_3AlF_6）は、バイヤー工程から得られるアルミン酸ナトリウムとフッ化水素酸を反応させて製造する。

3.2.2 アルミナの製造（バイヤー法）

バイヤー法は、ボーキサイトを苛性ソーダ$NaOH$水溶液に溶解し、アルミン酸ソーダ（アルミン酸ナトリウム$NaAlO_2$）を製造する工程から始まる。

$$Al(OH)_3 + NaOH \Leftrightarrow NaAlO_2 + 2H_2O$$

$$AlO(OH) + NaOH \Leftrightarrow NaAlO_2 + H_2O$$

反応平衡は苛性ソーダ濃度の上昇とともに右へ移行する。

53

第3章　水素の化学

3.2.3　アルミナの製造工程

①ボーキサイトの高温溶解

　　　　↓

②ボーキサイトの不溶性不純物（赤泥）を沈降分離、アルミン酸ソーダ
　溶液の製造

　　　　↓

③低温でアルミン酸ソーダを部分加水分解・水酸化アルミニウムを沈殿
　させる

　　　　↓

④母液の水分を蒸発濃縮し、苛性ソーダ溶液としてプロセス①へ戻す

　　　　↓

⑤水酸化アルミニウムを約1200℃で焙焼し、アルミナを得る

　シリカ含有量の高いボーキサイトには、ソーダ石灰焼結法の変形を利用
した処理が行われる。

3.2.4　アルミナの電気分解

　アルミニウムは、溶融氷晶石を主成分とする電解浴にアルミナ Al_2O_3 を
溶解させてホール・エルー法によって溶融塩電気分解で製造する。アルミ
ニウムは、溶融塩の容器も兼ねた炭素陰極上に生成する。同時に、陽極か
らは酸素が発生し、炭素陽極が消耗する。

　氷晶石はイオンに解離してナトリウムイオン Na^+ とヘキサフルオロアル
ミン酸イオン AlF_6^{3-} になる。後者はさらに解離してテトラフルオロアルミ

54

3.2　木を見て森を見ずの金属アルミニウムから水素の製造

ン酸イオンAlF_4^-とフッ素陰イオンF^-に分解する。

　最終反応は以下の如くである。

$$2Al_2O_3 + 3C \rightarrow 4Al + 3CO_2$$

3.2.5　苛性ソーダの製造エネルギー

　火力発電から発生するCO_2の量は1kwh当たり0.69kgである。したがってアルミニウム1t製造すると21,100kwh×0.69＝14,559kg、即ち14.6tのCO_2が発生している計算になる。

　苛性ソーダ$NaOH$は食塩を電気分解して製造するが、この電解に要する電力は2,400kwh／tである。このように苛性ソーダも化石燃料を燃やしてCO_2を発生させて発電した電力の産物である。

$$2NaCl + 2H_2O \rightarrow 2NaOH + Cl_2 + H_2 \cdots\cdots 食塩電解反応$$

　苛性ソーダ1t製造すると2,400kwh×0.69＝1,656kwh、即ち約1.7tのCO_2を発生しているのである。

　ボーキサイトを採掘・輸送する重機類から発生するCO_2、ボーキサイトを苛性ソーダに加熱溶解する工程から発生するCO_2、水酸化アルミニウムを焙焼してアルミナを製造する工程から発生するCO_2など、加熱用燃料を使う一連の工程からもCO_2が発生など、アルミニウム精錬の前工程からもCO_2を大量に発生しているが、原単位のデータがないので計算はできない。

55

第3章　水素の化学

3.3　金属くずから水素の製造

　環境省の「2009年度地球温暖化対策技術開発事業」に採択されたCO_2を発生させずにクリーンな水素を製造する技術は、廃アルミニウムAlを苛性ソーダNaOHに溶解し、水素を製造するというものである。家庭、学校、病院、工場などの廃棄物の中に含まれているアルミ系廃棄物を自動選別・加熱溶融して、高純度・多孔質の金属アルミニウムを取り出し、これをアルカリと反応させ、水素を発生させるという技術である。しかし、この技術は、既に早稲田大学の勝田正文教授がリーダーを務める研究会で、化石燃料を使わない水素の製造方法を確立するプロジェクトとして進められていた。この研究会はCO_2の発生を伴わずに廃棄物から「グリーン水素」を製造し、燃料電池に利用することを産学連携で目指しているという。電力を得るのが目的ならば金属アルミニウムを使ったアルミニウム電池で発電すれば効率が良い。わざわざ水素を造って燃料電池で発電する必要はない。

3.3.1　アルミニウムから水素の製造反応

　アルミニウムを苛性ソーダに溶解すると、水素とアルミン酸ソーダが生成する。

$$2Al \ + \ 2NaOH \ + \ 2H_2O \ \rightarrow \ 2NaAlO_2 \ + \ 3H_2 \ \cdots\cdots ①$$

　アルミン酸ソーダを加水分解すると苛性ソーダと水酸化アルミニウムAl（OH）$_3$が得られる。

$$NaAlO_2 + 2H_2O \rightarrow NaOH + Al(OH)_3 \cdots\cdots ②$$

　早稲田大学の研究会によれば、$Al(OH)_3$は石鹸などの工業原料に、苛性ソーダは廃アルミの溶解工程へ戻す。廃棄されているアルミニウムという電力の缶詰を再利用でき、循環型社会の構築に役立つと意義を強調している。ちなみに$Al(OH)_3$は、合成洗剤に添加されているゼオライトの原料にはなるが、石鹸の原料になることはない。

　確かにアルミニウムを苛性ソーダに溶解して、水素を得る反応②ではCO_2は発生しない。

　反応式①からアルミくず1 tを1.48 tの苛性ソーダに溶解すると0.11tの水素が得られる計算になる。苛性ソーダ1 t製造する工程から1.7 tのCO_2が発生しているので、反応式①から$1.7 \times 1.48 = 2.5$ tのCO_2が発生していることになる。これとアルミニウム製錬時に発生するCO_2の量を合計すると、$14.6 + 2.5 = 17.1$ tになる。

　この計算にはボーキサイトからアルミナを製造する過程や炭素電極製造で発生するCO_2は含まれていない。アルミニウムと苛性ソーダ製造過程で、既にCO_2が17 t以上発生しているで、アルミくずを苛性ソーダに溶解させて、水素を製造してもCO_2を減らしたことにはならず、このテーマを環境省の「地球温暖化対策技術開発事業」の対象にするのは間違っている。

3.3.2　シリコンくずから水素の製造

　早稲田大学の研究会では、シリコンくずを苛性ソーダに溶解して水素を製造する技術も発表されているが、シリコンの製造にも大量の電力が必要であり、シリコンもアルミニウムと同様のことが言える。

　製造のための電力を化石燃料から得ているのであれば、CO_2を減らしたことにはならずAlやSiを原料にして水素を製造しても、CO_2の減少にはつ

第 3 章 水素の化学

ながらないのである。また、副成物である珪酸ソーダの用途すら示されていない。

$$Si + 2NaOH + 2H_2O - Na_2SiO_3 + 2H_2 \cdots\cdots ③$$

さすがに鉄くずを硫酸に溶かして水素を得ようなどという人はいないが、これがアルミニウムやシリコンになると、ころっとだまされてしまう人が多いのである。

$$Fe + H_2SO_4 \rightarrow FeSO_4 + H_2 \cdots\cdots ④$$

水素は風力・太陽光発電など自然エネルギーで得た電力で水を電気分解するか、バイオマスによって水を還元して水素を得るしか方法はない。化石燃料の消費を抑えてCO_2を減らす方法も真剣に考える方が早道ではないか。

3.3.3 金属くず再生の在り方

アルミくずを熔融して、再生地金を製造するときに生じるアルミドロスから、金属アルミを搾り取る専門工場もあるが、この操作でも金属と酸化物を完全には分離することは困難である。アルミドロスは、ボーキサイトの代替品としてアルミナメーカーへ戻すべきであるが、より安価に埋立処分できる埋立地へ搬入されてしまい、安易に埋立てられている。

再生地金になるアルミくずから水素を製造しては、資源の無駄遣いになるので、アルミニウム再生地金に戻すべきである。神戸製鋼所と東京電力は、アルミドロスから効率よくアルミとアルミナを回収する技術開発を開発した。シリコン単結晶からウエハーを切り出すとき、或いは研磨工程で発生するシリコンの微細くずなどは、水素発生原料にしても良いが、粉末以外のシリコン単体は合金原料に戻すべきである。

3.4 メタンからCO₂が発生しない水素の製造

メタンを炭素と水素に熱分解する方法で水素を製造すれば、CO_2の発生える量を極小にできるが、水蒸気改質ではCO_2が発生してしまう。

鹿児島大学工学部の甲斐敬美教授は、ニッケルNiをシリカに担持させた触媒でメタンを流動床で熱分解し、水素と炭素を得る研究を行った。

$$CH_4 \rightarrow C + 2H_2 \cdots\cdots メタンの熱分解$$

このプロセスではCO_2は発生しない。生成する炭素はゴムタイヤ用充填剤（カーボンブラック）、黒色顔料、電極材料、融雪剤など用途は多い。

3.5 水素(エネルギーキャリヤー・エネルギー貯蔵物質)の貯蔵・供給・輸送の困難性

水素を余った電力の貯蔵に使うとしても、ダムを利用した揚水発電に比べてエネルギー効率でははるかに劣っている。

日本ではガソリンスタンドに併設した水素ステーションが建設されているが、その建設費はガソリンスタンドの5倍と言われている。水素ステーションにはいくつかの方式があって、①ステーション内でガスや石油を改質して水素を作り出すオンサイト方式、②あらかじめ他所で造った水素を液体水素、圧縮水素の形で輸送するオフサイト方式などである。

最も安価に水素を供給できるのは、副生水素から不純物を除去したもの

第3章　水素の化学

で、圧縮水素としてローリーで運ぶオフサイト方式である。

　現在、工業用水素の相場は約150円/㎥である。最新の燃料電池自動車は、水素10km/㎥走るので、ガソリン車並みに満タンで500km走るには50㎥、即ち7,500円の燃料費がかかる。感覚的にはガソリン車とほぼ同等の燃費性能であるが、「税金や水素ステーションの設置コストなどを加えると2倍以上にはなる」という。

　副生水素以外の方法で製造された、水素は同熱量のガソリンに換算すると300〜400円/Lという価格になる。水素価格の問題は、量産しても低下せず、水素ステーションの設備費を若干下げる効果はあるものの、輸送コストの改善効果は微々たるものである。

　水素の輸送インフラは半導体工場など以外ほとんどなく、構築には莫大な資本が必要である。オーストラリアの砂漠で太陽光発電による電力で水を電気分解して水素を生産し、専用タンカーで日本に運ぶというアイデアもあるが、水素を生産し、輸送し、販売するのは、既存の自動車用燃料の中で最も難しく、コストも大きい。今後、モータリゼーションが進む新興・途上国で水素を供給するインフラが整い、燃料電池車が普及する可能性はほとんど望み薄である。

　地球温暖化防止のためには、電気自動車が優れているが、水素はその条件からはずれてしまう。「風力や太陽光の電力で水素を造ればCO_2排出ゼロ」と強調されているが、水素の輸送・貯蔵は困難である。

　これを打開するために、圧縮水素、液化水素以外の第3の方法の開発も進められている。

　水素の輸送と貯蔵を安全に実施するために、多くの研究があり、その中の一つに有機ハイドライドという奇妙な呼び名の物質を用いて、水素と化合させ、再び水素に戻すというのがある。

　有機ハイドライドという特殊な化合物があるわけではなく、炭素と水素の化合物であるトルエン$C_6H_5CH_3$のような炭化水素のことであり、既に化石燃料から大量生産されている有機物である。炭化水素であるトルエン

60

3.5　水素の貯蔵・供給・輸送の困難性

（分子量92.14）のベンゼン核に水素を付加（水素添加・水添）してメチルシクロヘキサン$C_6H_{11}CH_3$に転換し、これを再度トルエンと水素に熱分解させるという手の込んだ手法である。

　メチルシクロヘキサンは沸点101℃なのでケミカルタンカーで常温輸入し、ガソリンのようにタンクローリーで輸送できる。

　水素ステーションでメチルシクロヘキサンを水素とトルエンに熱分解する吸熱脱水素反応を転化率90％以上で持続させるには300℃以上の反応温度が必要であり、水素貯蔵量（水素キャリヤー）としての性能は6.1％に過ぎない。

　$C_6H_5CH_3 + 3H_2 \rightarrow C_6H_{11}CH_3$ ……（トルエンの水素添加反応）

　$C_6H_{11}CH_3 \rightarrow C_6H_5CH_3 + 3H_2$ ……メチルシクロヘキサンの分解
　　　　　　　　　　　　　　　　　　　　　（水素脱離反応）

メチルシクロヘキサンの分子量 …… 98.2

水素の分子量 ……2

　従って、メチルシクロヘキサンの水素貯蔵量は$6/98.2\times100 = 6.1$（％）

　これは92.14kgの容器に水素を6kg詰めて運び水素を回収した後、92.14kgの空容器を水素添加施設まで戻すということは、たった6kgの水素を運ぶために92kgの重たい空容器を運んでいるようなものである。炭化水素という化学用語があるにもかかわらず、有機ハイドライドというあたかも新たな物質であるかのごとく喧伝するのに何か怪しげな意図を感じる。

　ちなみにアンモニアNH_3（分子量17）の水素貯蔵量は$6/34\times100 = 17.6$（％）であり、メチルシクロヘキサンに比べ約3倍の水素を輸送できる。しかも水素回収後、発生する窒素は大気中に放散できるので、トルエンを水素添加施設まで戻すような、余分な輸送エネルギーとその費用は必

第3章　水素の化学

要ない。水素キャリヤーとしてのアンモニアについては各方面で詳細な研究が報告されている。

　水素を空気中の窒素と反応させ、アンモニアを合成、これを液体アンモニアとして輸送し、アンモニアを水素と窒素に分解する方法である。

　　N_2 ＋ $3H_2$　→　$2NH_3$ …… アンモニアの製造

　　$2NH_3$　→　N_2 ＋ $3H_2$ …… アンモニアからの水素の製造

　しかし、アンモニア合成のエネルギーを考慮すると、水素キャリヤーとして有利か否か判定は難しい。

　固体或いは液体状態の水素化物という安定な状態で高密度の水素を安全に貯蔵・運搬でき、かつ必要に応じて高効率に水素を製造する化学的水素貯蔵・発生システムについては、森浩亮の総説がある。

※アンモニアボランH_3NBH_3

　アンモニアボランは分子量30.7と小さく、常温常圧で固体であり、水素貯蔵能は$6 / 30.7 × 100 ＝ 19.5$（％）とアンモニアより高く、約20％の水素を貯蔵できる。常温での1L当たり放出可能なH_2の質量A_{H2}は146g／Lである。ちなみにアンモニアは（NH_3：121g／L）・ヒドラジン水和物は（H_2NNH_2：H_2O 80g／L）であり、安全かつエネルギー密度が高い水素キャリヤーとして注目されている。

　これらの高水素含有化合物は比較的低温で水素を取り出すことが可能である。水素発生システムの実用化には、非作動時における安定性はもとより、作動時において必要量の水素を迅速に供給できるPt、Rh、Ruなどの貴金属触媒を用いた加水分解反応が有望である。

　オーストラリアに大量に賦存する低品位炭と水を反応させて、水素をはじめメタノールその他の化学製品を製造し、これを日本へ輸送するプロジェクトが動いている。

$$C + 2H_2O \rightarrow CO_2 + 2H_2$$

オーストラリアで低品位炭から製造した水素を燃料にすれば、確かに日本でのCO_2発生はないが、オーストラリアではCO_2が発生しているので、地球全体でみると地球温暖化防止には貢献しない。2014年10～12月にかけて、液化したCO_2を1,000km以上も離れた場所まで搬送して、地下の貯留層の中に圧入する試験に成功したという。水素を製造する工程から発生したCO_2はこの方法で処理すると言われている。

日本は世界第6位の領海と排他的経済水域（EEZ）［計447万㎢］を有する海洋国家なので、洋上に太陽光、風力発電をする水素工場を浮かべ、発電した電力で水を電気分解して水素を製造し、陸上へ送る。コストから見ると今の時点では電力のまま送電した方が有利である。アイスランドでは地熱や水力で発電した電力で水素を造り、自動車や船舶を動かす国家プロジェクトが進められている。

3.6 水素と燃料電池

1965年にアメリカの有人宇宙飛行計画（ジェミニ5号）で固体高分子形燃料電池が採用され、その後アポロ計画からスペースシャトルに至るまで燃料電池は電源、飲料水製造に用いられてきた。

3.6.1 燃料電池の原理

1801年、電気分解により金属を得る方法を開発し、金属ナトリウムを

第3章　水素の化学

始め数々の金属の発見者として有名なイギリスの化学者ハンフリー・デービー（1778－1829）によって燃料電池が考案された。1839年、イギリスの物理学者ウィリアム・グローブ（1811－1896）は、電極に白金、電解質に希硫酸を用いて、水素と酸素から電力を取り出す燃料電池を造った。

　水H_2Oを電気分解すると水素H_2と酸素O_2が得られる。

　$2H_2O$　→　$2H_2$ ＋ O_2

　水の電気分解反応の逆反応である水素と酸素を白金電極上で反応させると、導線を通して電力を取り出すことができる。

　$2H_2$ ＋ O_2　→　$2H_2O$

　この反応は熱が発生するばかりでなく、発電効率の高いものほど反応に高温を必要とする傾向がある。反応によって生成する水は、水蒸気または温水である。

　燃料電池は、水素などの燃料を負極活物質として供給し、正極活物質である空気中の酸素を供給して、継続的に電力を取り出す発電装置で、蓄電できないので電池ではなく発電装置である。一次電池や二次電池と異なり、正極活物質と負極活物質を連続的に供給し続けることで電気容量の制限なく放電を永続的に行うことできる。

　火力発電では、熱エネルギー（化学エネルギー）を熱機関に与えて発生する運動エネルギーを電気エネルギーに変換するが、燃料電池は熱機関特有のカルノーサイクルを経由せず、化学エネルギーを直接電力に変換するので発電効率が高い。回転運動をする装置がないので、騒音や振動も少なく、規模の大小に影響されないため、家庭で電力・給湯・暖房を主な目的として、2008年に家庭用燃料電池コージェネレーションシステム（エネファーム）が誕生し、現在、200万円を切るものも出てきている。コージェネレーションシステムとは熱電併給システムのことで、発生する電気と熱の両方を有効に使う方式をいう。

64

3.6.2 燃料電池自動車・電気自動車との比較

　自動車の黎明期には電気自動車とその他の自動車は競い合っていた。構造が簡単な電気自動車は安価であったが、電池の性能が悪く、観光地における排気ガス対策としてのバス、フォークリフト、ゴルフカートなどで実用化されただけで内燃機関の自動車に駆逐されてしまった。

　電気自動車は、走行距離と充電時間の長さで、まだ、自動車の主流になれず、ハイブリッドカーほど普及していない。

　ヨーロッパでは、燃費ではなくCO_2排出量に応じて規制値が定められている。メーカーごとに販売した新型車の平均CO_2排出量は2015年で走行距離1km当たり120g以下に規制されている。この規制値は2021年に同95gにまで強化される見通しである。これに呼応して、世界中で電気自動車EVでの開発競争が激しくなっている。

　燃料電池自動車は電気でモーターを回して走行する電気自動車の一種だが、バッテリーではなく、車上で発電する点が違う。現状で、電気自動車とのもう一つの違いは、水素タンクを満タンにすれば、トヨタ「ミライ」の場合で650kmの走行が可能で、長距離走行が可能という点と充電時間に対して、給燃料時間が短いというのが売りである。日本では燃料電池自動車が、水しか排出しない究極のエコカーと喧伝されているが、電気自動車は水すら排出しないエコカーである。燃料電池自動車は、空想的な煽り立てでユーザーに過剰な期待を抱かせている。

　欧米勢は、プラグインハイブリッド車を重視しており、日本が喧伝している燃料電池車は、世界的に普及する可能性が低く、長期的に見ればマイナス効果しかない。

　ガソリンスタンドのような既存のインフラを押しのけて、巨額の資金を投じて水素ステーションを各地に建設するという機運が、日本以外の国に

第3章　水素の化学

広がる可能性は低い。日本が官民あげて燃料電池自動車の普及に力を入れても、日本だけが突出し、世界のスタンダードにはならない商品になってしまう可能性が高い。高度で精緻だが日本国内でしか普及せず「ガラパゴス化」した携帯電話（ガラケー）の二の舞を演じ、ガラケーならぬ「ガラカー」になる危険性が極めて高い。優れた技術が必ずしも「勝ち組」となるわけではないことは、1980年代後半に戦われたビデオ規格におけるソニーのベータ方式の敗北がこれを証明している。

　経産省は「水素社会の第一歩」と位置づけ、燃料電池自動車の水素を充填する「水素ステーション」の設置を税金で後押しする政策を打ち出している。大手自動車メーカーのトヨタ自動車が先行し、ホンダも含め日本メーカーが先行しているとはいえ、燃料電池自動車に未来があるかは不透明である。燃料電池車の前途に待っているのがバラ色の未来ではなく、茨の道と言われる最大の要因は燃料である水素そのものにある。

3.7　水素の価格

　現在、国内の水素生産量は年間1億㎥。だが、燃料電池自動車の普及が本格化する2025年の需要は24億㎥と予想されている。この需給ギャップを埋めながら、CO_2排出量を削減できなければ、燃料電池自動車は「究極のエコカー」にはなれない。

　燃料である水素は取り扱いの難しいエネルギーである。また、燃料電池に使われる貴金属の白金は、採掘・精錬コストが高く、国際相場は4,000円／g程度で、大幅に下がることは考えにくい。

66

3.8　水素と爆発の関係性
（可燃ガス・爆発範囲・原子炉）

　水素は燃焼させても廃ガスは水であり、最もクリーンな燃料と言える。しかし、東京電力福島第1原子力発電所では1号炉から3号炉が次々と炉心熔融（メルトダウン）し、そこから発生した水素が爆発し、1〜4号炉の原子炉建屋が吹き飛んだのは記憶に新しい。

　水素は、爆発しやすく危険であると、一般の人は誤解しているが、可燃性の気体は、空気と混合すると爆発するので水素に限ったことではない。

　水素は爆発して危険であるという固定概念の原因の一つに1937年5月6日にアメリカ・ニュージャージー州レイクハースト海軍飛行場で発生したドイツの硬式飛行船・LZ129 ヒンデンブルク号の炎上事故を挙げることができる。この事故により、乗員・乗客35人と地上の作業員1名が死亡した。これを契機に大型硬式飛行船の安全性に疑問が持たれ、それらの建造が行われなくなった。このときの生々しい様子は、現在、インターネットで、カラー加工された映像を見ることができる。この映像を見ると、爆発ではなく、炎上である。もし、爆発であれば、飛行船は木っ端みじんに吹き飛んでいるはずであるが、飛行船は巨大な炎に包まれ、メラメラと燃えているだけで、飛行船の竜骨がグニャグニャ曲がる映像を確認できる。

　可燃ガスの爆発事故は福島原発の他に、2003年8月19日に「三重ごみ固形燃料発電所」のRDF貯蔵タンクの火災を消火中に爆発、高さ25mのタンクの屋根が約200m吹き飛び、屋根の上にいた消防士2名が死亡、付近にいた作業員一人がけがをする爆発事故が起きている。タンク内の発火により可燃ガスが充満しているタンクへ注水をしたため、空気がタンク内に入り、可燃ガスと空気が混合、爆発範囲に入ったため、爆発したもの

第3章　水素の化学

と解釈できる。

　同年11月9日、神奈川県大和市のスーパーマーケットの生ゴミ処理施設でも大爆発が発生している。このスーパーマーケットでは、ゼロエミッションを目指し、生ゴミを自前の設備で堆肥化する施設を持ち環境に対する配慮を先進的に行っていた。当日、この処理施設でボヤが発生し、鎮火後暫く経ってから爆発した。鎮火が不完全で、不完全燃焼により発生した可燃ガスが空気と混合して、爆発したものである。

　可燃性の気体と空気を爆発範囲の割合で混合した混合気体（ガス）は、ちょっとした着火源があると、爆発的に燃焼反応が起こる。このとき大きな音がするので爆鳴気という。また、このような反応は気体だけではなく、可燃性固体粉末と空気の混合物でも起こる。炭坑などで起こる炭塵爆発は石炭の粉末と空気中の酸素が爆発的に反応することで起こる。

　製粉工場などでも小麦粉の粉塵が爆発する事故がある。2015年台湾のライブ会場で撒布されたカラーパウダー（コーンスターチ、トウモロコシ澱粉）が粉塵爆発を起こして、多数の負傷者が発生した。

　試験管に水素を集め、それに火を付けるとキャンと音がして爆発する実験は皆が経験しているはずである。

3.8.1 爆発限界 (Flammability limit)［爆発範囲］

　可燃性ガスと酸素や塩素などの酸化性気体の混合物は、ある一定の組成、圧力、温度の範囲内で爆発を起こす。可燃ガスと空気の混合比によって爆発が起きたり、起きなかったりする。燃料ガスの量が少な過ぎて空気量が多い場合と逆に燃料ガス量が多過ぎて空気量が少ない場合には、爆発は起きない。空気量と燃料ガスが丁度良い割合に混合している場合にのみ爆発が起きる。爆発が起きるガス濃度の範囲を爆発範囲と呼ぶべきであるが、英語Limitを直訳して爆発限界ということになっている。

3.8 水素と爆発の関係性（可燃ガス・爆発範囲・原子炉）

因みに水素の空気中における爆発範囲は、下限4.0％（容量％）・上限75％であり、都市ガスの主成分であるメタンは下限5.3％・上限14％である。これからもわかるように、水素が危険視されるのは、爆発範囲が広いからである。

3.8.2 原子炉からの水素の発生と爆発

原発の燃料棒に充填されている二酸化ウランUO_2は褐色の無定形粉末で、融点2865℃と高温で安定なため金属ウランに替わって軽水炉の燃料（核分裂物質）として使用されるようになった。燃料というが、二酸化ウランは酸化物であり燃えるわけではない。

現用の軽水炉では核分裂するウラン^{235}Uを3〜5％に濃縮した二酸化ウランの粉末をプレス機で直径・長さとも約1cmに成型・加工し、高温で焼き固めたペレットが使われている。ペレットをジルコニウム合金にジルコニウム金属膜で内張りをした2層構造の燃料被覆管Fuel Claddingに詰めて燃料棒を構成し、燃料棒を8×8本等の方形に束ねたものが燃料集合体であり、燃料集合体は炉心に装荷されて炉心部を構成する。燃料被覆管の厚さ0.7mmほどの細長い管であり、外径が11mmほど、全長が4.47m、燃料有効長が3.71mとされている。原子炉内部では、燃料棒中で^{235}Uが中性子により、原子量約140と約95の同位体（同位元素）に核分裂して、そのとき大量の熱が発生する。この熱で水蒸気を発生させ、蒸気タービンで発電機を駆動して発電する。これが原子力発電所である。

ウランの核分裂により生成する同位元素は約100種類におよぶといわれる。

この中でも特に多量に生成し、人体影響の大きい放射性元素にセシウム^{137}Cs、ストロンチウム^{90}Sr、ヨウ素^{131}Iなどがある。これらの核分裂生成物は、通常は燃料棒中に入っており、環境中には放出されないことになっ

第3章　水素の化学

ている。

ウラン^{235}Uが核分裂してセシウム^{137}Csとルビジウム^{96}Rbが生成する反応を次に示す。

$$^{235}\text{U} + {}^{1}\text{n} \rightarrow {}^{236}\text{U} \rightarrow {}^{137}\text{Cs} + {}^{96}\text{Rb} + 3{}^{1}\text{n}$$

　上式で元素記号の左肩に示した質量数は原子核の中に存在する陽子と中性子（n）の和（原子量）である。ウランの核分裂では、質量数235に中性子1個を加えた、質量数236の不安定な同位体（陽子数は同じであるが、中性子数が違う）となり、これが二つに分裂し、同時に中性子が1～4個発成する。

　核分裂の前後で、陽子数の合計は変わらず、ウランの陽子数が92、セシウムの陽子数が55であるから、引き算をすれば、片割れの陽子数は37になる。片割れの原子は原子番号37のルビジウムである。ウラン235の核分裂反応でセシウムが生成するとき一方にルビジウム^{96}Rbの原子が同数生成する。放射性ルビジウムが問題にならないのは、半減期が短く約30分と寿命が短いからである。核分裂の際に飛び出す中性子の数によって、ルビジウムの質量数は変わり、ルビジウム95からルビジウム98まで、4種類の同位体が生成する。

　核分裂反応でも、左辺の陽子＋中性子の数と、右辺の陽子＋中性子の数は等しいという原則は守られている。ちなみにヨウ素^{139}Iの生成反応は、次のようなものである。

$$^{235}\text{U} + {}^{1}\text{n} \rightarrow {}^{95}\text{Y} + {}^{139}\text{I} + 2{}^{1}\text{n}$$

　セシウムCsはナトリウムNaやカリウムKと同じ仲間（同族）のアルカリ金属である。また、核分裂反応では、ヨウ素Iも生成する。炉心溶融によりセシウムとヨウ素は化学反応してヨウ化セシウムCsIを生成するはずである。

70

3.8 水素と爆発の関係性（可燃ガス・爆発範囲・原子炉）

$$Cs + I \rightarrow CsI$$

ヨウ化セシウムは沸点 1,277±5℃であり、被覆管のジルコニウムの溶融温度は 1,855℃なので、これ以上では、ヨウ化セシウムは気化して大気中に飛散する。また、セシウムはアルカリ金属であり、きわめて還元性が強く、金属セシウムと二酸化ウランが接触すると、酸化ウランは還元されて金属ウランになり、セシウムは酸化セシウムになっているはずである。酸化セシウムは注水された海水と反応して水酸化セシウムとなる。さらに水酸化セシウムは海水中の塩化マグネシウム等と反応して塩化セシウムに変化する。

$$UO_2 + 4Cs \rightarrow U + 2Cs_2O$$

$$Cs_2O + H_2O \rightarrow 2CsOH$$

$$2CsOH + MgCl_2 \rightarrow 2CsCl + Mg(OH)_2$$

また、金属状のセシウムは炉心溶融によって燃料棒が破壊されると、注水した海水と瞬時に反応して、水素を発生し、水酸化セシウムになる。このとき、発生する水素は当然水素爆発の原因になる。

$$2Cs + 2H_2O \rightarrow 2CsOH + H_2$$

一方、炉心熔融は二酸化ウランの融点まで上昇しなくても、燃料被覆管が融けてしまえば、燃料ペレットは炉底に落下する。高温のジルコニウムは水と反応して水素を発生し、酸化ジルコニウム（粉末）になる。

$$Zr + 2H_2O \rightarrow ZrO_2 + 2H_2$$

第3章　水素の化学

▶第3章のポイント

　　水素が21世紀のエネルギー源としてマスコミなどで取り上げられている。化学知識が乏しいために、誤った選択で税金の無駄遣いが起きている。これを防ぐために、水素の歴史から、現代における水素技術の現状を正しく認識してもらうことを念頭において記述した。

COLUMN ①

電気自動車こぼれ話

　慶應義塾大学・清水浩名誉教授は1989年、国立環境研究所での電気自動車開発について圧力がかかり、同所を退官し、慶應義塾大学へ移った。ガソリンを売る国際石油資本に潰されたのである。当時のメディアは黙殺し、国民はこのことを誰も知らなかった。この電気自動車は、ガソリン換算で3倍以上走り、最高速度176km/hの車は、部品下請け業界を抱える自動車産業に革命が起きると業界も潰しにかかった。

　2014年9月、清水名誉教授が企業化したSIM-Driveは新開発車両SIM-HALを公開。車輪に内蔵する駆動用モーターを軽く、高効率化により、航続距離を404.1kmにのばした。新開発のインホイールモーターは最高出力260kWと、高効率化や使い勝手の向上を重視し、永久磁石の配置見直しや損失低減などで、モーターの最大効率を95.4%に高めた。ローターの永久磁石に加えて、ステーターの巻き線構造を最適化することで巻き線の長さも短くできた。

　リチウムイオン電池はエネルギー密度が高い製品を採用し、容量は約2割アップして35.1kWhとなった。モーターの質量は、永久磁石や巻き線を減らしたことなどで約33kgと軽くした。また、ステーターの内径側を水冷にして定格出力は約30kWに高めた。

　インホイールモーターの車両は、サスペンションやブレーキの配置換えなどでコストが高くなる。今回の開発では、モーターの厚さを半減したことで、ガソリン車で実績のある既存のサスペンションやブレーキシステムの流用で電気自動車が実用化された。

第4章

CO_2の循環 — 増え過ぎで地球温暖化

　光合成によりCO_2を古代の植物や微生物などが固定し、化学エネルギーとして蓄積し、これが地殻変動で地中に埋もれ、地圧や地熱の影響で石炭・石油・天然ガスなどに変化した。これを人間が採掘し、エネルギー源として利用し、その結果、CO_2が増加して地球温暖化を招いた。古代生物が固定したエネルギーの缶詰とも言える化石燃料を燃焼させれば、古代の炭素がCO_2に戻り、増加するのは当然である。

4.1　生態系とCO_2の循環

　地球の海で生命が誕生してから38億年と言われており、その中に大気中のCO_2を吸収し、酸素O_2を放出して光合成をする葉緑素を持ったシアノバクテリア（藍藻）のような植物が発生する。この酸素が成層圏でオゾンとなり、有害な紫外線を吸収し、生物が地表で生育できるようになった。
　光合成とは、植物が炭酸ガスCO_2と水H_2Oを原料にして、太陽エネルギー

75

第4章　CO₂の循環－増え過ぎて地球温暖化

を使ってブドウ糖C₆H₁₂O₆（glucose・炭水化物）と酸素O₂を生成する反応である。

$$6CO_2 + 6H_2O \rightarrow C_6H_{12}O_6 + 6O_2$$

植物はエントロピーが増大し希薄になったCO₂を使って太陽エネルギーでブドウ糖（炭水化物）を光合成し、これを原料にして、炭水化物（多糖類）であるセルロース（繊維素）・澱粉やタンパク質・油脂・蝋など生命維持や子孫繁栄のための物質を作り、生命活動をする。

植物が合成した有機物はエネルギー貯蔵物質（栄養素）であり、太陽エネルギーが化学エネルギーに変化して蓄えられている。

エネルギー貯蔵物質としては、炭素の化合物（有機物）以外に乾電池に使われ100年以上の歴史がある金属亜鉛、その他金属マグネシウム合金やアルミニウム、水素、レドックス電池に使われるバナジウム化合物など

【図4－1】でんぷんおよびセルロースの構造

4.1 生態系とCO₂の循環

が知られている。

　草食動物は植物が光合成した炭水化物やその他の有機物をエネルギー源（餌）にして生きている。草食動物は肉食動物に食われ、排泄物は分解者（昆

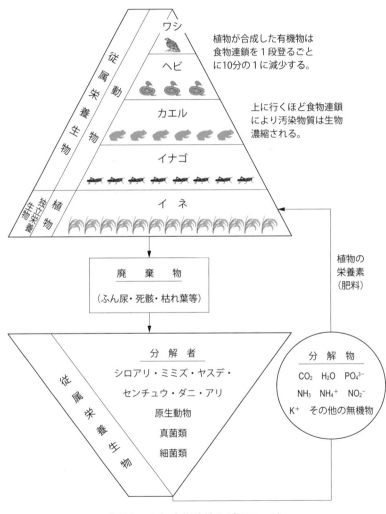

【図4－2】食物連鎖のピラミッド

第4章　CO₂の循環－増え過ぎて地球温暖化

虫・微生物）の栄養となり、分解者がCO_2・硝酸塩NO_3^-・リン酸塩PO_4^{3-}など無機物にまで分解したものは、植物が肥料として使い、CO_2はエネルギー貯蔵物質の原料として生態系を循環している。

　人間以外の生物は、精妙に構築されたこの生態系に順応して生命を維持しており、生態系を破壊しているのは人類のみである。

　火を使いだした古代人は、枯木や枯草を燃料として使っていた。植物が燃料として使えるのは、光合成により蓄えられた化学エネルギーが燃焼により、熱や光のエネルギーとなって放出されるからである。植物を燃やして発生する熱や光は、元を正せば太陽エネルギーなのである。

　最近、間伐材や廃木材を燃料にするバイオマス発電が盛んになっているが、間伐材は枯れていない生木の場合がある。生木は水分が多く、その分発熱量が低く、エネルギー回収率が低下する。また、廃木材の中にはヒ素や6価クロムを防腐剤に使用した防腐廃木材があり、焼却灰を肥料として使用することができない。また、塩化ビニル塗料が塗布されている廃木材を焼却するとダイオキシン発生の恐れがある。

4.2　燃焼と消火

　木造家屋の火災の消火には水を使う。これを理解するためには、そもそも燃焼とは何かを理解する必要がある。燃焼を継続させるための3要素として、①可燃性物質、②酸素（空気）、③着火源（熱源）がある。

　この3要素のうち、どれか一つが欠けても燃焼は続かない。

　テンプラの最中に油が燃えだした場合、②の空気を遮断する方法で先ず鍋に蓋をする。その後、ガスを消して③の熱供給源を絶つ。屋外で周りに燃えるものがなければ、①の油が燃え尽きるまで放置するという手もある。

78

4.3　廃棄物からエネルギー回収の歴史

この場合、絶対に水をかけてはいけない。水をかけると高温の油で瞬間的に水が気体となり、体積膨張の結果、油が周囲に飛び散り大火災になったり、消火にあたった人が、火傷を負いかねない。

100℃の水が100℃の水蒸気になるのに539cal／gの熱量が必要である。蒸発に伴う蒸発熱（気化熱）を蒸発潜熱という。

火災の火が消えるのは、水が蒸発するときの潜熱により、③の熱の発生源が冷えて、燃焼を支えられなくなるためと、大量の水蒸気による②の空気の遮断もある程度影響している。

4.3　廃棄物からエネルギー回収の歴史

1875年、ドイツは世界に先駆けて都市ゴミによる地域暖房を始め、1893年にはハンブルグでコージェネレーション（熱電併給システム）による地域暖房を開始する。

1902年春、デンマークのコペンハーゲンでは、隣国のドイツを参考にした、初のゴミ焼却施設を建設した。英国製ボイラー3基を中核とした排熱を利用した熱供給、地域暖房、発電システムである。熱供給配管は、電気、ガスなどの共同地下溝内に敷設され、蒸気、温水及び戻り配管の総延長は8.5kmにおよんだ。

給湯パイプの総延長は10数年前のデータでも、デンマークで1万7,000km、ドイツでは1万3,000kmにまで普及している。

日本における都市ゴミ発電の開始は1965年であるから、ほぼ1世紀近く遅れてのスタートであり、発電と熱供給（熱電併給）まで行っている施設は極めて少ない。

日本のゴミはヨーロッパのゴミと異なり高水分の生ゴミが多く、ヨー

79

第4章　CO₂の循環－増え過ぎて地球温暖化

ロッパ仕様の焼却炉では燃えなかった。ヨーロッパでは水分が多くて燃えないゴミは、飼料化、メタン発酵、堆肥化などで処理し、強引に焼却するような無駄なことはしない。

　現在はゴミ投入口から投入された生ゴミは乾燥帯を通過して乾燥された後、焼却されるので燃えるが、低温の炉をスタートさせるのには、補助燃料によってあらかじめ加熱しなければならない。

　近年、発電した電力が販売できるので、ゴミ発電が普及しつつある。しかし、ゴミ焼却炉は迷惑施設というレッテルが張られており、本来見えるはずの水蒸気（白煙）も見えない。水蒸気は100℃以下になると、液体の水になり、細かい水滴が白煙（湯気）として見える。ヨーロッパのゴミ焼却施設からは白煙が出ているが、日本は住民対策のため煙突から排出される焼却廃ガスを高温に加熱して高速で煙突から拡散させるので白煙は見えない。

　ヨーロッパから日本のゴミ焼却施設を見学にくる技術者が異口同音に指摘するのは、エネルギーの無駄遣いである。本質は何も変わらないのに、見た目だけを気にする日本人特有の発想で、まさに朝三暮四と言える。ゴミ焼却では、ゴミの発熱量が問題になる。

4.4　燃焼の歴史

　古代人は、植物が生育する過程から生ずる枯木や枯草を燃料として使い、やがて樹木から製造した木炭を使う金属製錬技術を開発した。

4.4 燃焼の歴史

4.4.1 製鉄から始まった環境破壊

日本では製鉄に必要な空気を炉内に送る送風装置として鞴が使われており、踏鞴と呼ばれていたため、踏鞴製鉄（鑪製鉄）という。島根県の出雲地方では古くから砂鉄による踏鞴製鉄が行われていた。

1300年前に編纂された古事記に出雲国で素戔嗚尊が八岐大蛇を退治し、大蛇の尾から出てきた鉄刀が大蛇の居る上に常に雲気が掛かっていたため、天叢雲剣と名付けた。素戔嗚尊は「これは不思議な剣だ。どうして自分の物にできようか」と言って、高天原の天照大神に献上した。剣は天孫降臨の際に、天照大神から三種の神器として瓊瓊杵尊に手渡され、高天原へ天孫降臨した。のちの草薙剣である。

出雲地方は砂鉄の採掘と木炭製造用の樹木が伐採され、大変な環境破壊が起きていたという。

中世ヨーロッパは森林に覆われており、その豊富な木材から木炭を作り、その木炭を使って製鉄をしていた。この時代の製鉄法は、日本の踏鞴製鉄と同じように、鉄が焼結した塊しかできなかった。この製鉄法では、炉から鉄を取り出すとき、その都度、炉を壊さなければならなかった。

14世紀に入ると、ライン川沿いに立地していた製鉄業者達は、熔鉱炉をつくって、水車で鞴を動かし、炉の底部から連続的に熔融した銑鉄を取り出すことに成功する。日本の踏鞴製鉄では、水車のような動力を利用することは考えられていなかった。安来市にある和鋼博物館には、踏鞴製鉄の工程が展示されており、実際に踏鞴を踏むことができるので、大変な重労働であったことが体験できる。

未開な地域ほど、人力に頼り、労力を節約する技術が生まれない。アフリカ原住民の生活などを見ていると、重たい水や枯木を頭に載せて運んでいる。車輪文化がないのでリヤカーのような車を使って運ぶことをしない。

81

第4章　CO₂の循環－増え過ぎて地球温暖化

日本でも江戸時代には人が担ぐ駕籠が輸送手段として使われており、人力車ができたのは明治になってからである。

　鉄の用途が農具や刀剣鎧兜等にしか使われなかった時代には鉄鋼の生産量も微々たるものであったが、火薬がシルクロードを通って中国からヨーロッパに伝えられて、鉄砲・大砲などが主要な武器に変わると、戦略も変わり、鉄鋼の生産量も次第に増大していくことになる。

　鉄の需要量が増加してくると、木炭製造のために森林は伐採され、さしもの広大なヨーロッパの森林も消滅の一途をたどり、大変な環境破壊をもたらすことになってしまった。

　15世紀に入ると南ドイツでは、製鉄所の熔鉱炉の数を制限して、森林を維持しなければならない状態に追い込まれてしまった。鬱蒼と樹木が繁っていた森は、製鉄業者によって切り尽くされたハゲ山となった。フライブルク市に隣接するシュバルツバルト（黒い森）もハゲ山となり300年くらい前に植林したが、300年後の20世紀に酸性雨で立枯れが問題になった。

　16世紀にはまだ未開発の森林が残っていたイギリスに目をつけた南ドイツの製鉄業者がイギリスで熔鉱炉による製鉄を始め、原生林を伐採した跡の草原で羊を飼った。しかし、植林を怠った森林は1世紀の間に切りつくされ、一方、貿易が盛んになったために、造船材としての木材需要が重なり、イギリスの森林資源は枯渇していった。

　資源枯渇により衰退のきざしが見えてきたイギリスの製鉄業の危機を救ったのが、豊富にあった石炭であった。しかし、木炭と違って、石炭には硫黄分や燐分が多く含まれているため、製鉄に使うと鉄中に硫黄や燐が入り、もろい鉄しかできない。

　1650年頃、同国のダッド・ダッドレイがこの問題を最初に解決したと言われているが、企業化には失敗した。1717年になってアブラハム・ダービー1世は、炭焼窯で石炭を蒸焼きにして、硫黄分と揮発性物質を除去した蒸焼石炭（コークス）をつくり、それによる製鉄に成功するが、40歳

82

4.4 燃焼の歴史

の若さで死んでしまった。彼の息子の二代目アブラハム・ダービー2世は、1735年にコークスのみを使った製鉄に成功する。

18世紀後半になるとコークスを使う製鉄法はヨーロッパ各地に広がるが、当時のコークス製造法は、山積みにした石炭に火をつけて、揮発成分が燃え去ったころあいをみて、水をかけて消火するという原始的な野焼き法或いはビーハイブ炉という粗末な炉を使って、副生するガスやコールタール分を大気中へ放散させるという方法がとられていた。そのため品質も収量ともに良くなかった。

蒸気機関の改良で有名な発明家ジェームス・ワット（イギリス・1736－1819）のよき協力者であり、機械メーカーでもあったウイリアム・マードック（イギリス・1754－1839）は、石炭を鉄の函に詰め込んで外側から加熱し、良質のコークスを得ようと考えた。

1792年、彼はロンドンのソーホーにある自分の工場の片隅に、石炭が約7kg入る鉄の函を置いて実験を始めた。石炭を蒸焼きにすると臭いガスと真黒でドロドロのコールタールと臭い水（ガス液）とコークスが生成する。最初はなかなか良質のコークスが得られず、また、臭いガスやコールタールの処理も困りものであった。

この実験が行われた1792年といえば、フランスに革命の嵐が吹き荒れていた年である。その後、何回も失敗を重ねた結果、蒸焼きのときに鉄の函から発生する悪臭ガスが、明るく輝いて燃えることがわかり、マードックはこれを灯火として利用することを思いついた。1800年には、発生するガスをパイプで導き、工場と道を隔てた自宅の照明に使い始めた。

当時、ヨーロッパの灯火といえば魚油、鯨油、牛脂が主流を占め、荘厳な教会では、蜜蜂の巣から採る高価な蜜蝋蝋燭ぐらいしか無かったので、ガス灯の明るさに人々は驚き、マードックの家の前には毎夜ガス灯見物の人が集まったという。

ガス灯は、1803年にはプルートンにあるワットの工場照明に使われ、次々と金持ちの家に普及して行った。1811年にはロンドンの繁華街に世

83

第4章　CO₂の循環－増え過ぎて地球温暖化

界最初のガス灯の街灯がついた。

　このようにガス灯は、順調に発展していったが、精製していない当時の
ガスは大変臭く、特に室内用の灯火としては悪臭が大きな問題になってい
た。悪臭もさることながら、ガスを送るパイプに水やタールをはじめ固体
のナフタリンのようなものまでが詰まってしまい、ガスが通らないという
事故があちこちで起きた。マードックの工場にいた技術者サミュエル・ク
レッグ（イギリス・1781－1861）が石灰によるガスの精製法を編みだし、
臭気の弱くなったガスを使ったガス灯は、急速に普及していった。

　ガスとコークスの生産量が増大していくと、用途もなく大量に副生する
ナフタリンやコールタールやガス液等は、処理に困る厄介な産業廃棄物と
なった。

　コールタールやガス液を無処理のままでテムズ川へ流したために川は悪
臭を放ち、水は真黒になり、魚は死に絶え、深刻な水質汚濁をひき起して
しまった。

　「アクワ・ディアボロ：悪魔の水」と人々が呼んだコールタールとガス
液により、街は強烈な公害に見舞われた。やがてコールタールは、鉄の錆
止めや木材の防腐剤として少しずつ使われるようにはなったが、需要量よ
り発生量の方がはるかに多いので焼け石に水の状態であった。この手にお
えないコールタールとガス液こそ、人類が最初に大量に製造した人造有害
物質であった。

　真黒けで悪臭を放ち、処分に困る厄介な産業廃棄物であるドロドロした
油状物質コールタールに対しても、多くの人達が処理方法や有効利用方法
の研究に取り組み始めていた。

4.4.2　コークス炉

　コークス炉とは空気を遮断して石炭を加熱し、コークスを製造する設備

84

の総称である。狭義には、現在広く使用されている水平室炉式コークス炉をさす。ガス、タール、軽油などが副産物として回収され、日本では1950年代まで都市ガス製造の主力であり、また化学工業の重要な原料供給源でもあった。

現在は金属製錬用コークス製造が主目的で、高炉と並んで製鉄所内に設置されていることが多い。数十の炭化室と、これを加熱するガス燃焼室が交互に水平に配列され、長さ20〜50m・奥行15〜20m・高さ10〜20m程度の1炉団を形成する。炉団の大きさは高炉の容積によって決まり、たとえば、1日5,000tの銑鉄を生産する高炉に対応する炉団は、コークスの日産量として約3,000t程度が必要になる。

現在、廃プラスチックを石炭とともにコークス炉で熱分解する技術が開発され、容器包装廃プラスチックが積極的に収集されている。

塩化ビニルを熱分解すると、塩化水素が発生するが、石炭の熱分解により、発生するアンモニアNH_3で中和され塩化アンモニウムNH_4Clを生成するので、廃プラスチック中に塩化ビニルが混入していても、また、多少の汚れも問題ない。

$$HCl + NH_3 \rightarrow NH_4Cl$$

4.4.3 悪魔の水から有機化学物─ベンゼンの発見

1819年にガーデンとブランデは、コールタール中からナフタリンを回収することに成功する。

19世紀、イギリスが生んだ天才科学者、マイケル・ファラデー（1791－1867）は、電磁気学と電気化学の分野での貢献で知られ、科学の発展に史上最高の影響を及ぼしたとされる実験主義者である。特に電磁誘導の法則・反磁性・電気分解の法則などを発見した。これが電磁気を利用して

第4章　CO₂の循環—増え過ぎて地球温暖化

回転する装置（電動機、モーター）の発明となり、その後の発電機やモーター技術の基礎を築いた。

1825年、照明用ガスに含まれていて、冬期にガス管を詰まらせる原因になっていた物質を単離し、その組成式を決めて「炭素と水素の新化合物について」という論文にまとめて学術雑誌 "Philosophical Transactions" に投稿した。これがベンゼンC_6H_6である。ベンゼンは、有機合成工業の基礎原料となる物質であるが、現在、有害物質として溶剤としての使用は禁止されている。古くからその有害性は知られており、ガソリン中にも数％のベンゼンが含まれている。

1950年代、ゴム草履（ビーチサンダル）の内職をしていた家庭や工場でゴム糊での接着作業に従事していた主婦などが、ゴム糊の溶剤として使われていたベンゼンを継続的に吸入し、造血器系の傷害（白血病等）で死亡する事故が多発し、これが契機となって有機溶剤中毒予防規則が制定された。

2006年春以降、EU諸国で清涼飲料水から低濃度のベンゼンが検出されることが公表され、10ppbを越える製品の自主回収が要請された。生成の原因は保存料である安息香酸と酸化防止剤であるビタミンCの反応によるものとされている。日本でも厚生労働省医薬食品局食品安全部が市販の清涼飲料水を調査し、一つの製品で70ppbを超える濃度が検出され、自主回収を要請した。

ファラデーはベンゼン以外にも数々の有機化合物を発見或いは構造を決定しており、有機化学の分野でも優れた研究者であることがわかる。また、1860年に王立研究所にて青少年のために行ったクリスマス連続講演（6回分）の内容をイギリスの化学者ウィリアム・クルックス（1832－1919；クルックス管の発明者）が編集した『ロウソクの科学』（ロウソクの化学史、原題：The Chemical History of a Candle）が1861年に出版された。

1860年といえば日本では、咸臨丸が太平洋を横断航行し、37日後の安政7年3月17日、サンフランシスコへ到着している。また同年3月3日、

86

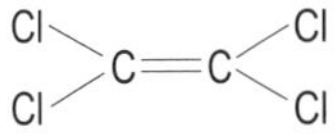

4.4　燃焼の歴史

テトラクロロエチレン 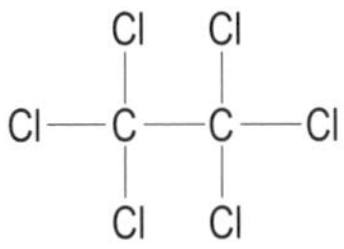　　ヘキサクロロエタン 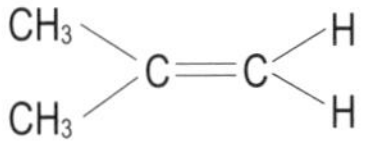　　イソブチレン

ベンゼン 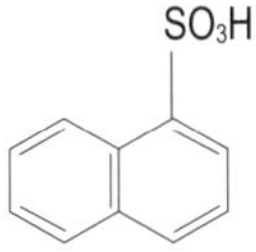　　ナフタレンスルホン酸

【図4－3】ファラデーが発見したか、あるいは最初に同定した有機化合物

桜田門外の変で大老井伊直弼が暗殺され、同3月18日に元号が安政から万延に改元されている。

　学生時代、高校の化学教師であった恩師の蔵書から、岩波文庫の『ロウソクの科学』をお借りして、読んだ記憶があるが、昔のことなので内容はよく覚えていなかった。

　『ロウソクの科学』三石 巌 訳（角川文庫）2005年4月53版のカバーには「たった1本のロウソクをめぐりながら、ファラデーはその種類・製法・燃焼・生成物質を語ることによって、自然との深い交りを伝えようとする。ファラデーは貧しい鍛冶屋の子供に生まれたが、苦労して一大科学者になった。ファラデーには実子はおらず、少年少女を愛する彼が、慈父の愛をもって語ったこの講演記録は、その故に読者の胸を打つものである。」と記されている。

　2010年9月に岩波文庫から再刊された『ロウソクの科学』（竹内敬人 訳）を60年ぶりに改めて読み直してみるとファラデーの偉大さがよくわかる。

　少年少女にもわかりやすく、ロウソクの燃焼から、当時の最先端の化学知識を教えられる人は、現代の科学者の中でもほとんどいないといえよう。そのためか、これだけ弁舌爽やかな人は、科学者の中では珍しいと伝えら

第4章　CO₂の循環－増え過ぎて地球温暖化

れている。

4.5　油脂とエステル

　酸の水酸基−OHとアルコールのヒドロキシル基（−OH水酸基）とから、水分子がはずれて脱水縮合した物質をエステルといい、この結合をエステル結合という。

　　$R-COOH + R'-OH → R-COO-R' + H_2O$

　酸とアルカリの中和反応により生成する塩の有機版とも言える物質で、エステルはほとんどが水に溶けない。

　酸としては、有機酸R−COOHが一般的であるが、ノーベル賞のアルフレッド・ノーベル（スウェーデン・1833−1896）が発明したダイナマイトの原料であるニトログリセリンは、硝酸HNO_3（無機酸）のグリセリンエステルである。

　油脂（脂肪）、蝋（ワックス）、果物の香り成分（エッセンス）等が自然界にあるエステルである。

　近年、人類が人工的に製造したエステルにペットボトルや繊維として多方面に使われているポリエステル樹脂がある。多数のエステル結合があるので、ポリ（多）エステルという。

4.5.1　脂肪 （油脂）

　脂肪には常温で固体と液体があり、これを総称して油脂という。脂肪は

4.5 油脂とエステル

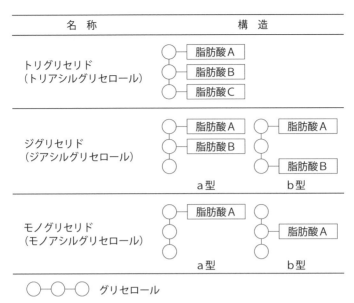

【図4-4】油の構造

　脂肪酸とヒドロキシル基（水酸基）が3個ある多価アルコールの一種であるグリセリン（グリセロール）とのエステルである。脂肪酸が1個だけグリセリンと結合したものをモノグリセリド、2個結合したものをジグリセリド、3個結合したものをトリグリセリドという。われわれが日常食している油脂のほとんどは、トリグリセリドである。
　牛脂等の油脂に生石灰CaOを加えて加熱すると脂肪酸のカルシウム石鹸とグリセリンが生成する。脂肪酸の金属塩を石鹸といい、ナトリウムやカリウムの石鹸は水溶性であるが、カルシウムやマグネシウム或いは重金属の石鹸は水に溶けず、これらを金属石鹸という。
　浴用石鹸を硬水の温泉などで使うとオカラのような不溶性の金属石鹸が生成して泡もたたない。

第4章 CO₂の循環－増え過ぎて地球温暖化

$$St-COO-CH_2 \qquad\qquad\qquad HO-CH_2$$
$$|\qquad\qquad\qquad\qquad\qquad\qquad |\quad\text{（St はステアリン酸基）}$$
$$St-COO-CH+3NaOH \;\rightarrow\; 3St-COONa+HO-CH$$
$$|\qquad\qquad\qquad\text{ナトリウム石鹸}\qquad\qquad |$$
$$St-COO-CH_2 \qquad\qquad\qquad HO-CH_2$$
ステアリン　　　　　　　　　　　　　グリセリン

$$2(St-COO)_3(C_3H_5)+3Ca(OH)_2 \;\rightarrow\; 3Ca(St-COO)_2 \;+\; 2(C_3H_5)-(OH)_3$$
ステアリン　　　　　　消石灰　　ステアリン酸カルシウム　　グリセリン
$$Ca(St-COO)_2+H_2SO_4 \;\rightarrow\; 2St-COOH+CaSO_4$$
　　　　　　硫酸　　ステアリン酸　硫酸カルシウム

　この方法でステアリン酸を製造すると水に難溶性の硫酸カルシウム（石膏）が混入するが、その除去をどうしていたのか不明である。

ステアリン酸（飽和脂肪酸）

リノール酸（多不飽和脂肪酸）

4.5.2 蝋（ワックス）

　蝋は高級脂肪酸と一価または二価の高級アルコールとのエステルである。融点の高い油脂状の物質（ワックス）で、広義には、よく似た性状を示す中性脂肪、高級脂肪酸、炭化水素なども含める。室温では軟らかく滑らかな固体で、熱分解した気体はよく燃える。

90

4.5 油脂とエステル

天然蝋の中にはトリモチのように室温で粘着性を示したり、マッコウクジラ油のように室温で液体のものもある。蝋は一般に中性脂肪よりも比重が小さく、化学的に安定している。

(1) 蜜蝋とサトウキビ蝋

蜂蜜の巣の成分やサトウキビの葉や茎の表面を覆っている蝋である。砂糖生産工程で、茎から糖分を絞ったかすから抽出する。

主成分は蜜蝋と同じパルミチン酸ミリシル $CH_3(CH_2)_{14}COO(CH_2)_{29}CH_3$ である。

(2) カルナウバ蝋（カルナバ蝋）

ブラジルロウヤシの葉の表面を覆う蝋で大理石のような光沢を呈するが、非常に堅く天然のワックスを主成分とする蝋では最も融点が高い。軟質化させるためには、蜜蝋など他の蝋と混ぜて使う。錠剤のコート剤やカーワックスの主原料として知られる。凝固点は82℃。

主成分はセロチン酸ミリシル $CH_3(CH_2)_{24}COO(CH_2)_{29}CH_3$ とミリシルアルコールである。

動物の油脂の中でもシーラカンスなどの深海魚やマッコウクジラの肉にも蝋が含まれている。人間は蝋を消化できないので、これらの肉を食べると下痢をする恐れがあり、蝋を含むバラムツとアブラソコムツは日本国内では食品衛生法によって販売が禁止されている。

ファラデーは、日本のロウソク（和蝋燭）を次のように紹介している。

「私達が開国させたおかげで、あの世界のはての日本からとりよせることのできたロウソクもここにきております。これは、親切な友人が私に送ってきた一種の蝋で、ロウソクの原料がこれでまた一つふえたことになります。」

安政から万延に年号が変わった年に、和蝋燭がファラデーの手元に届いていたとは驚きである。万延元年と言えば明治元年まであと6年、日本中が混沌としていた時代である。

和蝋燭の原料は、木蝋と呼ばれるウルシ科の櫨や漆の実を蒸してから、

第4章　CO₂の循環－増え過ぎて地球温暖化

圧搾して製造する融点の高い脂肪である。

　和蝋燭を造っているところをテレビで見たことがあるが、イグサと和紙から作った灯心（とうしん）の周りに、木蝋を加熱して融かしたものを手でかけ（手掛け）、冷えて固まると、繰り返してかけて太くする。そのため完成した蝋燭は、断面が年輪模様になる。

　木蝋は化学的には蝋ではなく、パルミチン酸を主成分とする脂肪（トリグリセリド）である。搾ってそのまま冷却して固めたものを「生蝋（きろう）」と呼び、天日にさらすなどして漂白したものは、蝋燭の仕上げに用いる。かつては蝋燭だけでなく、びんつけ、艶出し剤、膏薬などの医薬品や化粧品の原料として幅広く使われていた。

　日本で蝋燭といえば、仏壇や神棚にある白いロウソクが多く、なじみは薄いが、ヨーロッパを旅行すると色とりどりで、様々な形をしたロウソクが売られているのを目にすることができる。

　ファラデーは、先ず、様々な種類のロウソクを見せ、つけ木や松明（たいまつ）に使われるアイルランドの沼地に生えるロウソクの木（ククイノキ）を見せる。日本の松明は松ノ木のヒデと呼ばれる油分の多い部分が使われる。

　ファラデーは、「ロウソクの科学」を講演中、現在でもその形をとどめている糸芯ロウソクを何本か見せる。日本ではその呼び名を聞いたことがないが、「ひたしロウソク、浸漬ロウソク」というのは、融けた牛脂に木綿糸をたらして引き上げ、牛脂が固まるのをまって再度牛脂に浸す、この作業を繰り返して、所定の太さのロウソクに仕上げる方法であり、和蝋燭の製法に似ている。

4.5.3　エステル系エッセンス

　不潔な臭気を有する酪酸、カプロン酸、吉草酸などの脂肪族カルボン酸とアルコールからできるエステルは、果物や花の芳香がする。自然の驚異

というべきであろう。

これらのエステルは溶剤や食品に果物臭を付けるためのエッセンスとして使われる。

悪臭を有する脂肪酸には次のような脂肪酸がある。

酪酸　$CH_3CH_2CH_2COOH$

吉草酸　$CH_3CH_2CH_2CH_2COOH$

カプロン酸　$CH_3CH_2CH_2CH_2CH_2COOH$

エナント酸　$CH_3CH_2CH_2CH_2CH_2CH_2COOH$

カプリル酸　$CH_3CH_2CH_2CH_2CH_2CH_2CH_2COOH$

＊**エッセンス**：ジュースや菓子に使われるエッセンスには
次のようなものがある。

酪酸メチル（methyl butanoate）－　リンゴ臭

酪酸エチル（ethyl butanoate）－　パイナップル臭

酪酸ペンチル（pentyl butanoate）－　洋ナシ・アプリコット臭

吉草酸ペンチル（pentyl pentanoate）－　リンゴ臭

カプロン酸エチル（ethyl caproate）－　リンゴ臭

酢酸ペンチル（pentyl ethanoate）－　バナナ臭

酢酸イソペンチル（isopentyl acetate）－　バナナ臭

酢酸オクチル（octyl ethanoate）－　オレンジ臭

4.6　金属石鹸

石鹸の歴史については既に述べたが、日本では明治に入ってから本格的に製造するようになった。その製法は油脂を苛性ソーダで煮て、生成した水溶性のナトリウム石鹸とグリセリンに大量の食塩を加えると、ナトリウ

第4章　CO_2の循環－増え過ぎて地球温暖化

ム石鹸だけが不溶性となって分離し、あとにグリセリンと食塩水が残る。食塩を加えてコロイド状のナトリウム石鹸を凝集させて分離する操作を塩析という。

　浴室で使う固形石鹸の主成分はステアリン酸など脂肪酸のナトリウム塩であり、水によく溶けるが、洗面器などに石鹸カスが付着する。これは水道水に含まれているカルシウムやマグネシウムと脂肪酸が反応し、不溶性の金属石鹸が生成したためである。脂肪酸のナトリウム、カリウムなどアルカリ金属やアンモニウムの塩を石鹸といい水溶性である。カルシウムやマグネシウムなど水に溶けない石鹸を金属石鹸という。

　子供の頃、ロウソクから真鍮（銅と亜鉛の合金・黄銅）製の燭台に流れ落ちたロウが青緑色をしているのを不思議に思ったが、それを正確に答えられる人は、周囲にいないと子供心にわかっていたので疑問を残したまま大人になった。当時のロウソクはステアリン酸から造られたものが多く、燭台の銅とステアリン酸が反応して、金属石鹸である青緑色のステアリン酸銅が生成していたのである。

　企業内技術者として様々な金属石鹸を合成するに及んで、燭台の青緑色のロウがステアリン酸銅であることが理解できた。ちなみに現在、日本で通常使用しているロウソクは、パラフィン（炭化水素）製であり、ロウソクを伝ってロウが垂れ落ちることはない。

　油性ペイントの乾燥を早めるため、ドライヤーと称するコバルト、マンガン、セリウム、鉛などの油溶性ナフテン酸金属石鹸が使われている。

　油溶性有機酸R－COOHには、脂肪酸の他に原油精製時に得られるナフテン酸、或いはオクチル酸のような自然界にない合成有機酸がある。

　一般に金属石鹸は水溶性の金属塩類と有機酸のナトリウム石鹸とを反応させ、油溶性金属石鹸と水溶性ナトリウム塩とに複分解させて製造する。

　油性ペイントの乾燥剤（ドライヤー）として使われるナフテン酸コバルト（R－COO$)_2$Co の反応式は次のようなものである。

94

R－COOH＋NaOH → R－COONa＋H_2O
$\qquad$……（鹸化：中和反応・Rは　ナフテン酸）
2R－COONa＋$CoSO_4$ →（R－COO$)_2$Co＋Na_2SO_4 ……（複分解反応）

　クロム金属石鹸は加水分解しやすく、複分解法では良質のものはできなかった。

　筆者の開発した方法は、直接法と言われるもので、副生物が発生しないので水洗などで副生物を除去する必要がない。

　有機酸と溶剤（ケロシン）と還元剤としてイソプロピルアルコールを混合する。これを加熱し、これに無水クロム酸水溶液を徐々に加えるとイソプロピルアルコール（CH$_3)_2$CHOHは無水クロム酸CrO_3で酸化されアセトン（CH$_3)_2$COとクロム金属石鹸（R－COO$)_3$Crを生成する。アセトンを溜去すると水分もともに除去できる。

6R－COOH＋2CrO_3＋3(CH$_3)_2$CHOH → 2(R－COO$)_3$Cr＋3(CH$_3)_2$CO＋6H_2O

　無水クロム酸を溶解するだけの水分しか入らず、イソプロピルアルコールは無水クロム酸で酸化され、アセトンに変化し水分を吸収するので、クロム石鹸の加水分解を防ぐことができる。無水クロム酸は酸化力が強いので、水溶液にしないで、固体のまま反応させると発火・爆発の危険性があるので、やってはいけない。

　バナジウム金属石鹸は五酸化バナジウムV_2O_5に少量の水と還元剤としてアスコルビン酸（ビタミンC）を加えて製造する。

4.6.1　塩化ビニル樹脂の安定剤（金属石鹸）

　塩化ビニル樹脂は成形のために加熱して軟化させると、熱分解により塩化水素が発生して樹脂が劣化する。これを防止するために塩素と親和力の

第4章 CO₂の循環－増え過ぎて地球温暖化

強い鉛、カドミウム、亜鉛、バリウム、カルシウムなどの金属石鹸を安定剤として樹脂に練りこむ。

鉛やカドミウムの金属石鹸は酸化物と有機酸（ステアリン酸など）を直接反応させることが多い。

$$PbO + 2R-COOH → (R-COO)_2Pb + H_2O ……（R-COOHは有機酸）$$

現在は鉛、カドミウムなどの有害物質を含む製品は、RoHS指令でEUへ輸出できないので、安定剤としては使われなくなったが、古い電線の被覆やプラスチックタイルは建物などに残っており、修理や解体時に廃棄物に含まれることがあるので、処理には注意が必要である。

▶第4章のポイント

　　自然界ではエントロピーが増大したCO_2を植物が固定し、これを動物が食し、その排泄物を分解者が無機物に戻す食物連鎖が構築されている。このリサイクルを破壊しているのが人間であり、地球温暖化もその一つである。

　　石炭製鉄から発生するタールから有機合成化学が始まり、現在の石油化学に続いている。

　　栄養源として重要な油脂とその関連物質について学ぶ。

COLUMN ②

戦争に使われたアルミニウム金属石鹸

　木造家屋が密集している日本の都市は火災が起きやすく、アメリカ軍は爆弾より安価な焼夷弾（ナパーム弾）を用いて、火災を起こせば住民の多くが死傷することを想定し、各地で焼夷弾による空襲を始めた。

　アルミニウム金属石鹸（パルミチン酸アルミニウム）はガソリンなどの炭化水素に溶解するとコンニャクのようなゲルになる。石油をアルミニウム金属石鹸でゲル化（ゼリー状）にし、六角形の鉄筒に詰めたものが焼夷弾である。

　沖縄戦や硫黄島などの激戦地で火炎放射器が使われたが、ナフサ（粗製ガソリン）をゲル化寸前までアルミニウム金属石鹸を加えて粘度を高め、線状に放射したナフサを手元の着火装置で点火して、防空壕などに潜む兵士や民間人を焼き殺した。

　敗戦当時、アメリカ兵が軽々と肩にかけている自動小銃は、それまで38式歩兵銃しか見たことのない子供の目からも、技術の差を感じるのに充分なお手本であった。

　大人達は、青竹の先を尖らせた竹槍で上陸してくるアメリカ兵を刺し殺す、一億玉砕を旗印に竹槍訓練をさせられていた。一億人が玉砕すれば日本国が無くなってしまうのに。

　資源のない国である日本が、資源確保の見通しもないまま、無謀にもアメリカと戦争をして、計300万人の日本人が戦闘、空襲、原爆で命を落とした。また、アジア諸国を戦闘に巻き込み、数知れない人々の命を奪った。歴史上ほとんどの戦争は、自衛への熱狂から始まる。加害者の末裔の戦争を知らない戦後生まれの政治家達が、危機を煽って暴走している。

第5章

有害物質（不滅の元素が有害物質）

　1970年、公害国会と呼ばれた第64回国会で、典型7公害を規制する法律が制定され、水質汚濁防止法で当時、水俣病の原因物質である水銀やイタイイタイ病のカドミウムの他にめっき廃水で問題を起こしていたシアン化合物や6価クロム化合物など7項目が有害物質（健康項目）に指定された。これを受けて廃棄物処理法でも同じ分類の有害物質が指定された。

　1988年、イタリアの産廃業者が化成品と偽って、コンテナーに詰め込んだ有害産業廃棄物をナイジェリアのココ村に搬入した。この情報を察知したナイジェリア政府は公害防止の先進国日本に救いを求めてきた。日本からの調査団に筆者も加わり、現地調査を行った。この事件がきっかけとなって、翌年の1989年スイスのバーゼルで「有害廃棄物の国境を越える移動及びその処分の規制に関するバーゼル条約（通称：バーゼル条約）」が結ばれ、急遽、有害物質に指定された物質が増加し、特別管理廃棄物が産業廃棄物の分類に新たに加わった。

　1973年、東京都が日本化学工業から買収した江東区大島9丁目の都営地下鉄用地及び市街地再開発用地で大量のクロム鉱さいが埋立てられていることが判明した。この土壌汚染問題が契機となって、廃棄物最終処分地は、①安定型、②管理型、③遮断型の3種類に分類され、規制されるよう

99

第5章　有害物質（不滅の元素が有害物質）

になった。その後、1981年、1984年に国の試験研究機関の跡地から水銀
などの有害物質が見つかり、住宅が密集する市街地での土壌汚染が問題と
なり、2002年に土壌汚染対策法が制定された。

5.1　水　　銀

　水銀を規制する条約名に水俣の名が付けられたのは、水銀による甚大な
被害をひき起こし、半世紀を過ぎてもまだ被害者が苦しむ水銀の恐ろしさ
を世界中に知らしめるためである。筆者が短大の講師をしていた16年前、
馬鹿にするなという批判を受けることを覚悟して、点取り問題として水俣
病と水銀を線で結ぶ問題を出題したが、予想に反して出来が悪かった。理
由を訊ねると「生まれる前の話で高校までの教育では習わなかったし、家
庭でも話題にならなかった。」という。

5.1.1　水銀利用の歴史

　中国河南省安陽県で発掘された殷墟（紀元前1000年頃）の遺跡から出
土した鉾や甲冑に上質の朱による彩色がほどこされていたことからみて
も、硫化水銀（朱）が赤色顔料として普通に使われていたようである。
　古代エジプト、紀元前1500年頃とみられるミイラの化粧や保存、墳墓
の装飾にも朱の使用がみられるなど、天然に産する硫化水銀を粉砕した赤
色微粒子は、早くから装飾文化の中に取り入れられてきている。
　前漢の武帝（紀元前147～87年）時代の書である司馬遷の史記の封禅
書に"丹沙は化して黄金となる"という記述が見られ、当時既に水銀－金

100

5.1 水　銀

アマルガムがめっきに利用されていたと考えられる。ちなみに紀元前3〜4世紀の中国青銅製出土品には金めっきしたものがあり、水銀－金アマルガムによるめっきと推定されている。

　昔から人類は、美しい色を持つ物質には不思議な力が秘められていると信じていたようである。古代中国で生まれた、丹薬を飲んで不老不死の仙人になるという神仙思想は、儒教・道教・錬丹術が三位一体となった「周易参同契」に発展し、木・火・土・金・水の五行をそれぞれ、青・赤・黄・白・黒にあてはめた。ちなみに山手線の目黒、目白という駅名の由来は、目の色に五行の色を使った江戸五不動からその名をとっている。

　青は塩基性炭酸銅（孔雀石或いは藍銅鉱）、赤は硫化水銀 HgS（朱）或いは鉛丹 Pb_3O_4（光明丹）、黄色は硫化砒素（雄黄 As_2S_3）、白は石英 SiO_2 或いは鉛白 $Pb_2(OH)_2CO_3$・塩化第一水銀（HgCl 甘汞：汞は中国語で水銀）・無水亜ヒ酸（As_2O_3）、黒は煤 C や黒色鉱物などを用いて陰陽五行説に基づく丹薬（仙薬）がつくられていた。この錬丹術が最も盛んだったのは唐代であり、不老長寿を願った唐の第2代皇帝太宗は、この有毒物質からなる丹薬を愛用し、重金属中毒で死んでいる。同様に第3代の高宗、第12代の憲宗など唐の歴代皇帝22人のうち7人が丹薬を愛用し、うち6人が中毒死している。人間の不老長寿願望に対する浅ましい業のようなものが感じられる。

　古くから、水銀鉱石（硫化水銀）を掘り出し、つぼのようなもので焼いて発生した水銀蒸気を冷やして水銀を取りだしていたものと思われる。水銀中に金を入れると、アマルガムを形成して金が溶けてしまう。金が消滅するように見えるのでこれを滅金といい「めっき」の語源であるとされている。だから「めっき」はれっきとした日本語であり、外来語のように片仮名で書いてはいけない。水銀との合金をアマルガムという。ちなみにアマルガムはギリシャ語の軟らかいものという言葉からきているという。

　奈良の大仏は、朝鮮半島から渡ってきて、若狭にいた鋳造技術を持った渡来人によって造られたものだという。この大仏を金めっきするのに金ア

第5章　有害物質（不滅の元素が有害物質）

マルガムが使われた。青銅仏の表面に金アマルガムを塗りつけ、火であぶって水銀を蒸発させると金めっきができる。あんな大きい仏像をどうやって加熱したのか、筆者は永いこと疑問に思っていたが、二月堂のお水取りの行事を見てから、あの長い松明であぶったのではないかと思うようになった。因みにこのとき、めっきに使われた水銀は5万8,600両（約2.1ｔ）、金は1万400両（約504kg）と伝えられている（1両＝約36g）。

　大仏の鋳造作業やめっきで水銀中毒患者や環境汚染が発生したに違いないが、歴史は何も伝えていない。お水取りに使う若狭井は、良質な水がある若狭に通じているという言い伝えがあるが、当時おそらく大仏周辺の水は重金属汚染で飲めなくなり、唯一若狭井の水が頼りであったのではなかろうか。

　「仏師のふるえ」というのは、金アマルガム法で仏像に金めっきをする仏師が、無機水銀中毒になり手がふるえるのを表わしたものだという。現在でも美術品を造るのに金アマルガム法によるめっきは行われており、他の金めっき法では表現できない独特の味が出るそうである。

　伊勢から奈良にかけて水銀鉱脈があり、古代から水銀が採取されていた。伊勢参りに出かけた江戸の町民は、伊勢白粉（射和軽粉）をお土産に買ってきたという。この白粉は、不純な塩化第一水銀であり、平安時代には化粧品として使われていたという。江戸時代になると、顔に塗るのではなく、妊婦に飲ませて激烈な腹痛を起こさせ、流産させる堕胎薬に使われるようになったという。妊娠中絶技術の発達していなかった時代には、鬼気迫るようなことが行われていたようだ。また敗戦後には、フェニル水銀を使った避妊薬が、かなり長期間市販されていた。今の女性が聞いたら、目をまわすようなことが、平気で行われていたのである。

　江戸時代には銀流しといって、銀の代わりに水銀－錫アマルガムをめっきに使っていた。銀流しというのは、銅合金の表面に錫のアマルガムをめっきしたもので銀色に輝いていたので、銀の偽物として安物のかんざしや金属鏡などに使われていた。

102

5.1 水　　銀

　江戸川柳に「井戸替えに出るかんざしは銀流し」というのがある。井戸のヘドロから出てくるかんざしは、高価な銀製ではなく、水銀－錫めっきをした安物であるということを嘲笑したものである。

　昔は金属製の鏡を使っていたので、鏡面がさびて曇りを生じるため鏡磨師(鏡研師)が、すずかねのしゃり(瀉痢)、水銀、砥の粉(粘板岩の粉末)、梅酢(クエン酸)を混ぜたもので研いだという。すずかねのしゃりとは、錫粉末のことである。正しい化学知識のなかった時代に錫アマルガムを使い、鏡の表面にできている金属酸化物を砥の粉と梅酢によって溶解除去し、清浄になった表面に錫アマルガムを着けるという、金めっきと同様な原理によって鏡面に錫アマルガムを形成させることを誰が考案したのか昔の人の知恵には驚嘆するものがある。

　しゃりには下痢という意味もあり、瀉痢塩というと下剤として使われている硫酸マグネシウム(硫苦)のことである。

5.1.2　水銀を使う小規模な金採掘現場

　南米のアマゾンでは金鉱掘りがアマルガム法で金の精製を行っており、開発途上国では小規模な金採掘現場での水銀を使った金精錬がある。国際人権NGO「ヒューマン・ライツ・ウォッチ」がアフリカのタンザニアとマリで行った調査では、子供達が金採掘で働き危険にさらされている実態がわかった。

　タンザニアでは2012年10〜12月に鉱山採掘現場11カ所で200人に話を聞いた。8〜17歳の子供61人が金採掘と精製の仕事をしていた。目がくらくらする不調や頭痛を訴え、学校は休みがちになり結局退学してしまう例も多かったという。

　金精製の工程では、砕いた金まじりの鉱石と水銀を混ぜて金アマルガムとし、鉱石から分離する。この金アマルガムを炎で加熱すると水銀が蒸発

103

第5章　有害物質（不滅の元素が有害物質）

して純度の高い金が残る。蒸発気化した水銀が呼吸器から体内に取り込まれ、特に子供への影響が大きい。その危険性を知らず、赤ちゃんを抱えながら家の中で作業する母親もいた。

5.1.3　水銀の精錬

　水銀は銃弾の火薬を爆発させる雷管の起爆薬雷酸水銀（雷汞）として戦争には不可欠の戦略物資であった。水銀の雷酸塩には、1価の雷酸水銀（Ⅰ）と2価の雷酸水銀（Ⅱ）雷汞$Hg(ONC)_2$がある。雷酸水銀（Ⅰ）は雷汞と同様に爆発しやすいが、水に溶けやすいので分離できる。雷汞は淡青色の斜方錐状晶でシアン酸水銀の異性体である。水銀化合物であるため、近年、ジアゾジニトロフェノールに代替されている。

　私達が日常使っている汎用金属類はコークスのような炭素を用いて高温で還元したり、或いはアルミニウムのように電気分解により得ているものが多いが、水銀だけは例外で水銀鉱山の朱と呼ばれる赤色鉱石（硫化水銀：HgS）を600℃以上に焙焼（強熱）すると金属水銀Hgと二酸化硫黄SO_2に熱分解する。気化した金属水銀蒸気を冷却すると液体の金属水銀が得られる。

$$HgS + O_2 \rightarrow Hg + SO_2$$

　水銀は最も精錬の容易な金属で、技術があまり進んでいなかった時代でも簡単に得ることができた。

　水銀は重いので、アマルガムを形成しない肉厚の頑丈なフラスコと呼ばれる鉄製容器（2.5 L・34.5kg入り）に密封され取引されている。このフラスコに入っている限り漏出する心配はないが、液体なので万が一の事態を想定すれば、水不溶性の固体にしておいた方が安全である。

　スペインのカスティーリャ・ラ・マンチャ地方のアルマデン水銀鉱山は

104

ローマ時代から知られていた。村名の由来はアラブ語で「鉱山」を意味する「al-ma din」から来ている。アメリカのゴールドラッシュでは、アマルガム法で金銀を採取していたため水銀の需要が高まり、アルマデンから採取した水銀を陸路セビリアまで運び、そこから船でアメリカ大陸まで運ばれていた。アルマデンには水銀鉱石はまだあるが、需要の低迷で現在は操業していない。

筆者は1971年、北海道紋別の竜昇殿鉱山の坑内に入ったことがある。坑道入口から地下200mくらい降りた所に赤色をした硫化水銀の鉱脈が掘削されずに、見学者用に残されていた。筆者はこの硫化水銀鉱石を頂戴し、今でも大切に保管している。龍昇殿はアルマデン鉱山に因んで名付けたそうである。

北海道のイトムカ鉱山では、硫化水銀以外に金属水銀も産出した。ちなみにイトムカというのはアイヌ語で「光る水」という意味であるという。

5.1.4 水銀蒸気の除去

蒸発した水銀蒸気を常温まで冷してもすべてが液体になるわけではなく、水銀蒸気が排ガス中に幾分残る。20℃では、1㎥当たり13.2mgの水銀蒸気が含まれていて、冷却しただけでは水銀蒸気濃度をこれ以下に下げることはできず、活性炭吸着や酸化剤で除去する。金属水銀は356.58℃で沸騰して気体の水銀に変化するが、常温でもわずかずつ蒸発する。これは100℃で沸騰する水が常温でも蒸発するのと同じことである。

$$Hg \ + \ 2FeCl_3 \ \rightarrow \ HgCl_2 \ + \ 2FeCl_2$$

塩化第二鉄$FeCl_3$溶液で水銀蒸気を洗浄すると水銀を除去することができる。分析では過マンガン酸カリと硫酸による吸収や金によるアマルガム吸着などが行われている。

第5章　有害物質（不滅の元素が有害物質）

5.1.5　水銀による環境汚染

　水銀による健康被害の研究の第一人者である南デンマーク大のフィリップ・グランジャン教授によると、水銀は国境に関係なく移動し、一つの国の規制だけでは被害防止にならない。水俣条約の多くの項目は自主的な取り組みに任せるものになっているので、このままでは実際の効果は最小限にとどまるという。

　グランジャン教授がデンマーク領フェロー諸島で1986〜2009年生まれの子供を追跡調査した結果によると、運動、言語、記憶の能力に関する発達の遅れなど、ごく微量の水銀でも胎児や幼児に影響を与えることを確認した。

　安全とされてきた量より少なくても被害が出る恐れがある。胎児の脳は非常に傷つきやすく、その損傷は取り返しがつかない。世界の政治家は子供の脳を毒物からいかに守るかを考えるべきである。水銀の毒性を過小評価してはならないとグランジャン教授は言う。

　水銀は火山活動や温泉からの放出もあるが、人の産業活動などによる放出の方が多く、その量は年間約2,000 tに達する。大気中への放出の最大の要因は、途上国などで行われている小規模金採掘のアマルガム法による精錬である。国連環境計画（UNEP）の2013年報告書では725 tと全体の37％を占める。次が全体の25％と推定されている石炭燃焼による490 tで石炭火力発電所からの放出が大きい。大気中への放出全体を地域別にみると、東アジア・東南アジアがトップで約40％を占めている。

　中国内陸から飛来する黄砂や、硫酸塩による酸性雨の問題は以前から知られていたが、2013年に入って、健康被害をもたらすPM2.5の高濃度スモッグが、広範囲の都市域で被害を及ぼしている。北京市によると2013年1月12日の時間値最大が993μg／㎥に達するなど、深刻な汚染問題が

5.1 水　銀

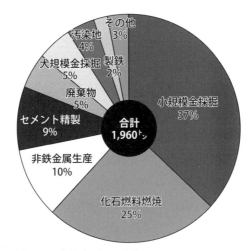

資料：UNEP報告書（2013年）
【図5－1】排出源ごとの水銀の大気排出量

生じていた。水銀はガス状なのでPM2.5には該当しないが、微細な粒子に吸着している可能性もある。日本国内へ越境してきた中国からの汚染ガス中から水銀が検出されているが、その影響、経年的に濃度環境が悪化しているか否かの議論、解析などは充分に行われていない。

5.1.6　水俣病と石炭化学

　アメリカ軍の焼夷弾による空襲で大都市のほとんどは焼け野原と化し、基幹産業の大半は爆撃で壊滅状態になっていた。運よく戦火を逃れた工場の機械や装置は、賠償として東南アジアへ送られ、日本の工業は息の根を止められていた。また、連合国軍最高司令官総司令部（GHQ）は、新しい企業の設立を禁止したため、工業生産は極度に低下してしまった。

　工業原料の輸入も規制され、敗戦後の日本国内で自給できる資源としては黒ダイヤと呼ばれた国産の石炭と豊富にある石灰石、それに海水から得

第5章　有害物質（不滅の元素が有害物質）

られる食塩くらいしかなかった。

　石炭を乾溜（蒸焼）するとガス（石炭ガス）、油分（タール）、水溶液（ガス液）、コークス（骸炭）が生成する。石炭ガスは都市ガス、タールは合成染料など有機物合成原料、ガス液からは硫酸アンモニウム（硫安：窒素肥料）、コークスは製鉄用やアセチレンや石灰窒素肥料の原料であるカーバイド製造に使われた。また、石炭と石灰石と食塩から製造できる唯一のプラスチックとして塩化ビニルの生産が開始された。

（1）アセトアルデヒドの製造

　石炭を乾留して製造したコークス C と石灰石 $CaCO_3$ を焙焼して得た酸化カルシウム（CaO・生石灰）を電気炉で 1,900℃ に加熱熔融するとカルシウムカーバイド CaC_2 が生成する。

$$CaCO_3 \ \rightarrow \ CaO \ + \ CO_2 \ \cdots\cdots\text{（酸化カルシウムの製造）}$$

$$3C \ + \ CaO \ \rightarrow \ CaC_2 \ + \ CO \ \cdots\cdots\text{（カーバイドの製造）}$$

　カーバイド CaC_2 に水を反応させるとアセチレンガス $CH \equiv CH$ が発生する。

$$CaC_2 \ + \ 2H_2O \ \rightarrow \ Ca(OH)_2 + CH \equiv CH$$

　このアセチレンと食塩電解プロセスから製造される塩化水素（HCl合成塩酸）とを塩化水銀触媒のもとで反応させて塩化ビニル $CH_2 = CHCl$ を製造していた。

$$CH \equiv CH \ + \ HCl \ \rightarrow \ CH_2 = CHCl$$

　塩化ビニル樹脂に可塑剤（油状物質）を添加することで、ビニルハウス用軟質塩化ビニルフィルム等のような軟質塩化ビニルが製造できる。

　チッソ・水俣工場（当時：新日本窒素・水俣工場）では、アセチレンを硫酸水銀 $HgSO_4$ 溶液（触媒）に通して、有機合成原料であるアセトアルデヒド CH_3CHO を製造していた。

$$CH \equiv CH + H_2O \rightarrow CH_3CHO \quad \cdots\cdots\cdots（硫酸水銀触媒）$$

アセトアルデヒドをアルドール縮合してブタノールC_4H_9OHやオクタノール［（2-エチルヘキサノール$C_5H_{11}CH（C_2H_5）CH_2OH$）］等のアルコール類を製造し、これらを塩化ビニル樹脂可塑剤の原料にした。

可塑剤の代表と言えるフタル酸ブチルやフタル酸オクチル（フタル酸エステル類）は塩化ビニルの増産に伴い大量生産された。近年、フタル酸エステル類は環境ホルモンとしての作用が憂慮されている。

（2）アセトアルデヒドと水俣病

• 硫酸水素メチル水銀CH_3HgHSO_4が副生する反応

アセトアルデヒドの製造行程の副反応の一つがメチル水銀CH_3HgHSO_4と酢酸が生成する反応である。

$$CH \equiv CH + 3CH_3CHO + 2HgSO_4 + 3H_2O \rightarrow 2CH_3HgHSO_4 + 3CH_3COOH$$

アセチレンと硫酸水銀から硫酸メチル水銀CH_3HgHSO_4ができるためには、水素の供与体が必要であり、その供与体がアセトアルデヒドと水である。

筆者は、硫酸水銀がアセトアルデヒドと水から生成する活性水素（H）でメチル化される上記の反応を想定している。

$$CH_3CHO + H_2O \rightarrow CH_3COOH + 2(H) \quad \cdots\cdots\cdots（活性水素の発生）$$

製品の中に取り込まれてしまう触媒でないかぎり、性能が劣化した触媒は反応施設のどこかに残っているはずである。当時、水銀の化合物は毒物及び劇物取締法で毒物に指定されていたが、水銀を環境中へ排出することを規制する法律はなかった。

製造に関係する技術者は、常に製造コストの削減に腐心している。当時、高価であった水銀を回収すれば明らかにコスト削減につながったはずの廃触媒を回収もしないで、無処理で水俣湾に排出したために、その中に含ま

第5章　有害物質（不滅の元素が有害物質）

れていたメチル水銀が食物連鎖を通して、魚に蓄積した。有毒なメチル水銀が蓄積している魚介類をそれとは知らずに、食べた人が気の毒にも、世界に類をみない人体被害を受けることになった。水俣病を見過ごした技術者の責任は大きい。

　企業とその株主は、環境に対して直接的な責任を負っていることを忘れてはならない。利潤の追求は、それが地球の健康状態と保全とを損なわない限度において行われるべきものである。しかし、この原則は守られてこなかった。その例は東京電力福島第一原発事故にもみられる。

　その当時、日本にはアセトアルデヒドを製造している企業が何社かあったが、筆者は1970年夏に日本技術士会青年部のメンバーとして、そのうちの一社を訪れた。そこで聞いた話では、水俣病が起き、アセトアルデヒド廃液が怪しいという情報をつかんだその工場は、アセチレンを発生させるためにカーバイドにかけていた水の代わりに、アセトアルデヒド廃液を使い、それまでの海への放流をやめた。この工場では、大量に発生するカーバイド残滓（消石灰）を原料にしてセメントを製造していた。そのためセメントキルンの集塵機から水銀が回収され、今更ながら、こんなに大量の水銀を捨てていたということに驚いたという。

　公害の原因追究の手がその本質に迫ると、公害発生原因企業は、常套手段として別の原因説を持ち出して追及の手を逃れ、或いは引き延ばしを図る。水俣病の原因究明に奮闘していた熊本大学研究班の研究に対しても、企業や行政、御用学者が妨害を開始した。

　マスコミが初期の段階から有機水銀説に対して次々と繰り出された反論に振り回されることがなければ、水俣病に苦しむ人達をあれほど増やしてしまうことも、新潟に第二水俣病を発生させることもなかったのではないだろうか。

　不知火海という広大な環境がチッソという一企業によって汚染され、2万人の患者、未認定の患者を除いて1,200人余の死者を出した未だに解決できていない大事件「水俣病問題」とはいったい何だったのか。今こそ

110

5.1 水　銀

その全体像を問い、教訓として生かさなければならないはずである。しかし残念ながら、水俣病はもう忘れ去られた過去の事故のように一般人の関心は薄い。

昭和電工・鹿瀬工場はメチル水銀塩を阿賀野川へ無処理廃出したため第二水俣病・新潟水俣病が発生した。

垂れ流されたメチル水銀塩は、魚に生物濃縮して、それを知らずに食べた人達が、あの悲惨な水俣病に罹患することになってしまったのである。

触媒は、化学反応に関与はするが、劣化した金属系触媒でも金属元素そのものは不滅であり、廃触媒となることはあっても、消滅することはない。次々と水銀を補給しなければならないということは、水銀が何らかのかたちで環境中へ放出されていることをチッソや昭和電工の技術者達は気付かなかったのであろうか。当時は高価であった水銀は回収しても充分採算はとれたはずである。それを怠ったために、大被害を及ぼしてしまったのである。

（3）アセチレンを原料にしたプラスチックの大量生産

アセトアルデヒドそのものにはあまり用途はなかったが、アセトアルデヒドからは、酢酸、無水酢酸、ブタノール、オクタノール（2−エチルヘキサノール）などが製造できる。これらの化合物は、酢酸繊維素（アセテート：映画・写真用の難燃性フィルム製造用）、酢酸ビニル等の原料であり、ブタノールやオクタノールは大量生産が始まった塩化ビニル樹脂（以下、塩ビという）の可塑剤であるフタル酸エステルなどの原料になっていた。

（4）塩化ビニルと水俣病

水俣病と塩化ビニルには深い関係があるというと驚く人もいるが、当時、塩ビ可塑剤用原料のブタノールや2−エチルヘキサノールの83％がチッソ・水俣工場で生産されていた。

1）塩化水銀触媒による塩化ビニルの製造

アセチレン$CH \equiv CH$と塩化水素HClを塩化第二水銀$HgCl_2$触媒の存在下で反応させると塩化ビニルモノマー$CH_2 = CHCl$が生成する。

111

第5章　有害物質（不滅の元素が有害物質）

$$CH \equiv CH \ + \ HCl \ \rightarrow \ CH_2 = CHCl$$

①塩化ビニルモノマー $CH_2 = CHCl$ の重合

塩化ビニルモノマー $CH_2 = CHCl$ に重合開始剤を加えて重合すると塩化ビニルポリマー $+CH_2-CHCl+n$：（塩化ビニル樹脂）が得られる。

$$nCH_2 = CHCl \ \rightarrow \ +CH_2-CHCl+n$$

石油化学の発展で原料はエチレンに替わり、オキシクロリネーション法による塩化ビニル製造が主流を占め、現在、アセチレンを原料にして水銀触媒で塩化ビニルを製造する工場は日本にはない。

2）塩ビ可塑剤（フタル酸エステル類）の製造

塩ビには水道管やキャッシュカードのように固い硬質塩ビとバッグ、靴、ソファーなどに使われる人工皮革及びホース、ソフビ人形、子供プールや浮輪などに用いる軟らかい軟質塩ビがある。軟質塩ビは、硬質塩ビに油状物質（可塑剤）を練込み軟らかくする。この可塑剤には様々な油状物質が使われる。可塑剤として大量に使用されたDOP（フタル酸ジオクチル：実際にはフタル酸2-エチルヘキシル）やフタル酸ジブチルDBP等、フタル酸エステル類は水俣病と縁が深い。

アルコールの仲間であるブタノール $CH_3CH_2CH_2CH_2OH$ や2-エチルヘキサノール $CH_3CH_2CH_2CH_2CH(C_2H_5)_2CH_2OH$（イソオクタノール）と無水フタル酸 $C_6H_4(CO)_2O$ とのエステル化反応でフタル酸エステル類は製造する。エステルとはアルコールと酸から水が1分子はずれて結合（縮合）した化合物をいう。

$$C_6H_4(CO)_2O + 2CH_3CH_2CH_2CH_2OH \rightarrow C_6H_4(COOCH_2CH_2CH_2CH_3)_2 + H_2O$$

フタル酸エステルの原料であるブタノールや2-エチルヘキサノールはアセトアルデヒドをアルドール縮合したものを水素還元して製造する。

ブタノールの例を以下に示す。

5.1 水　銀

$$CH_3CHO + CH_3CHO \rightarrow CH_3CH(OH)CH_3CHO \qquad アルドール縮合$$

$$CH_3CH(OH)CH_3CHO \rightarrow CH_3CH=CHCHO + H_2O \qquad アルドール脱水$$

$$CH_3CH=CHCHO + 2H_2 \rightarrow CH_3CH_2CH_2CH_2OH \qquad 水素還元$$

※フタル酸エステルはベンゼン環（亀の甲）の隣接した2箇所のカルボン酸に、それぞれアルコールがエステル結合したものである。

比重 1.048、沸点 340℃、凝固点 −35℃、引火点 157.2℃

フタル酸ジ−n−ブチル（DBP）

フタル酸エステルの構造式

5.1.7　水銀と水俣条約

　2013年10月に熊本市で開催された国際会議（「水銀に関する水俣条約」外交会議）は、同10日、人の健康に害をおよぼす水銀の取り扱いを包括的に規制する「水銀に関する水俣条約」を採択した。水銀の採掘、使用、廃棄に至るまでを世界的に規制するこの条約は、日本や中国など、会議に参加した139の国・地域のうち91カ国と欧州連合（EU）が署名した。

　それに基づき2016年2月2日、日本政府は、水銀による健康被害を防ぐために国際的に管理する「水銀に関する水俣条約」を締結することを閣議決定した。条約は同1月末時点で22カ国が締結済みで、50カ国が結んでから90日目に発効する。早ければ2016年中にも発効する見通しである。

113

第5章　有害物質（不滅の元素が有害物質）

　水俣条約は、水銀による環境や健康への悪影響を抑える目的で、世界規模であらゆる面で管理することを目指す。この条約では、水銀鉱山の新たな開発を禁止し、輸出も制限、及び化粧品や温度計などの水銀添加製品は原則として2020年以降の製造や輸出入を禁止する。火力発電所などからの水銀排出に対策を求め、廃棄物も適切に処理する。途上国では小規模な金採掘で精製に水銀を使うことが問題となっており、これをなくすように努める。

（1）水俣条約の主な内容

- 水銀鉱山の新規開発を禁止。既にある鉱山も15年以内に閉山する。
- 水銀輸出は認められた用途に限る。
- 水銀を含む電池・化粧品・体温計などの製造を2020年までに禁止する。アセトアルデヒドなどの製造工程での水銀使用を禁止する。
- 小規模な金採掘での水銀使用を削減し、廃絶に向けて行動する。
- 石炭火力発電所などからの大気への水銀排出を削減する。

（2）水俣条約の問題点

　日本は水銀の輸出国でもあり、水銀の輸出を停止し、水俣病の被害者をすべて救済するまでは、そんな提案をする資格はないという反対意見も当然ながら国内にある。また、熊本県水俣市議会（定数16）は、条約名を「水俣条約」とする国・県・市の方針に反対する意見書を賛成多数で採択した。公害のイメージが定着することを懸念し、保守系を中心に4会派の代表者が連名で提案。「市民の間には『水俣』を条約の冠とすることに対し、風評被害が永遠に続くことにつながるという意見が根強い」としており、賛成9・反対6で可決されている。

　日本では水銀を使用しない製品や技術を開発してきた結果、水銀の使用量が1964年の約2,500tから2010年の約4tにまで大幅に減少した。2005年〜2010年の実績で969tが輸出されている。条約で水銀が輸出できなくなると保管量が毎年増加していく。放射性物質の場合と同様に、安全な保管技術と保管場所が求められることになる。

114

　　　　　　　　　　　　　　　　　　　　5.1　水　　銀

　石炭火力発電所からの水銀排出量が各国での総量規制ではなく施設ごと
の規制であるため、施設数が増えればその分、排出量が増加する。ちなみ
に石炭総消費量の50％を占める中国の消費量は年間18億 t に昇り、さら
に増加の一途をたどっている。

　中国における大気汚染は想像を絶しており、気体状水銀を含む大量の粒
子状物質PM2.5が越境移動し、周辺各国を汚染している。

　粒子状物質（particulate matter）とは、マイクロメートル（μm）の大
きさの固体や液体の微粒子のことでPM2.5とは粒径が2.5μm以下のもの
をいう。疫学的には、粒子状物質の濃度が高いほど、また、粒径が小さい
ほど、呼吸器疾患や心疾患による死亡率が高くなるといい、PM10の浮遊
粒子状物質よりもPM2.5のほうが健康影響との相関性が高い。

　燃焼で生じた煤、風で舞い上がった土壌粒子（黄砂など）、工場や建設
現場で生じる粉塵、燃焼による排出ガスや石油からの揮発成分が大気中で
変質してできる粒子などからなる。

　水銀の大気中放出の最大の要因は、途上国などで行われている小規模金
採掘（Artisanal-small Scale Gold Mining：ASGM）時のアマルガム法によ
る精錬であるが、水銀使用を速やかに禁止するような内容にはなっていな
い。

　水銀汚染場所の修復や被害者の補償を、汚染者に義務づけていない。何
のための条約かと疑問になる。

　火山や温泉など自然界からも水銀は発生するが、産業活動による放出の
方が多く、UNEPの2013年報告書では、総量1,960 t、そのうち小規模金
採掘から725 t と全体の37％を占めている。次が石炭燃焼による490 tで、
全体の25％と推定されており、石炭火力発電所からの放出は無視できな
い。

　現在でも水銀体温計、血圧計、蛍光灯、水銀灯、水銀電池などが使用さ
れているため、不心得者が都市ゴミに水銀含有製品（産業廃棄物）を不法
投棄すると、東京都23区では焼却炉の停止という事態になる。

115

第5章　有害物質（不滅の元素が有害物質）

5.2　カドミウムとイタイイタイ病

　イタイイタイ病をひき起こすと恐れられているカドミウムCdは、近年、環境ホルモンの作用もあると疑われている。

　1998年5月、富山市で「イタイイタイ病とカドミウム環境汚染対策」をテーマに国際シンポジウムが開かれた。会議の席上、カドミウム中毒の世界的な権威であるスウェーデンのラルス・フリーベルグ教授は「イタイイタイ病はカドミウムが原因であることに反対の人はいますか？」「いませんね」と念を押した。今頃になってなぜと首をかしげる人もいるかも知れないが、フリーベルグ教授が改めて念を押したくなるような実情が日本にはある。

　この会場には、日本でイタイイタイ病を幻と主張している人達も同席していたのであるが、卑怯にも誰一人反論する者はいなかった。

　1968年、厚生省（現 厚生労働省）は富山県神通川流域で発生したイタイイタイ病の原因は、奈良時代養老年間（720年頃）に採掘が始まり、1874年に三井組が経営権を取得、近代化により国内初のトラックレス・マイニング法を取り入れるなど、大規模採掘を続けていた三井金属鉱業・神岡鉱山の廃水などに含まれていたカドミウムによる慢性中毒であるとの見解を発表した。三井組経営から閉山までの総採掘量は約130年間で7,500万tにも達し、一時は東洋一の鉱山として栄えた。現在、三井金属鉱業の100％出資子会社の神岡鉱業が鉱物のリサイクルなどを営んでいる。また、鉱山跡地はノーベル物理学賞（小柴昌俊氏受賞）で有名になったカミオカンデ等、物理学の研究施設がある。

　厚生省の発表でカドミウム原因説は確定したはずであったが、1975年に『文藝春秋』にガンに冒されていたルポライターが書いた記事「イタイ

116

イタイ病は幻の公害病か」が掲載され、原因の議論が蒸し返されることになった。この記事は、実験結果に基づきイタイイタイ病カドミウム原因説を否定した論文ではなく、地元でイタイイタイ病を発見した萩野昇医師をインタビューして、この医師がいかにインチキ臭いかという印象を読者に与えるために書かれた悪意に満ちた中傷記事に過ぎなかった。それにもかかわらず、この記事の影響は大きく、患者の認定作業や対策は十数年間、停滞してしまった。

　環境ホルモン問題をアメリカで提起した書籍『奪われし未来（Our Stolen Future）』（1996）の共著者の一人であるジョン・ピーターソン・マイヤーズ博士は、「欧米の産業界は、偽情報を流し、一般の人々を混乱させ、自分達の既得権益を守ろうとしている」と環境ホルモンに対する産業界の取り組みを批判しているが、これは欧米に限った話ではなく日本も同様なのである。

5.2.1　カドミウムの用途

　1817年、ドイツの化学者フルードリヒ・シュトロマイエル（1776－1835）は、酸化亜鉛（ZnO亜鉛華）の研究中にカドミウムを発見した。カドミウムの名前の由来については、①亜鉛華の中から発見されたため、ギリシャ語の亜鉛華（カドメイア）からとったという説、②亜鉛の珪酸塩鉱物のラテン名（カドミア・フォシリス）という説、③亜鉛の製錬工程で煙道にたまる茶褐色の粗酸化亜鉛をラテン語でカドミア・フォルナシウムというところからカドミウムと名付けられたという説があり、定説はない。

　カドミウムは亜鉛や水銀と同じ仲間の金属で、亜鉛鉱石中にごくわずか（亜鉛に対し1％以下）含まれており、亜鉛製錬過程から発生する副産物である。発見されてからまだ200年しかたっておらず、3000年以上の歴

第5章　有害物質（不滅の元素が有害物質）

史を有する銅や鉄等に比べても、また、水銀や鉛等と比較しても新参の金属である。

専門以外の人で金属カドミウムを見たことがある人は、あまり多くないと思われるが、カドミウムは、ニッケルカドミウム電池やカドミウムイエロー（黄色顔料）等、身近なところに数多く存在している。

（1）ニッケルカドミウム電池

カドミウム総需要量の90％以上を占めるのがニッケルカドミウム電池である。

1899年、スウェーデンのワルデマール・ユングナー（1869 − 1924）は、正極活物質にオキシ水酸化ニッケル、負極活物質に金属カドミウムを使った、充電して何回も使用できるニッケルカドミウム蓄電池を発明した。ニカドやカドニカ等の商品名で充電式髭剃り、ビデオカメラ、パソコン、携帯電話、CDプレーヤー、電動自転車、子供の電動自動車、電動車イス、ドリルやドライバーなどの充電式工具、充電式家電製品、ホテルやビル等の非常用電源、鉱山用キャップランプ電源、列車や船舶用電源等にも使われていたが、毒性の問題と完全に放電していない状態で注ぎ足し充電をすると、メモリー効果で容量が極端に低下し使用不能になる、或いは高性能なリチウムイオン電池やニッケル水素吸蔵合金電池等の充電式電池がありながら、同性能のリチウムイオン電池より重量、体積ともに大きく、電圧が低いなど数々の欠点があり、欠点だらけで環境汚染が問題視されているニッケルカドミウム電池が依然として大量生産されている。

（2）カドミウム顔料

1871年、カドミウムの硫化物CdSは、鮮明な黄色を呈し、色があせず安定するので画家が黄色絵具（カドミウムイエロー）として使用し始めた。この黄色顔料は、硫化カドミウムCdSと硫化亜鉛ZnS（白色）の固溶体になっており、硫酸カドミウム$CdSO_4$と硫酸亜鉛$ZnSO_4$の混合溶液に硫化ソーダNa_2Sを加えて製造する。

5.2 カドミウムとイタイイタイ病

$$CdSO_4 + ZnSO_4 + 2Na_2S \rightarrow CdS\text{-}ZnS + 2Na_2SO_4$$

硫化亜鉛を固溶させることにより、カドミウムイエローを安定化させることができる。

純粋な硫化カドミウムは、半導体であり、光によって電気抵抗が変化する光導電作用を示する。この性質を利用してCdSセル（硫化カドミウム光電素子）が作られていた。CdSセルは一昔前のEEカメラの露光検出用やテレビの自動輝度調節の光センサー等に使われていた。また、硫化カドミウムを感光体に使ったコピー機も販売されていた。

1919年になると硫化カドミウムとセレン化カドミウムの固溶体（CdS-CdSe）からなる赤色顔料（カドミウムレッド）が発明され、安定で鮮明な赤色を程するため、次第に利用されるようになった。

環境問題から徐々にその生産量は低下しつつあるが、色が鮮やかで、熱や光に対してかなり安定なので、窯業用顔料としてガラス製品、陶磁器、ホウロウ、七宝など着色に使われている。これらのカドミウム系顔料の生産量は公表されていない。

（3）カドウミウム合金

・低融点合金

1860年ウッドは60.5℃で融けるカドミウムを含む次のような組成の低融点合金を発明した。ビスマス 40～50％、鉛 25～30％、スズ 12.5～15.5％、カドミウム 12.5％

これらの組成からなる合金は熱湯をかけただけで簡単に融けてしまう。これらの低融点合金は電気コタツの温度フューズ、劇場、デパート、ホテル等に付けられているスプリンクラーの温度フューズ等に用いられている。

・電車の架線

電車のパンタグラフでこすられる架線は、摩耗の防止や引っ張り強度をあげるために、1.2％程度のカドミウムを加えた銅合金が使われてい

第5章　有害物質（不滅の元素が有害物質）

る。

•軸受合金

耐摩耗性が要求される軸受合金として、カドミウム・銅・鉛合金、カドミウム・ニッケル合金やカドミウム・銀・銅合金等が使われている。

•電気接点

耐摩耗性の合金として銀、カドミウム合金が、リレー等の電気接点として利用されている。

•はんだ

高温用はんだとして銀・カドミウム合金や亜鉛・スズ・カドミウム合金が使われている。

•電気めっき

カドミウムめっきは1841年イギリスで発明された。電気めっきの過程で、鉄素材中へ水素が侵入して鉄が脆くなる水素脆性をひき起こさないめっきとして、航空機部品のめっきに現在でも使用されている。

•塩化ビニル樹脂の安定剤

塩化ビニル樹脂は、加熱軟化させて成型加工する過程で樹脂が一部熱分解して塩化水素が遊離する。遊離した塩化水素は、分解触媒の働きをして樹脂の分解劣化を促進し、加工中に樹脂が着色劣化してしまう。この分解反応は、ビニールハウスのように太陽光線の照射を受けるような場合にも起こる。この分解反応を抑制して、樹脂を安定化させる物質として安定剤を樹脂に加える。

安定剤としては、カドミウム、鉛、亜鉛、バリウム、スズ等、塩素と結合力の強い金属元素が有効である。塩ビ樹脂中に完全に混合できるように、これらの金属は一般にステアリン酸等の有機酸塩（金属石鹸）として加えられている。過去、カドミウム系安定剤は大量に使用されていたが、1995年頃から環境汚染を意識してか使われなくなった。

120

5.2　カドミウムとイタイイタイ病

5.2.2　カドミウムの行方

　1991年に制定された再生資源の利用の促進に関する法律（リサイクル法）では、カドミウムの使用規制やリサイクルを義務づけていない。リサイクル法では廃ニッケルカドミウム電池は「第二種指定製品」に該当し、アルミ缶と同様に、分別収集を容易にするための表示が求められており、ニッケルカドミウム電池には「スリーアローマーク」が表示されただけである。

　アメリカ・ニュージャージー州は、有害包装削減条項及び乾電池管理条項の二つの環境法案を通過させ、1993年1月1日以降、カドミウムなどを含有する顔料・安定剤を用いた製品の販売を禁止した。1995年5月11日、アメリカ環境保護庁EPAは廃ニッケルカドミウム電池を含む廃棄物の回収及びその管理に関する新規制を公布し、廃ニッケルカドミウム電池のリサイクルを推し進め、他の廃棄物と混在させないことにした。1998年5月から新しい法律が施行され、アメリカ内での廃電池の分類及び回収、廃電池のリサイクルが義務づけられ、少なくともアメリカでは20州が廃ニッケルカドミウム電池の回収ネットワークを確立している。

　• EUにおける電池指令と改正WEEE及び改正RoHS指令との関係

　改正WEEE指令（Directive 2012/19/EU）、第8条2項には、環境に有害な影響を与える可能性のある部材は、回収された電気・電子機器（以下、機器と称す）を本格的に処理する前に取り外し別処理することが義務化されている。同指令の付録書Ⅶに、これらの部材がリストされており、電池もこのリストに含まれている。従って、電池はWEEE指令に基づく処置に先立って取り外され、その後取り外された電池は、電池指令に従って処理される。

　日本では、廃ニッケルカドミウム電池を電器店、回収協力店、市町村が設置している専用の回収箱に戻すことになっていて、回収した電池を回収

121

第5章　有害物質（不滅の元素が有害物質）

箱設置者がリサイクルメーカーに送ることになっている。家電量販店等では店頭でニッケルカドミウム電池に限らず、電池回収箱で回収されることになっているが、大半の人は利用していない。

　カドミウムがカドミウム鉱石から製錬されるのであれば、鉱石の採掘をやめて、水銀のように製錬事業をやめれば良い。実際に水銀は鉱石の採掘をやめた。しかし、カドミウムは水銀と異なり、カドミウム鉱石から製造されるものではなく、亜鉛製錬の副産物なので、亜鉛を精練すると自動的に副生してしまい、亜鉛の精練を続けるかぎり、カドミウムの生産をやめることはできないのである。

　業界がイタイイタイ病を幻と宣伝し、リサイクルを拒絶する本当の理由がここにある。この構図は、苛性ソーダの製造と塩化ビニルとの関係によく似ている。

　ニッケルカドミウム電池のカドミウムが仮に80％回収されたとすると、翌年からは、電池用カドミウムの需要量はとたんに20％に減少してしまい、業界は80％の不良在庫をかかえることになる。この不良在庫を避けるためには、ニッケルカドミウム電池に加工して、使い捨ててもらわなければならないことになる。回収などされては業界が困るのである。

　数倍も高性能なリチウムイオン電池や水素吸蔵合金電池等、代替できる電池が市販されており、ニッケルカドミウム電池の製造をやめても日常生活に何ら支障はないにもかかわらず、性能の悪いニッケルカドミウム電池をあえて製造し続ける根拠は、カドミウムの捨て場の確保であるとしかいいようがない。

　回収されずに捨てられたニッケルカドミウム電池やプラスチック製品等の着色に使われたカドミウム系顔料等、カドミウムを含む廃棄物は、一般廃棄物の収集・処理方式の相異によってその状態が変化する。廃プラスチックを焼却不適ゴミとして分別集収して埋立てている自治体や分別収集を行わず混合一括収集埋立を行っている市町村では、カドミウム顔料を含むゴミはそのまま埋立地内に埋込まれる。

122

5.2 カドミウムとイタイイタイ病

ゴミ中のカドミウム顔料（硫化カドミウム、セレン化カドミウム）やニッケルカドミウム電池中のカドミウムは、焼却炉中で毒性の強い酸化カドミウムCdOになったり、炉内で塩化水素や食塩と反応して塩化カドミウム$CdCl_2$になる。

$$2CdS + 3O_2 \rightarrow 2CdO + SO_2$$

$$2CdSe + 3O_2 \rightarrow 2CdO + SeO_2$$

二酸化硫黄（SO_2 亜硫酸ガス）や二酸化セレンSeO_2は環境中に排出が規制されている有害な物質である。塩化ビニル等を焼却すると焼却炉内で塩化水素が発生する。この塩化水素と酸化カドミウムは容易に反応し、水溶性の塩化カドミウムを生成する。

$$CdO + 2HCl \rightarrow CdCl_2 + H_2O$$

塩化カドミウムは、焼却炉中で蒸発し、集じんダストや洗煙廃水中に混入する。塩化カドミウムは水によく溶けるので洗煙廃水中に混入した場合には廃水処理によって廃水中から除去する必要がある。また、酸化カドミウムは、塩化カルシウムや食塩などの塩化物が共存していると、高温で反応し揮発性の塩化カドミウムとして蒸発し、集塵機にダストとして捕集される。

$$CdO + CaCl_2 \rightarrow CdCl_2 + CaO$$

焼却炉から発生する廃水を農業用水路に排出してカドミウムにより水田を汚染した事件が神奈川県川崎市や千葉県野田市などで過去に発生した。

一般のゴミ埋立地には腐敗性のゴミが捨てられる場合が多く、これら有機系のゴミが腐敗すると、有機酸などの分解生成物が生じる。有機酸は、焼却灰中に含まれる酸化カドミウムと反応して水に易溶性のカドミウム有機酸塩になる。

タンパク質のようにアミンを含む化合物は腐敗分解の過程で酢酸アンモ

第5章　有害物質（不滅の元素が有害物質）

ニウムのようなアンモニウム塩を生成する。酢酸アンモニウムCH_3COONH_4は酸化カドミウムと反応して、水に易溶性の酢酸カドミウム$Cd(CH_3COO)_2$とアンモニアNH_3とに分解する。

$$CdO + 2CH_3COONH_4 \rightarrow Cd(CH_3COO)_2 + H_2O + 2NH_3$$

　酸化カドミウム、水酸化カドミウム、炭酸カドミウム$CdCO_3$のような水に不溶性の化合物でもアンモニアが存在すると、アンモニア錯体（テトラアンミン水酸化カドミウム等）を形成して可溶性になる。

$$CdO + 4NH_3 + H_2O \rightarrow Cd(NH_3)_4(OH)_2$$
$$CdCO_3 + 4NH_3 \rightarrow Cd(NH_3)_4CO_3$$

　有機系のゴミが嫌気性分解すると硫化水素が生成する。この硫化水素は水溶性のカドミウム化合物を不溶性の硫化カドミウムに変化させることになる。

$$CdCl_2 + H_2S \rightarrow CdS + 2HCl$$

　このように、ゴミ埋立地の内部ではカドミウムを水浴性化合物に変化させる反応も不溶性化合物に変化させる反応も想定することができる。どちらの反応が優先するかは埋立地の条件によって異なる。

　硫黄バクテリアが生存するような埋立では、不溶性の硫化カドミウムを酸化して水溶性の硫酸カドミウム$CdSO_4$に変化させる反応も想定できる。

$$CdS + 2O_2 \rightarrow CdSO_4$$

5.2.3　イタイイタイ病は幻ではない

　食物や飲み水を通して体内に入ったカドミウムは腎臓の尿路細管の機能

124

5.2 カドミウムとイタイイタイ病

を低下させ、骨の維持に必要なリン酸やカルシウムなどが尿から体外に排泄されてしまうため骨がもろくなる。この尿路細管障害がカドミウムが原因で起きた場合、カドミウム腎症と呼び、ひどくなると咳をしただけで骨折し、患者が激しい痛みを訴えたことからイタイイタイ病の名がついた。イタイイタイ病の認定基準は、カドミウムの高濃度汚染地に居住し、成人期以後に尿路細管障害になり、骨粗しょう症を伴う骨軟化症を発症した場合に限られている。対象地域に指定されている富山市や婦中町（現 富山市）など1市2町では、認定患者183人中174人が亡くなっている。

　なぜ神通川流域だけで、イタイイタイ病患者が発生し、ほかのカドミウム汚染地域では、患者が出ていないのかという反論がイタイイタイ病が問題になった当初からあった。結論は「患者は、神通川流域以外にも存在した」ということである。各地のカドミウム汚染地域で、イタイイタイ病を疑われて亡くなった住民は多く、解剖でイタイイタイ病と判断して良いケースが見つかっている。その数は、長崎県対馬9人、石川県小松市梯川流域2人、兵庫県の市川流域5人にのぼる。

　イタイイタイ病を公害病として認定して40年以上経過した。認定患者の多くは死亡しているが、カドミウム鉱害は過去のものではなく、「イタイイタイ病」の前駆症状と言える「カドミウム腎症」が、神通川流域やほかのカドミウム汚染地域で多発していることが、長期間にわたる調査で明らかになっている。

　金沢医科大学の中川秀昭教授と西条旨子講師（公衆衛生学）は、1974〜1975年に梯川流域のカドミウム汚染地で実施された50歳以上を対象とした住民健診の受診者2,408人について、死亡状況を15年間、追跡調査した。その結果、尿路細管障害者の死亡危険度は、障害のない層に比べ男性で1.4倍、女性は1.59倍も高いことがわかった。死因は心不全、脳梗塞、腎疾患が目立った。梯川上流にはかつて銅鉱山があり、流域の農地などがカドミウム汚染されていた。汚染農地470haは、1992年までに土壌改良を完了している。一方、富山医科薬科大学（現 富山大学）の青島恵

125

第5章　有害物質（不滅の元素が有害物質）

子講師（公衆衛生学）らは、岐阜県の神岡鉱山の廃水で汚染された神通川流域で、1983～1984年に54～70歳だった女性193人を追跡調査した。このうち腎障害のなかった74人中30人が11年後に発症し、既に腎臓障害のあった人は症状が悪化していた。また、尿路細管障害の女性54人を1985年から1991年まで調べたところ、手指の骨の外層が次第に薄くなっていた。

　長崎大学医学部の斎藤寛教授（衛生学）が、亜鉛や鉛の鉱山があった長崎県対馬の厳原町で住民を調査した結果によると、1984年に土壌改良工事が完成し、住民の頭髪中のカドミウム濃度は半減した。しかし、1979年に調べた、60歳代の腎機能障害の出現率（42.1％）と、同じグループの13年後を調べた結果（41.9％）はほぼ同じで、腎機能障害の面ではほとんど改善されていないことが判明した。このように、数多くの研究者による研究の結果、幻の公害病という主張はすべて崩れているのである。

　金属鉱山などによるカドミウム汚染地域は、富山、石川、長崎だけでなく、兵庫、秋田、群馬の各県などにもあり、研究者らは広い範囲での実態調査が必要と指摘している。

　1998年6月、カドミウム腎症について、富山県婦中町（当時）の神通川流域カドミウム被害団体連絡協議会（小松義久代表）は「公害病として広く救済すべきだ」として環境庁（現 環境省）に「指定に向け具体的な検討を始めてほしい」と申し入れた。しかし、環境庁は「カドミウム腎症や尿路細管障害は医学的に未解明の部分がある。現状では指定や救済措置は難しい」と、消極的な姿勢を示していた。

　富山医科薬科大学の加須屋実教授（公衆衛生学）はカドミウムの体内取り込み量と健康影響を次の四段階に分類している。

- 重症のイタイイタイ病患者
- 中等度のイタイイタイ病患者
- 軽度のイタイイタイ病患者（カドミウム腎症など）
- 非汚染地でのカドミウムによる健康影響（腎臓の尿細管障害）

126

5.2 カドミウムとイタイイタイ病

　現行の認定基準だと、公害病に認定されるのは重症者など一部にすぎない。しかし、中等度以下の患者層も障害が進行し、寿命も短くなる傾向が研究で判明しており、この症状は、軽度のイタイイタイ病と位置づけられ、患者は次第に骨量が減少し、寿命も短くなる傾向もわかってきている。このようにカドミウム汚染によるイタイイタイ病は、研究者の地道な取り組みで「過去の公害病」でないことが次第にはっきりしてきた。このように公害病の認定基準にあてはまらないものの、汚染地域ではカドミウム腎症の多発などで健康が蝕まれている。

　国の基準のゆるさから、低濃度の汚染米が出回り、日本人のカドミウム摂取量は健康への影響が心配される水準にあるとも指摘されている。国の公式見解は、今も「神通川流域のほかに患者はいなかった」となっているが、神通川流域の汚染の度合いが、ほかの地域に比べ突出していたため、同流域の重度の患者像がイタイイタイ病の「定義」となり、多様な患者を拾いあげる視点を欠いたことと、業界の強い抵抗を行政が抑えなかったためである。千葉大学の能川浩二教授（衛生学）は「非汚染地の住民も含め悪影響が出ていないか、調査が必要」と指摘している。

5.2.4　カドミウム汚染大国日本

　富山シンポジウムでは、日本人が食事から体内に取り込むカドミウムの量はほかの国に比べかなり多く、全体の数％に腎臓機能障害を発生させるかもしれないという指摘が、スウェーデンの研究者からあった。いくつかの推定値によれば、日本人の平均摂取量は1日30～80μgとされ、腎臓機能障害が何％か出ても不思議でない水準になっており、1日平均摂取量が30μgの場合、約1％の人に軽度の腎臓障害が発生し、50μgだと数％にもなると言われている。

　カドミウムは極めて毒性の強い環境毒であり、ヨーロッパのいくつかの

127

第5章　有害物質（不滅の元素が有害物質）

国では、自然界のバックグランドレベルの濃度であっても水生生物に悪影響を及ぼすということを報告している。カドミウム化合物のあるものは、評議会指令67/548/EEC により、発がん性、突然変異原性、生殖に対する有毒性があるものとして分類されている。

　カドミウムの慢性的な影響として腎臓障害が問題になっているが、肝臓、血液、筋肉等にも蓄積し、半減期は10～30年と言われている。人間に対するこの高い有害性のために、飲料水規制98/83/ECでは、無機物としては水銀の次に低い値の規制値を採用している。

　世界保健機構（WHO）と国連食糧農業機関（FAO）は、穀類と豆類中カドミウム含有量の指針値を0.1～0.2ppm以下とする案を検討してきた。2001年3月12日、カドミウム国際許容基準を協議する委員会がオランダ・ハーグで始まり、食品中のカドミウム基準を日本の5倍厳しい0.2ppm以下にすることを提案している。

　日本では0.1ppmを超える米は1995年産の玄米713検体のうち20％あり、最高0.44ppmの米も見つかっている。1970年に決まった現在の玄米の基準値は1ppm未満であるが、この基準は「ゆるすぎる」との批判が絶えない。年間2,000t以上のカドミウムが行方不明になっているお国柄であるが、日本人のカドミウム摂取の原因が、米だけと考えて良いかは検討を要するところである。日本はカドミウム含有量が1ppmを超える米が生産される農地を対策農地に指定し、客土などで処理をしている。

　この数十年間で、水銀、カドミウム、鉛は、もっとも毒性のある金属であるということが判明している。既に1970年代から1980年代にかけて、これらの金属による汚染に対する広範な対策が世界的なレベルでとられてきており1998年に二つの国際的な合意がなされた。

　その一つは、デンマーク・オルフスで調印された「国境を越える長期的な大気汚染に関するUN-ECE協定」のもとでの重金属に関する議定書である。水銀、カドミウム、鉛などの重金属の排出により人間の健康や環境が著しい悪影響を受けており、委員会は最近この議定書［COM（2000）

177 final 12 April 2000] を批准するよう提案した。北東大西洋の海洋環境保護のためのOSPAR協定のもとに作られた「優先措置をとるべき化学物質リスト」であり、水銀、カドミウム、鉛が含まれている。OSPAR協定の目標は、これらの三つの金属と他の有害物質の排出を2020年までにやめるように最大の努力を傾けることにある。

有機水銀は水環境や人間の健康にとって、極めて有害性が強く、環境中のある条件下で無機水銀が有機水銀に変わることにより、その環境毒性と生体蓄積性は増大する。

鉛は水銀やカドミウムと同程度の危険性があるというのが世界的な認識であるが、関連する情報と優先有害物質と設定することによる厳しい結果を検証する必要があるので、「検討を要する優先物質」としている。

5.2.5 カドミウムの毒性

昔から関係者の間ではカドミウムの毒性は知られており、1950年に制定された毒物及び劇物取締法によってカドミウム化合物は劇物に指定されている。

1970年10月、三菱化成において、ヘンケル法テレフタル酸製造プラントの修理でカドミウムが付着しているパイプをガス溶断していた作業員が発生した褐色粉末である酸化カドミウムCdOの粉じんを吸い込んで、1名死亡、2名が重症の中毒にかかるという事故が発生した。その後、同じ工場で同様の事故が再発した。

$$2Cd + O_2 \rightarrow 2CdO$$

酸化カドミウムの粉じんを吸い込むと数時間後に鼻、のど、胸、頭などが痛くなり、めまい、咳、呼吸困難、体温上昇等の症状を示し、重症の場合には死亡する。

第5章　有害物質（不滅の元素が有害物質）

　カドミウムの粉じんを吸い続けて慢性中毒になって死亡した人のうち、解剖されているもの14例の症状は、肺気腫、肺の粗いスポンジ化、たん、咳、呼吸困難等を伴い、また、腎臓障害（尿細管上皮の変性）、タンパク尿、骨粗しょう症等が認められている。

　1957年、MargoshesとValleeは、ウマの腎皮質からSH基に富むカドミウム結合タンパク質であるメタロチオネインを発見した。カドミウムを摂取すると、体内でメタロチオネインが合成をされ、カドミウムと結合して、カドミウムなど重金属の毒性を軽減させる作用をする。メタロチオネインは、哺乳類のみならず両生類、爬虫類、鳥類、魚類、無脊椎動物など動物全般、さらには植物や真核微生物、原核生物に至るまで広くその存在が確認されている。

　佐藤雅彦らは、様々な年齢のアザラシを対象に肝臓と腎臓中における重金属の蓄積とメタロチオネイン濃度との関係について検討した結果、アザラシは年齢に応じて肝臓中カドミウム、無機水銀、亜鉛濃度が増加し、肝臓中のメタロチオネイン濃度とカドミウム濃度との間に有意な相関を認めている。アザラシ以外の野生生物である海鳥、カタツムリ、ミミズなどにもカドミウムの蓄積量に依存してメタロチオネインが増加しており、魚類でもカサゴ、ウナギ、ヒラメ、カツオ、カジカ、フナ、コイ、ニジマス、シラウオなどの肝臓でメタロチオネインが存在している。鬼頭らも長良川に生息するコイやフナの肝臓、膵臓からカドミウムが結合したメタロチオネインを検出している。魚類以外の水生生物でもホタテガイ、ムラサキイガイ、アオガイ、オオバンヒザラガイ、ハマグリ、カニ、エビ、藍藻類などもカドミウムなどの重金属の曝露によってメタロチオネインが合成されることが確認されている。

5.3 古典的な毒物—砒素

5.3.1 愚者の毒—砒素

　1998年7月に和歌山市園部町内の夏祭りで振る舞われたカレーの中に何者かが砒素化合物を混入させ、4名の死者と多くの中毒患者が発生するという奇怪な事件が発生した。

　砒素化合物は、古くから殺人に使われた古典的な毒物で、毒物及び劇物取締法で毒物に、水質、廃棄物等の関係法令でも有害物質に指定されている。

　代表的な砒素化合物である三酸化二砒素（As_2O_3）は亜砒酸とか無水亜砒酸などと呼ばれている。中国では古くから白砒、砒霜と呼び、殺人用の毒物として使われていた。継母が、継子を殺すために、饅頭に亜砒酸を入れたところ実子が食べて死亡するという話が「聊斎志異」中にある。また「白蛇伝」の中に、美女に化けた白蛇に雄黄（石黄、硫化砒素As_2S_3）を飲ませると苦しがって、白蛇が正体を現わすというくだりもある。このように中国では、砒素化合物が毒物として古くから使われており、一つの皿から、目の前で料理を取り分けて食べる風習も毒物が入れられていないことを示すための習慣であるという人がいる。

5.3.2 練丹術の時代から知られていた毒性

　宋応星が1637年に記した中国の技術書『天工開物』の中に、砒素を含む鉱石を焼いて白砒を製造する方法が記載されている。焼くときには風上

第5章　有害物質（不滅の元素が有害物質）

に30m以上離れ、作業者は2年で転業しないと、髭や髪がすっかり抜け落ちてしまう。白砒は少量でも飲めばたちどころに死に、山西の地では豆や麦に砒霜を混ぜてまき、野ネズミの食害を防いだり、寧州や紹州では、稲の根に砒霜をつけて豊収を得たとある。

パリスグリーン$Cu(CH_3COO)_2 \cdot 3Cu(AsO_2)_2$がヨーロッパで砒素系農薬として利用され始めたのが1867年であるから、それより200年以上も前から中国では既に砒素系農薬を使っていたことになる。また、青銅器の表面に亜砒酸銅（$CuHAsO_3Cu(OH)_2$ シェーレグリーン）を生成させて緑色に着色していたようである。

日本でも江戸時代には、「いたずらものはいないかな」という売り声で無水亜砒酸が殺鼠剤"石見銀山ねずみ捕り""石見銀山""猫いらず"として行商により売られていた。

1892年、アメリカのMoultonがブランコケムシの駆除用農薬として砒酸鉛を発売し、その強力な殺虫力が認められて、世界中に普及した。

日本では1921年に登録農薬第1号として砒酸鉛（砒酸一水素鉛$PbHAsO_4$）が発売され、1930年には砒酸石灰も製造されて農薬として使われてきたが、蓄積性の問題から1978年12月に農薬登録は失効した。東京オリンピックが開催された1964年には、3,234tが生産され、生産量が最多となった。

登録失効後も夏ミカン等の柑橘類を甘くする作用があるため、ヤミで販売され、1981年警察に摘発されている。同年農水省は「砒酸鉛等の無登録農薬の販売・使用に係る指導等について」という通達を出した。1950年代にドイツ・モーゼル地方のブドウ畑に砒酸鉛を散布する農夫にガンが多発し、慢性砒酸鉛中毒患者82名中44名に肺ガン、7名に皮膚ガンが発生した。ガン発生の潜伏期は永く、被曝してから発症するまでに20年以上かかると言われている。

5.3.3 砒素の用途

砒素の用途には、その毒性を利用する用途と砒素特有の物性を利用する用途がある。毒性を利用する用途は、蓄積性の問題から減少しつつある。

(1) 毒性を利用する用途

農薬としての用途は蓄積性のために禁止されたが、銅、クロム酸、ヒ酸で処理した防腐木材（CCA 加工木材）は木造建築の土台などに残っており、建物解体時にこの防腐木材が発生する。

現在、木材の腐朽防止、シロアリ防除のために、木材を真空にした後、銅と第四アンモニウム塩からなる水溶性化合物の防腐薬液を圧入するACQ加工処理が行われており、天然木の腐敗菌、シロアリ、木喰い虫から材木を守っている。この効力は長期にわたって発揮される。加圧処理後は、緑色をしているが、数カ月間外気にさらされると茶色に変わり、最終的には灰色になる。

古家を壊したとき、砒素化合物等の有害物質を含む防腐処理廃材が発生しており、現在この処理が適正に行われていないということを耳にする。シロアリ駆除用にも有機リン系の薬剤が使われ、無水クロム酸や砒酸は用いられていない。

(2) 砒素特有の物性を利用する用途

①ガラスの清澄剤

ガラスには、通常のビンや板ガラスとして使うソーダ石灰ガラス、高級なカットグラスなどに使われクリスタルガラス（鉛ガラス）、耐熱ガラスとして化学実験器具等に使われているケイホウ酸ガラス、その他光学ガラスや電気ガラス等の特殊ガラスがある。環形蛍光灯には鉛ガラスが使われている。

ガラス製造の過程でガラス中に含まれる泡を除去するため、古くから硝

第5章　有害物質（不滅の元素が有害物質）

酸塩と無水亜砒酸を清澄剤として使ってきた。しかし、最近では毒性の問題から無水亜砒酸の代わりに酸化アンチモンが使われているようである。静澄剤として使われた無水亜砒酸の反応を次に示すが、この反応は酸化アンチモン Sb_2O_3 でも同一と考えて良い。

$$2NaNO_3 \quad \rightarrow \quad Na_2O \ + \ N_2 \ + \ 5(O)$$

$$As_2O_3 \ + \ 2(O) \quad \rightarrow \quad As_2O_5$$

硝酸塩は強力な酸化剤であり、ガラス原料中の有機物の酸化や鉛ガラスの還元金属化の防止、ガラスを緑色に着色する第一鉄 $Fe(Ⅱ)$ を第二鉄 $Fe(Ⅲ)$ に酸化して色を消す消色剤としても使用されている。

硝酸塩として硝酸カリ、硝酸バリウム等を使うこともあるが、最も一般的に使用されているのは硝酸ソーダ $NaNO_3$ で2〜5％加えられている。

清澄剤のもう一つの成分である無水亜砒酸は1,000〜1,200℃で硝酸塩が分解して生成する酸素によって酸化され、無水砒酸（As_2O_5 五酸化二砒素）に変化するが1,300℃以上になると 無水亜砒酸と酸素に分解する。

$$As_2O_5 \quad \rightarrow \quad As_2O_3 \ + \ O_2$$

この反応により発生する酸素 O_2 と硝酸ソーダの分解生成物である窒素 N_2 が核となって周囲の微細な泡を上昇速度が速い大きな泡に成長させて、溶融ガラスから泡を除去する。冷却過程で微量に残った酸素の泡は、再び無水亜砒酸と反応して無水砒酸に変化する。

$$O_2 \ + \ As_2O_3 \quad \rightarrow \quad As_2O_5$$

ガラス量に対して As_2O_3 として0.05〜0.5％程度無水亜砒酸を加えるが溶融過程で10〜50％が揮散してしまうので、無水亜砒酸を使用しているガラス製造工場から発生する溶融炉の集じんダストやガラス研磨汚泥等に砒素が含まれている。

砒素の消費量に関する公表された統計資料がないので、現在ガラス工業

134

5.3 古典的な毒物－砒素

で使用されている無水亜砒酸の量は不明である。

②半導体工業

半導体工業というと時代の最先端を行くクリーンな超近代的工業という印象を受けるが、実はこの工業でもアルシン（砒化水素AsH_3）のような猛毒ガスの砒素化合物が使われている。

携帯電話やスマートフォンの普及に伴い、業界ではガリウム砒素と呼んでいる高性能の高周波トランジスターが増産されている。このトランジスターは化合物半導体と呼ばれているがガリウムGaと砒素Asの化合物$GaAs$なので砒化ガリウムが正しい名称である。これらの半導体の製造過程からは当然、砒素化合物を含む廃棄物が発生する。また、これらの半導体を使用したコンピュータやスマートフォン等の電子製品が廃棄物となったとき、その処理過程から砒素を含む廃棄物が発生する。

5.3.4 砒素による中毒事件

(1) 森永砒素入りドライミルク事件

砒素中毒は昔の話ではない。最も多数の死者を出した事件が森永砒素入りドライミルク事件である。

1955年6月頃から、岡山県、広島県などを中心とした西日本一帯で生後2カ月から2歳くらいまでの人工栄養児に奇病が発生し、8月になると食欲不振、貧血、皮膚の発疹または色素沈着、下痢、微熱、腹部膨満、白血球激減、肝肥大などの症状がでて、診察を受ける患者が続出し、死亡者も発生した。

原因は森永乳業製の粉ミルク中に混入していた砒素化合物による亜急性もしくは慢性中毒であることが岡山大学グループの調査で判明した。また、岡山県と徳島県衛生研究所は、同社の粉ミルクから21～35ppmにも達する砒素を検出した。

135

第5章　有害物質（不滅の元素が有害物質）

　被害者の範囲は中部、近畿、中国、四国、九州地方にも及び東京都内からも発生した。厚生省発表の被害者統計によれば1956年1月31日現在として、患者総数1万2,038名（実際にはその倍以上におよぶと言われている）、死亡者128名にのぼる大惨事となった。

　運よく助かった乳児でも、成長後、後遺症に苦しむ人がたくさんいる。1971〜1972年に京都市が行った生存児257名（最年少15歳7カ月〜最年長18歳7カ月）の追跡調査結果によると、発育不全（身長、体重が対照健康児の平均値より少なく、また長管状骨の伸びが悪い）、鉄欠乏性貧血、異常脳波を示す微細脳損傷症候群Minimal Brain Damage Syndrome などが認められた。これが当時、世間を騒がせた森永乳業による「砒素入り森永ドライミルク事件」である。

●どうして猛毒の砒素化合物が森永ドライミルクに混入したのか

　牛乳は古くなると乳糖が乳酸に変化し酸性になる。酸性になった古い牛乳（酸敗した牛乳）を加熱すると、タンパク質が豆腐のように凝固してしまい、粉ミルクにすることはできない。酸度の上った古い牛乳から粉ミルクをつくるためには、アルカリによって乳酸を中和し、凝固を防げば良いということになる。この中和用に使われたアルカリが、第二リン酸ソーダ（Na_2HPO_4リン酸一水素ナトリウム）である。ボーキサイトを苛性ソーダに溶解してアルミナを製造する過程で低純度の第二リン酸ソーダが副成する。この粗悪な第二リン酸ソーダ中に不純物として亜砒酸ソーダ（Asとして3.77〜9.21％）が混入していた。コスト削減のために、食品添加物規格以外の粗悪な工業用第二リン酸ソーダを使用したために起きた事件であり、食品添加物として品質保証されているものを使用すれば、この事件は起きなかった。

　本来、新鮮な牛乳から粉ミルクを製造する場合には中和剤など全く不必要なのである。森永乳業は元来、粉ミルクの原料にならない酸敗した牛乳を原料にしてドライミルクをつくりさえしなければ、また、コスト削減のため不純な第二リン酸ソーダさえ使用しなければ、砒素入りドライミルク

5.3 古典的な毒物－砒素

事件は起こらなかったのである。肉食文化圏では、酸度が上がった古い牛乳からは、粉乳は製造せずにチーズの原料にする。乳幼児の命を守る粉ミルクを製造する企業としての責任をあまりにも安易に考えすぎていたと言える。

5.3.5　砒素による公害

(1) 砒素鉱山による公害

　江戸時代には、石見国（現 島根県）笹ヶ谷鉱山で銅などとともに採掘された砒石（硫砒鉄鉱）を焼成して造られた主成分無水亜砒酸が殺鼠剤として売られていた。元禄期には銀の産出が減る一方で、笹ヶ谷からの殺鼠剤販売が続いた。

　笹ヶ谷鉱山では明治以降も無水亜砒酸の生産が断続的に続き、閉山後の1970年代に宮崎県の土呂久鉱山等とともに砒素鉱害が注目されるようになった。

　1997年に同じ石見国の津和野町で日本最大級の間欠泉が発見され、観光資源としての活用が期待されたが、噴出する湯に排出基準を超える砒素が検出されたため、封鎖された。大分県九重地熱発電所から噴出する温水中にも砒素が含まれており、河川に放流できないので、地下へ圧入していたが、現在、砒素化合物を除去する施設を設置し、温泉として販売しているという。

　現在、休廃止鉱山となっている土呂久鉱山（宮崎県）、笹ヶ谷鉱山では周辺住民や作業者の中に慢性の砒素中毒患者がみつかり、公害として社会問題化した。土呂久鉱山近隣住民の中には砒素中毒で一家が全滅してしまうという悲惨なことも起こっていた。

　砒素化合物の種類、体内への侵入経路、量等の違いによって症状は慢性となったり急性中毒になったりする。

137

第 5 章　有害物質（不滅の元素が有害物質）

5.3.6　亜鉛製錬所における砒素中毒

　亜鉛の湿式製錬には亜鉛末（金属亜鉛）を用いてカドミウムを置換回収する工程がある。この脱カドミ浄液工程でニンニク臭がする猛毒ガスのアルシン AsH_3 が発生し、それを吸入して作業員が死亡する事故が何回も起きている。アルシンは現在、LSI 工場等でも使用しているガスなので注意する必要がある。

　慢性中毒の症状としては、疲労、倦怠感、めまい、息切れ、動悸、腹痛、吐き気、食欲不振などが知られている。症状が進行すると、神経炎、結膜炎、貧血、肝腫、肝出血、壊死、微細脳損傷症候が認められる。また皮膚角化症から皮膚がんに移行することも知られている。

（1）地下水中の砒素による中毒

　日本は温泉国であり 6.68ppm もの砒素を含む温泉もあるが、飲む人が少ないので中毒事故は知られていない。

　現在、インド西ベンガル州、バングラデシュのガンジス川河口のデルタ地帯、中国内モンゴル自治区などで飲用に供されている地下水中に砒素化合物が溶解しており、これによる中毒が大きな問題になっている。

　台湾の西南海岸の一地区で 0.01〜1.8ppm の砒素を含む井戸水を約 10 万人が、50 年以上の永きにわたり飲用していて、慢性の砒素中毒患者が発生したが、一種の風土病と思われていた。この地方で起きた慢性砒素中毒の症状は次のようなものである。

- 皮膚がん
- 角質症：手のひら・足等の皮膚の異常角質化
- 色素沈着：砒素果皮症（顔面）
- 血管障害：上肢の脱疽

カラスの足のように黒くなるので烏脚病（Black foot disease）と呼ばれた。

138

5.3 古典的な毒物－砒素

5.3.7 砒素は内分泌撹乱化学物質

アメリカのダートマス大学の研究チームは、長期にわたる低レベルの砒素への曝露により、病気におかされる危険性が増大するというメカニズムを明らかにした。

アメリカの多くの地域の飲料水中で検出される程度の、非常に微量な砒素に数十年間曝されると、血管障害、糖尿病、ある種のがんになる危険性が増大する。今までは、砒素がこれらの疾病に関連があるということが知られていなかった。

ダートマス大学のジョシア・ハミルトンの研究チームは、培養した動物細胞を用いた研究で、非常に低濃度の砒素が、広範な生体プロセスをコントロールするステロイドホルモン受容体の一つである糖質コルチコイド受容体の機能をかく乱するということを突き止めた。

砒素は、通常のホルモン信号に応答するこの受容体の機能を抑制する作用があるようである。ステロイドホルモン受容体の信号をかく乱する化学物質は、内分泌撹乱化学物質と呼ばれている。砒素は、農薬のような他の内分泌撹乱化学物質にはない特異なメカニズムにより作用するようである。

砒素により、活性受容体が通常のホルモン結合による信号伝達のための刺激を正しく行えなくなるということをカルツレイダー（Kaltreider's）研究所は実証した。

砒素が糖質コルチコイド受容体の活動を妨げるという事実は、砒素に曝露した多くの人々に見られる健康上の影響の多くをよく説明できる。

第5章　有害物質（不滅の元素が有害物質）

5.3.8　砒素の化学的性質

砒素は＋5価、＋3価、−3価の化合物をつくる。

砒素を含む鉱石を酸化培焼すると135℃の低温で無水亜砒酸As_2O_3が昇華する。

$$2As_2S_3 + 9O_2 \rightarrow 2As_2O_3 + 6SO_2$$

無水亜砒酸As_2O_3は白色の粉末で100mlの水に約2g溶け、亜砒酸（オルト亜砒酸H_3AsO_3）を生成する。

$$As_2O_3 + 3H_2O \rightarrow 2H_3AsO_3 \quad \cdots\cdots\cdots（1）$$

オルト亜砒酸は、3価の砒素にOH基が3個結合した構造をしている。

$$HO-As-OH \quad オルト亜砒酸$$
$$|$$
$$OH$$

無水亜砒酸に水酸基が6個結合したヘキサヒドロオクソ亜砒酸も知られている。

$$As_2O_3 + 9H_2O \rightarrow 2H_3[As(OH)_6] \quad \cdots\cdots\cdots（2）$$

無水亜砒酸と水1分子が結合したメタ亜砒酸$O=As-OH$もある。

$$As_2O_3 + H_2O \rightarrow 2HAsO_2 \quad \cdots\cdots\cdots（3）$$

亜砒酸は酸性溶液中では、$H_{n+2}As_{O_{2n+1}}$なる巨大分子を形成する縮合酸であるという説、あるいは水溶液中ではメタ亜砒酸として存在しており、次のように電離するとも言われている。

5.3 古典的な毒物－砒素

$HAsO_2 \rightarrow H^+ + AsO_2^-$

$O=As-OH \rightarrow H^+ + O=As-O^-$

亜砒酸イオンには、オルト亜砒酸イオン、メタ亜砒酸イオン、ヘキサヒドロクソ亜砒酸の式も与えられており、まだ確定した定説はない。

これらの亜砒酸の酸化数はいずれも＋3価である。

亜砒酸塩としては、オルトの塩もメタの塩も得られている。

$H_3AsO_3 + 2NaOH \rightarrow Na_2HAsO_3 + 2H_2O$

$HAsO_2 + NaOH \rightarrow NaAsO_2 + H_2O$

メタ亜砒酸はきわめて弱い酸であり、両性を示し、アルカリとしても作用する。

$HAsO_2 \rightarrow H^+ + AsO_2^-$ ………（酸）

$HAsO_2 \rightarrow AsO^+ + OH^-$ ………（アルカリ）

特に塩酸、硫酸等の強酸に無水亜砒酸を溶かすとアルセニルイオンを生成する。

$As_2O_3 + 2HCl \rightarrow 2AsOCl + H_2O$

塩化アルセニルAsOClの溶液に硫化水素を通じると硫化砒素の沈殿が生成する。

$2AsOCl + 3H_2S \rightarrow As_2S_3 + 2HCl + 2H_2O$

硫化砒素の沈殿に硫化ソーダ等の水溶性硫化物を加えると多硫化錯イオンを形成して再び溶けてしまう。

$As_2S_3 + Na_2S \rightarrow 2NaAsS_2$

$NaAsS_2$は水溶液中で次のように解離して二硫化砒素イオンAsS_2^-を生成

141

第5章　有害物質（不滅の元素が有害物質）

する。

$$NaAsS_2 \rightarrow Na^+ + AsS_2{}^-$$

亜砒酸中の砒素の酸化数は＋3価であるがこれを酸化剤で酸化すると＋5価の砒酸になる。

$$H_3AsO_3 + H_2O_2 \rightarrow H_3AsO_4 + H_2O$$

毒性は砒酸より亜砒酸の方が強烈であり、砒酸はリン酸とよく似た構造の化合物をつくる。

砒　　酸　　　　H_3AsO_4

リン酸　　　　　H_3PO_4

砒酸は$H_3AsO_4-{}_{1/2}H_2O$の結晶として得られるが亜砒酸は結晶しない。また、砒酸は水によく溶けるが、亜砒酸はあまり溶けない。砒素を含む酸性溶液中に亜鉛・鉄等の水素よりイオン化傾向の大きい金属を入れると発生期の水素(H)によって砒素化合物が還元され、猛毒ガスでニンニク臭がするアルシンAsH_3が発生する。

$$Zn + 2HCl \rightarrow ZnCl_2 + 2(H)$$

$$AsOCl + 6(H) \rightarrow AsH_3 + H_2O + HCl$$

このアルシンが発生する反応を利用する砒素の検出法は1836年、イギリスの有名な科学者ファラデーの助手であったジェームズ・マーシュ（1794－1846）が考案し、現在でもマーシュの砒素鏡テストとしてその名を残している。マーシュ法というのは、水素とともに発生したアルシンを燃やし、その炎を冷たい磁器（蒸発皿）に触れさすと、鏡のように光沢のある黒紫色の単体砒素が蒸着する。これを砒素鏡といい、微量の砒素の検出に使われた。

砒素は第5族の窒素族元素であり、この仲間は毒性のある気体の水素化合物をつくる。

5.3 古典的な毒物－砒素

アンモニア（窒化水素）	NH_3
ホスフィン（リン化水素）	PH_3
アルシン（砒化水素）	AsH_3
スチビン（アンチモン化水素）	SbH_3

　恐山は、青森県下北半島の中央部に位置するカルデラ湖である宇曽利湖を中心とした外輪山の総称である。霊場の脇の地獄から硫化水素を含んだ温泉が噴出し、橙赤色～橙黄色の析出物が見られる。ここから噴出する温泉は宇曽利湖に流れ込み、水辺の砂は橙黄色している部分がある。これらは雄黄（orpiment；As_2S_3）や石黄とも呼ばれる砒素の硫化物である。雄黄は黄色顔料として古くは広く利用されていたが、毒性があるため、今日ではほとんど使用されていないが、現在でも豊かな黄色を保つ古画が残っている。鶏冠石（realgar；As_4S_4）は鶏のトサカのように鮮やかな赤色をした砒素の硫化鉱物である。

　産出地は、ドイツのフライベルタ、メキシコのザカテカス、イタリアのコルシカ、ルーマニアのカブニックとサカラム、アメリカのユタ州、ネバタ州、ワシントン州などがよく知られており、日本では群馬県西牧、青森県恐山、北海道手稲鉱山などから産出する。

　温泉等から流出した砒素化合物は、酸素の多い表層では亜砒酸塩は空気酸化され砒酸塩として存在している。この砒酸塩は第二鉄塩と反応して砒酸鉄として沈殿する。沈殿した砒酸鉄は、嫌気性の底質中で還元され再び亜砒酸塩となって再溶解する。亜砒酸塩は水中の硫化水素と反応して、硫化砒素を形成し沈殿したり、微生物の作用によって、トリメチルアルシンとなって大気中へ揮散することも想定できる。

　1933年、チャレンジャーらは、細菌が亜砒酸を還元してトリメチルアルシンを生成することを発見している。Mc Brirdeらは、無機水銀のメチル化と同一条件であるメチルコバラミン（ビタミンB_{12}）を添加した嫌気性の条件下で砒酸塩がジメチルアルシンに還元されることを突き止めている。

第5章　有害物質（不滅の元素が有害物質）

　実際に、砒素系の色素を塗った壁紙にカビが繁殖し、これよりニンニク様臭気を持った揮発性の砒素化合物（トリメチルアルシン）が発生して砒素中毒にかかったことが報告されている。

　これらの事実から、たとえ不溶化処理をしてあるからといって、砒素化合物を含む廃棄物を微生物が多量に存在しているゴミ埋立地へ廃棄することは危険性がある。

5.3.9　砒素化合物の不溶化処理

　水溶液中では、砒素は亜砒酸イオン、砒酸イオン、アルソニルイオン等の形態で存在している。砒素は両性の化合物であるため、一般の重金属のように単にアルカリを加えて pH を上げても不溶性水酸化物を生成させることはできない。

　砒素化合物の中で溶解度が低い化合物に砒酸鉄がある。

　砒酸鉄 $FeAsO_4$ の溶解度積は 5.7×10^{-21} である。水溶性砒素化合物の不溶化処理は第二鉄塩による方法が一般に採用されている。

　＋3価の亜砒酸より＋5価の砒酸の方が第二鉄と不溶性化合物をつくりやすいので、亜砒酸は酸化剤によって砒酸にまであらかじめ酸化しておく必要がある。

$$AsO_3{}^{3-} \; + \; NaClO \; \rightarrow \; AsO_4{}^{3-} \; + \; NaCl$$

砒酸イオン $AsO_4{}^{3-}$ に第二鉄イオン Fe^{3+} を加えると砒酸鉄が沈殿する。

$$AsO_4{}^{3-} \; + \; Fe^{3+} \; \rightarrow \; FeAsO_4$$

塩化第二鉄 $FeCl_3$ や硫酸第二鉄 $Fe_2(SO_4)_3$ がこの処理に使われている。
砒酸鉄はスコロド石（$FeAsO_4 \cdot 2H_2O$ 青緑色結晶）として天然に存在する。
砒酸イオンを含む溶液に第二鉄塩を加えて沈殿させた砒酸鉄は、無定形

144

でFeAsO$_4$の結晶構造をしていない。一般に第二鉄塩の化合物は加水分解しやすく、第二鉄イオンによって生成した砒酸鉄の沈殿は無定形ではっきりした結晶形を示さないので、砒酸鉄は塩基性砒酸鉄xFeAsO$_4$・yFe(OH)$_3$を形成していると言われている。

無定型の砒酸鉄を355℃・200〜260気圧で水素を作用させると砒酸鉄一水塩FeAsO$_4$・H$_2$Oの緑色結晶が生成する。

砒酸イオンを含む廃水に第二鉄塩を加えたときに生成する沈殿は、砒酸イオンが水酸化鉄に吸着された沈殿であるという説を支持する一派もあり、そのため第二鉄塩によって砒素化合物を沈殿除去する方法は、共沈法と呼ばれている。

砒酸イオンは当量の1.5倍の第二鉄イオンで完全に沈殿する。鉄が1.5当量必要ということは、塩基性砒酸鉄2FeAsO$_4$・Fe(OH)$_3$が生成している可能性も想定できる。これに対して、亜砒酸イオンは当量の5倍以上のFe^{3+}を加えないと完全に除去することはできない。砒素は硫化物として沈殿させる方法も考えられるが、廃水を強酸性にして硫化水素を通じる必要があり、また完全に沈殿しないので実用的ではない。

5.3.10 砒素含有廃棄物の最終処分

半導体産業の発展とともに今後、砒素を含む廃棄物が次第に増加してくることが予想される。

砒素を含む廃水処理の汚泥は、通常砒酸鉄の状態で不溶化されているものが多く、この沈殿はpHが高くなると加水分解して水溶性の砒酸塩を生成する。

$$FeAsO_4 \ + \ 3NaOH \ \rightarrow \ Na_3AsO_4 \ + \ Fe(OH)_3$$

アルカリを過剰に含むセメントで、この廃水処理汚泥をセメント固化す

第 5 章　有害物質（不滅の元素が有害物質）

ると、前記の反応により不溶性の砒素化合物が可溶性塩に変化し溶出する
例が知られている。したがって、砒素化合物を含む有害廃棄物をセメント
固化しても溶出を防ぐことはできない。また、無水亜砒酸は昇華温度が
135℃と低いので不用意に乾燥、焙焼、溶融等を行うと大気中へ揮散する
おそれがある。

砒酸鉄は酸性にしても分解して砒酸が遊離する。

$$FeAsO_4 ＋ 3HCl → H_3AsO_4 ＋ FeCl_3$$

砒素は元素であり、不滅なので、砒素含有廃棄物は砒素化合物の供給先
である製錬所へ戻して回収するシステムが望ましい。

砒素化合物は不溶化処理して廃棄物埋立地へ投棄しても、微生物の影響
でメチル化して気化するおそれもあるので、遮断型の埋立地に隔離埋立す
る方が安全性が高いと言える。

不滅の有害元素を人類が利用し、高度な近代文明を持続させるためには、
有害元素を原料へ戻していく物質循環構造を人類の手で構築していく必要
がある。

5.4　6価クロム（酸化数で有害物質）

1973年、都営地下鉄新宿線・大島車両検修場用地から大量の6価クロ
ムを含む鉱さいが発見された。東京都江戸川区小松川にあるクロム化合物
のメーカーである日本化学工業が、生産工程から発生する鉱さいを埋立資
材として東京都区内から千葉県内まで湿地帯などを埋め立てたことが原因
である。

これらのクロム鉱さい埋立地から6価クロムを含む黄色の水が浸出し、

146

5.4　6価クロム（酸化数で有害物質）

社会問題になり、1975年12月、東京都交通局と都市計画局は日本化学工業に対し損害賠償を求めて提訴し、1986年4月両者和解が成立した。また、他の民有地についても1979年3月「鉱さい土壌の処理に関する協定」を東京都知事と日本化学工業の間で締結し、都の指導のもと同社の費用負担により恒久処理を実施した。

5.4.1　クロムの発見と人体影響

　1797年フランスの化学者ルイ＝ニコラ・ボーケラン（1763 − 1829）によりシベリア産の紅鉛鉱$PbCrO_4$（クロム酸鉛）からクロム金属が初めて単離された。クロム化合物には鮮やかな色を持つものが多いので、色を意味するギリシャ語のChromaをとってクロミウムchromiumと命名された。日本の化学はドイツから学んだのでドイツ語のクロムchromeが使われている。

　1827年、W.Cuminが重クロム酸塩取扱作業者が溶液に腕をつけて深部潰瘍を生じたことを、1833年にDucatelがアメリカにおけるクロム酸塩製造作業者の手などに皮膚潰瘍が起こることを報告した。

　また、1889年にクロム酸塩を取り扱う労働者722人中、253人（35％）が鼻中隔の潰瘍と穿孔を起こし、1902年にはクロム塩類を取り扱う労働者176人中、72％が鼻中隔穿孔を起こし、11％が潰瘍となり、2カ月間の勤務で既に潰瘍が認められた。

　日本でも昭和初頭以来、クロム酸塩の腐食作用と潰瘍について、多くの報告がある。

　敗戦後、化学肥料工場におけるクロム触媒作業者を対象に4工場108例について鼻粘膜の障害だけを調査した結果、勤続年数の長い工場作業者8例が鼻中隔穿孔をきたしていた。その他にもなんらかの異常な所見を示していたものは85例（約80％）にのぼった。

147

第5章　有害物質（不滅の元素が有害物質）

クロム化合物は電気めっき、顔料、皮なめし、有機合成用酸化剤、触媒及びその担体、研磨材、染色助剤、耐火レンガ等に使用されており、それらを製造または使用する工場でクロム中毒が発生している。

5.4.2　クロムとイオン、原子価、酸化数

落語の三題話のような表題であるが、6価クロムという名称は、誤解して使用する人が多いのでこの項で整理する。

ファラデーは電解質の水溶液中に存在する電荷を帯びた原子や原子団が、陰極や陽極に引かれて動くことから、ギリシャ語で移動を意味するイオン（ion）と名付けた。イオンには、陽イオン（cation）と陰イオン（anion）がある。

(1) イオンの分類

イオンは、電離層などのプラズマや食塩NaClのようなイオン結合を有するイオン結晶などに存在する。

・陽イオン

最外殻の電子を放出して正の電荷を帯びた原子、または原子団を陽イオン（positive ion or cation）と呼ぶ。金属イオンはすべて陽イオンである。

・陰イオン

電子を受け取って負の電荷を帯びた原子、または原子団を陰イオン（negative ion or anion）と呼びマイナスイオンとは言わない。

ハロゲン（フッ素F、塩素Cl、臭素Br、ヨウ素I）は、-1価の陰イオンになって、希ガス形電子配置なり安定化する。しかし、塩素の陽イオンも存在すると言われている。

例えば、有機物の塩素化では、次に示す反応によって塩素陽イオンCl^+ができるという。

$$2Fe + 5Cl_2 \Leftrightarrow 2FeCl_3 + 2Cl_2 \Leftrightarrow 2FeCl_4^- + 2Cl^+$$

　国際純正・応用化学連合（IUPAC）は、陽イオンと区別するために陰イオンには別の名称を付けることを決めた。そのため日本では、今まで塩素イオンと言っていたものを塩化物イオンと安易に決めた。塩化物というのは、塩素の化合物ということであり、化合物ではない塩素イオンは、はっきりと塩素陰イオンと命名すべきである。化合物というのは、二種類以上の元素から構成されているものであり、塩素イオンは1種の元素から構成されている単原子イオンである。塩化物イオンといえば塩素酸イオン ClO_3^- や過塩素酸イオン ClO_4^- のような、塩素と酸素の2種類以上の元素からなるイオンが塩化物イオンのはずである。

・気相のイオン

　物理学、化学物理学の分野では、気相のイオンに対して、陽イオンの代わりに正イオン（positive ion・カチオン）、陰イオンの代わりに負イオン（negative ion・アニオン）が多く用いられている。

　大気電気学では、気相のイオンを大気イオン（atmospheric ion）と呼ぶ。

・怪しい「マイナスイオン」

　マイナスイオンという用語は、1922年に空気中の陰イオンの訳語として紹介された和製英語である。

　一部では負イオン（負の大気イオン）の意味でマイナスイオンが使われる場合があり、2002年前後を中心に国内の学会で日本の多くの研究者が使用した実態があった。またマスコミ等では陰イオンをマイナスイオンと誤って報道する事例もあった。流行語にもなったが、科学的定義がないために科学用語として認められない。マイナスイオンを表記している商品には科学的根拠に乏しいものが多い。

（2）イオンの種類

イオンの種類は以下の通りである。

①単原子イオン：一つの原子からなるイオン

第5章 有害物質（不滅の元素が有害物質）

②多原子イオン：複数の原子（原子団、根）からなるイオン

③錯イオン：電子を放出したり、受け取ったりして正または負の電荷を
帯びた錯体を錯イオン（complex ion）と呼ぶ

④クラスターイオン：同種の原子、或いは分子が、相互作用によって複
数個結合した物体が電荷を帯びたものをクラスターイオン（cluster
ion）と呼ぶ

（3）中和反応と塩の関係

イオンを表す場合、化学式の右肩に価数を記す。ただし、1価の場合は
符号のみ記す。

　　水素イオン（1価の陽イオン）〜 H^+

　　硫酸イオン（2価の陰イオン）〜 SO_4^{2-} ……（昔は硫酸根といった）

中和反応

　　酸とアルカリとが反応して塩（エン）と水ができる反応を中和反応と
いう。

　　H_2SO_4 ＋ 2NaOH → Na_2SO_4 ＋ H_2O
　　（硫酸）（水酸化ナトリウム）（硫酸ナトリウム）（水）

　　（酸）　　（アルカリ）　　　　（塩）

ナトリウムイオン Na^+ は＋1価のイオン・硫酸イオン SO_4^{2-} は－2価の
イオンであり、陽イオンと陰イオンとが結合した硫酸ナトリウムのような
塩は＋と－との電荷が等しく、ゼロにならなければならないので Na_2SO_4
という化学式でなければならない。

　　水酸化カルシウム［$Ca(OH)_2$ 消石灰（アルカリ）］と硝酸［HNO_3（酸）］
の中和反応により、硝酸カルシウム $Ca(NO_3)_2$ と水が生成する。

　　$Ca(OH)_2$ ＋ $2HNO_3$ → $Ca(NO_3)_2$ ＋ H_2O
　　（アルカリ）　　（酸）　　　　（塩）　　　　（水）

塩である硝酸カルシウム $Ca(NO_3)_2$ を水に溶かすと＋2価のカルシウム
イオン Ca^{2+} 1個と－1価の硝酸イオン NO_3^- 2個が生成する。

　　$Ca(NO_3)_2$ → Ca^{2+} ＋ $2NO_3^-$

（4）原子価

原子価とはある原子が何個の他の原子と結合するかを表す数で、初心者には「"手"の数」と説明されている。スウェーデンの化学者イェンス・ベルセリウス（1779 － 1848）は、ファラデーの師匠であったハンフリー・デービー（イギリス・1778 － 1829）の電気分解の実験から、原子はプラスやマイナスの電荷を持っており、プラスの電荷を持つ原子とマイナスの電荷を持つ原子が、全体の電荷が零となるようにクーロン力によって結びついて電気的に中性な化合物を構成していると考えた。しかし、一つの元素に一つの原子価が決まる場合と遷移金属のように複数の原子価を持つものが多く、また、錯体が知られるようになり、原子が固有の原子価を持つという説明では構造が説明できなくなった。そのため、金属元素では配位による影響のない酸化数と同じように原子価という言葉が用いられるようになった。

5.4.3 クロム原子と酸化数

酸化数（oxidation number）は、1938年にアメリカのウェンデル・ラティマー（1893 － 1955）が考案したもので、ローマ数字で表すのが通例である。

酸化還元反応では、反応の前後で失う側の電子の数と受け取る側の電子の数は等しい。そのため各元素に酸化数という概念を導入すると、最初の状態と最後の状態で酸化数の変化を見れば、どの原子が酸化されて、どの原子が還元されたかが一目瞭然となり、当量関係の把握が容易になる。

酸化数は以下のように計算する。

①単原子イオンの場合は、そのイオン価がそのまま酸化数になる。例えば1族元素（アルカリ金属）の酸化数は＋1価・2族元素（アルカリ土類金属）の酸化数は＋2価である。

②酸化数はローマ数字に正負の記号を付けて表示する。

第5章　有害物質（不滅の元素が有害物質）

③電気的に中性の化合物では、構成物質の酸化数の総和は零（0）である。

④化合物の中の水素原子の酸化数は＋Ⅰ価、酸素原子の酸化数は－Ⅱ価
とするが、金属元素の水素化化合物のH原子の酸化数は－Ⅰ価、過酸
化物中の酸素原子の酸化数は－Ⅰ価である。

⑤ある多原子分子・多原子イオンを構成しているすべての原子の酸化数
の和は、その多原子分子・多原子イオンの持つイオン価と等しい。

• 単体中の原子の酸化数は0とする。……単体とは1種類の元素で構成
される物質であり、Zn、Al、Mg等の金属や酸素O_2、水素H_2等の物
質がある。

• 単原子からなるイオンの酸化数は、そのイオンの電荷の数と等しい。
（例：Cu^{2+}　⇒　＋Ⅱ価）

• 化合物中の酸素原子の酸化数は－Ⅱ価とする。例外として過酸化物の
酸素は－Ⅰ価。

• 化合物中の水素原子の酸化数は＋1価。例外として金属水素化物の水
素は－1価。

• 電荷を持たない化合物は、それを構成する各原子の酸化数の総和は零
（0）になる。
（例　H_2O ⇒ H（＋1）×2　＋　O（－2）＝0）

通常、価数は水素原子を＋Ⅰ価、酸素原子を－Ⅱ価と決めている。水の
化学式はH_2Oであり、－Ⅱ価の酸素原子と結合して化合物の電荷がプラ
スマイナス零になるためには＋Ⅰ価の水素原子が2個結合しなければなら
ない。

塩化水素HClの場合、＋Ⅰ価の水素原子と結合している塩素原子は－Ⅰ
価ということになる。

クロムの酸化数には＋Ⅱ価、＋Ⅲ価、＋Ⅳ価、＋Ⅴ価、＋Ⅵ価が存在する。

＋2価のクロム化合物とには塩化クロム（Ⅱ）$CrCl_2$等がある。塩素原子
の酸化数－1価なのでクロムは＋2価でないと、電荷が＋－ゼロの化合物
にならない。＋3価のクロム化合物の場合、塩化クロム（Ⅲ）の化学式は

152

5.4 6価クロム（酸化数で有害物質）

$CrCl_3$になる。

　酸化数の異なる化合物を区別するために、括弧をつけたローマ数字で、価数を表示する。

　＋Ⅱ価の酸化クロム（Ⅱ）CrOは酸化されやすく、用途はない。

　＋Ⅲ価の酸化クロム（Ⅲ）Cr_2O_3は、安定で研磨剤（青棒）、触媒、触媒担体、緑色顔料、陶磁器用顔料、耐火煉瓦原料などに使われている。水溶性の＋Ⅲ価のクロム塩類は染色や皮革鞣しに多用されている。

　＋Ⅳ価の酸化クロム（Ⅳ）CrO_2は、カセットテープ用の磁性材料として使われていた。

　＋Ⅴ価の酸化クロム（Ⅴ）Cr_2O_5も存在すると言われているが用途はない。

　Ⅱ、Ⅲ、Ⅳ、Ⅴ価のクロム酸化物は緑色や黒色で水に不溶性であったが、＋Ⅵ価の酸化クロム（Ⅵ）CrO_3は、それらとは異なり、水溶性であり、酸性水溶液中では、赤色の－2価の重クロム酸イオン（$Cr_2O_7{}^{2-}$ 二クロム酸イオン）を形成しており、アルカリ性水溶液中では黄色のクロム酸イオン（$CrO_4{}^{2-}$－2価）を形成している。

　6価クロムをCr^{6+}と表示しているのをよく見かけるが、これは＋6価の陽イオンを表すことになり、陽イオンは＋4価までしかないので、明らかに誤りと言える。6価クロムを表すのには$Cr(Ⅵ)$としなければならない。

$$CrO_3 \ + \ H_2O \ \rightarrow \ H_2CrO_4$$

$$2H_2CrO_4 \ \rightarrow \ H_2Cr_2O_7 \ + \ H_2O$$

　重クロム酸$H_2Cr_2O_7$は－2価の酸素が7原子あるので$-2 \times 7 = -14$、＋1価の水素原子は2原子あるので$+1 \times 2 = +2$、－14から＋2を引くと－12、化合物の電荷は＋－が零でなければならないのでCrが＋12の電荷を担わなければならない。重クロム酸には2原子のクロム原子があり、1原子当たり＋12／2で＋Ⅵ価のクロムということになる。

第5章　有害物質（不滅の元素が有害物質）

5.4.4　土壌汚染処理対策と失敗の原因

　2012年4月、2013年1月及び2016年1月に東京都江戸川区小松川の
わんさか広場などから処理したはずの6価クロムの滲出が見られた。筆者
は当時、専門委員としてその事案に関与した者として、反省をこめて、6
価クロムの土壌汚染について紹介する。

　1975年、東京都は「6価クロムによる土壌汚染対策専門委員会」を立
ち上げた。委員会のメンバーは医学、衛生工学、化学、土壌学、土木工学
など、各分野から11名の委員が、それぞれの立場から、多角的にこの問
題を検討することになった。41歳になったばかりの筆者も最年少でこの
委員会に参画することになった。

　第1回目の会議は、同年9月25日、東京商工会議所の会議室で行われ、
美濃部亮吉東京都知事が挨拶に立った。何回目かの会議の席上で筆者が、
カドミウムの土壌処理で実施されていた「天地返し」の発言をしたとき、「そ
んなバカなことができるか!!」と大音声で若輩者の筆者を罵倒する早稲田
大学教授がいた。その後、筆者は数々の委員会を経験することになったが、
委員会の席上で他の委員を罵倒するような場面に遭遇することは、この委
員会が最初で最後であった。

　この事件には後日談があり、ワーキンググループのメンバーであるこの
教授がまとめた中間報告には、ちゃっかり「天地返し」が採用されてお
り、そのことに対する筆者への謝罪や弁明すらなかった。あの罵声と批判
はいったい何だったのか、未だに腑に落ちない。

　後に、怪しげなこの教授がひき起こした不祥事が発覚、今の時代であっ
たらマスコミが取り上げ社会問題になるような大事件であったが、うやむ
やになり、この委員会は崩壊し、新メンバーによる「市街地土壌汚染対策
検討委員会」が発足することになったが、クロム委員から新メンバーに選

154

5.4 6価クロム（酸化数で有害物質）

ばれたのは、筆者と土壌が専門の大学教授の2名のみであった。

鉱さい中の6価クロムは、黄色の水溶性クロム酸イオンとして存在しているので、これを不溶性にするためには、3価のクロムイオンにまで還元し、これを中性にして不溶性の水酸化クロムに変えなければならない。

しかし、実際にワーキンググループが実施した方法は、鉱さい中の6価クロムを還元するのに必要な硫酸第一鉄を計算量（当量）の5倍を加え、混合して埋立処分するというものであった。化学量論的に言えば、たとえ還元剤を過剰に加えても、硫酸を加えなければ、永久に還元反応は起きない。化学が全くわからない土木屋さんの発想だったのであろうか。

6価クロムの硫酸第一鉄による還元反応を次に示す。

$$2CaCrO_4 + 6FeSO_4 + 8H_2SO_4 \rightarrow Cr_2(SO_4)_3 + 3Fe_2(SO_4)_3 + 2CaSO_4 + 8H_2O$$

上記の反応式からもわかるように、1モルのクロム酸塩を還元するためには、4モルの硫酸が必要なのである。これを無視して、単に硫酸第一鉄だけを当量の5倍加えても、肝心の硫酸を加えなければ全く還元反応は起きないはずなのに、実験結果で還元されたと確認された。おそらく分析に不慣れな助手か学生が出した結果をそのまま信用して、この処理方式を採用したものとみえる。還元後、さらにpHを中性にして、不溶性の水酸化クロムにしなければならないのに、その工程もない。

東京都公害局が発表した「6価クロム鉱さいによる土壌汚染対策報告書：付属参考資料（1977年10月）」の中には、筆者がこのことを指摘した文章も記載されている。それにもかかわらず、化学的に非常識な処理が実施されたのは、6価クロムの分析法に問題があったことを筆者はあとで発見することになる。

155

第5章　有害物質（不滅の元素が有害物質）

5.4.5　6価クロム分析法に問題

　6価クロム定量法の原理は、6価クロムを含む試料を硫酸酸性にして、ジフェニルカルバジド－アセトン1％溶液を加えて発色させ、吸光光度計で測定する方法である。6価クロムにより、ジフェニルカルバジドはジフェニルカルバゾンに酸化されて発色する。発色させるためには硫酸酸性にしなければならないが、このとき酸化されやすい成分（還元性物質・本件では硫酸第一鉄）が共存すると、6価クロムは瞬時に反応して、自身は3価のクロムイオンに還元されるので、あらかじめ硫酸第一鉄を除去しなければ6価クロムを測定することはできないはずである。

　ちなみに、当時、公害防止管理者の資格取得のためのテキスト「公害防止の技術と法規」（水質）には「これらの方法は操作中に原子価が変化して誤差を生じやすいので、分析は手早く、しかもなるべく低温で実施することが必要であり、実試料については問題が多い」と、この分析法に対する注意事項が記載されている。

　鉱さいに硫酸第一鉄を混合した処理済み鉱さいから、溶出した試料溶液には、6価クロムと硫酸第一鉄とが未反応のまま共存している。ジフェニルカルバジドで発色させる操作では、試料溶液に硫酸を加える。硫酸を加えることにより、共存している硫酸第一鉄により6価クロムは3価クロムに瞬時に還元されてしまい、6価クロムは検出されないので、クロム鉱さいに硫酸第一鉄を加える方法で、処理できると誤認したものと思われる。

　風の広場やわんさか広場から滲出するクロム酸塩は、クロム酸塩と硫酸第一鉄の混合溶液のはずである。もう40年以上経過しているので、硫酸第一鉄は酸化されてしまい、あまり溶出せず、6価クロムのみが浸出してくる。

156

5.4 6価クロム（酸化数で有害物質）

5.4.6 6価クロムの廃水処理

　硫酸第一鉄や水硫化ソーダNaHSなどは安価な還元剤として、6価クロムを含むめっき廃水処理にも使われている。硫酸第一鉄を還元剤に使用する廃水処理では、水酸化鉄（Ⅲ）の汚泥が生成し、その分、汚泥の生成量が増加し、また、鉄分が混入するので、資源化が困難になり、汚染処理費用が増加するので注意が必要である。

　3価クロムに還元されたクロムイオン（Ⅲ）は消石灰Ca(OH)$_2$で中和処理して水酸化クロムCr(OH)$_3$としてセメント固化して埋立処分されていることが多い。

$$Cr_2(SO_4)_3 \ + \ 3Ca(OH)_2 \ \rightarrow \ 2Cr(OH)_3 \ + \ 3CaSO_4$$

　硫酸クロムⅢに苛性ソーダのようなアルカリを加えると、水酸化クロムⅢが沈殿する。これを過酸化水素で酸化すると黄色のクロム酸ソーダが生成する。アルカリ性の状態では3価クロムより6価クロム（クロム酸塩）の方が安定である。

　廃水処理で生成したクロム汚泥をセメント固化するとセメントに含まれている遊離アルカリと3価クロムが、湿潤状態で空気酸化され、6価クロムに戻ってしまうことが知られている。

$$4Cr(OH)_3 \ + \ 8H_2O \ + \ 3O_2 \ \rightarrow \ 4Na_2CrO_4 \ + \ 10H_2O$$

　汚泥が生成しない6価クロム廃水の処理方式として、クロム化合物のメーカーである日本電工から陰イオン交換樹脂を充填した廃水処理施設がレンタルされている。6価クロムで飽和したイオン交換筒は日本電工で再生し、6価クロム化合物の回収を行っている。

157

第5章　有害物質（不滅の元素が有害物質）

5.4.7　6価クロム鉱さいが発生する工程

　クロム化合物の製造原料は、南アフリカ等から輸入されるクロム鉄鉱（クロマイト chromite （Fe, Mg）Cr_2O_4）である。クロマイトは、鉄（II）、マグネシウム（II）、クロム（III）が主成分の酸化鉱物である。クロム鉄鉱は、鉄鉱石などと同様にスピネル型結晶構造を取るスピネルグループの鉱物であるが、磁性は弱いかほとんどない。

　クロマイト鉱石のマグネシウムの比率は一定ではなく、鉄よりもマグネシウムが多いとクロム苦土鉱（magnesio chromite；$MgCr_2O_4$）になる。鉄の代わりにアルミニウムを含むこともある。

　クロム化合物製造の原料となる重クロム酸ソーダ（$Na_2Cr_2O_7$・二クロム酸ナトリウム）を製造するには、クロマイトに、消石灰・充填材を加えて粉砕・混合し、50％液状苛性ソーダを加えて造粒する。これをロータリーキルン中で廃ガス中O_2濃度6％以上の過剰酸素存在下で、1,100～1,200℃で酸化焙焼する。消石灰は苛性ソーダの節約、充てん剤は焼成生成物を多孔質にし、空気との接触を助けるために加える。造粒は粉塵防止、反応率を向上させるために行う。

　焙焼物を水にて浸出し、黄色のクロム酸ソーダの水溶液を得る。浸出工程では、アルミナ・シリカのカルシウム塩やマグネシウム塩と酸化鉄などからなる鉱さいが残渣になる。この不溶性残渣が6価クロム鉱さいである。

　この焙焼工程は、ほとんど固体と固体の乾式反応なので反応効率も悪く、抽出工程でかなりの量のクロム酸塩が鉱さい中に残り、これが6価クロム土壌汚染をひき起こしたと言える。

$$4FeCr_2O_4 \ + \ 16NaOH \ + \ 7O_2 \ \rightarrow \ 8Na_2CrO_4 \ + \ 2Fe_2O_3 \ + \ 8H_2O$$

　鉱さいには、溶解度の低いクロム酸カルシウム$CaCrO_4$も含まれており、

5.4 6価クロム（酸化数で有害物質）

これが土壌汚染の原因になっている可能性も高い。

筆者は、クロマイトを粉砕して、これに消石灰 $Ca(OH)_2$ と炭酸ソーダ Na_2CO_3 を加えて、オートクレーブで加熱し、これに空気か酸素を圧入して、湿式酸化を行えば、湿式でクロム酸ソーダを容易に製造できると考えている。

この湿式クロム酸ソーダ製造法にすれば、省エネルギーになるとともに、クロム土壌汚染問題は起こらなかった可能性が大きい。

$$4FeCr_2O_4 + 8Na_2CO_3 + 8Ca(OH)_2 + 7O_2 \rightarrow 8Na_2CrO_4 + 2Fe_2O_3 + 8CaCO_3 + 8H_2O$$

5.4.8 6価クロム化合物

焼鉱から抽出して得たクロム酸ソーダ Na_2CrO_4 溶液に硫酸を加えて pH ＝3に調整し、重クロム酸ソーダ $Na_2Cr_2O_7$ にする。この溶液を濃縮して副生する硫酸ソーダを除去、晶析器にて結晶を析出させ遠心分離機で母液をふり切った後、洗浄、乾燥、篩分、包装工程を経て製品にする。

$$2Na_2CrO_4 + H_2SO_4 \rightarrow Na_2Cr_2O_7 + Na_2SO_4 + H_2O$$

重クロム酸ソーダにさらに硫酸を加えると装飾クロムめっきや硬質クロムめっきに使われる無水クロム酸（CrO_3・三酸化クロムⅥ）が得られる。

$$Na_2Cr_2O_7 + H_2SO_4 \rightarrow 2CrO_3 + Na_2SO_4 + H_2O$$

各種の工業で使用するカレンダーロールの磨滅を防ぎ、光沢を出すなどの目的で、ロール表面に硬質クロムめっきをする。

6価クロム化合物として大量生産されているものに、無機顔料である黄鉛（$PbCrO_4$・クロム酸鉛）やモリブデンレッドがある。

黄鉛は建設機械など塗装する黄色ペイントや追越禁止や駐車禁止の黄色

第5章　有害物質（不滅の元素が有害物質）

道路標識ペイントに使われている。

重クロム酸ソーダに硝酸鉛 $Pb(NO_3)_2$ を加え pH 調整をすると黄色顔料の黄鉛が得られる。

$$Na_2Cr_2O_7 + 2Pb(NO_3)_2 + Na_2CO_3 \rightarrow 2PbCrO_4 + 4NaNO_3 + H_2O + CO_2$$

5.4.9　3価クロム化合物

　3価のクロム化合物には、安定で研磨剤（青棒）、触媒、触媒担体、緑色顔料、陶磁器用顔料、耐火煉瓦原料などに使われている不溶性の酸化クロム（Ⅲ）がある。水溶性の3価のクロム塩類には媒染剤として染色に使われるクロム明礬や革鞣しに多用されている塩基性硫酸クロム $Cr(OH)SO_4$（Ⅲ）などがある。

　革鞣しを大別すると、渋（タンニン）を使う「タンニン鞣し」とクロム鞣しがある。タンニン鞣しは、植物に含まれている渋とコラーゲン（たんぱく質）を結合させて鞣す方法である。高濃度のタンニンに一挙に浸漬すると、表面だけで中まで浸透しないので、薄いものに何回も浸漬しなければならない。現在、タンニンとして使われているものに南アフリカ産のミモザから抽出したワットルエキス、南米のケブラチョから抽出したケブラチョエキス、ヨーロッパのチェスナット（栗）から抽出したチェスナットエキスでこれを単独で使用したり、混合して使用し「鞣し」を行っている。鞣された革は、伸縮性が小さく、堅牢なのでケース、鞄、靴底など立体化する革製品に適している。

　塩基性硫酸鞣しクロムは淡青色で、柔軟性、伸縮性、弾力、耐熱性がある鞣革がえられる。靴の甲革、袋物、服飾用など利用範囲が広い。タンニン革に比べ鞣し剤の結合量が少ないので軽く、吸湿性も大きい。

　テレビで幼稚園児に渋柿を食べさせる実験をやっていた。園児の答えは

160

5.4　6価クロム（酸化数で有害物質）

痛い、辛いであり、渋いという表現を知らないのに驚いた。

　古代エジプトやメソポタミアで既に食べていたナツメヤシの実（デーツ）。モロッコのホテルの前庭にあったので試しに食べてみたが、まさに渋柿であった。渋柿と同じで成熟すると甘くなり、その味は干柿に似ている。お好み焼用ソースにデーツを使っているところがある。サハラ砂漠のオアシスにはナツメヤシが生い茂っている。

　渋味は味ではなく、口の粘膜（たんぱく質）が収斂する刺激なので、園児が痛いと言ったのは正解かも知れない。

　水溶性３価クロム塩を製造するのには、無水クロム酸（Ⅵ）を鉱酸（硫酸、塩酸、硝酸など）に溶解し、これに還元剤を加えて３価クロムに還元する。還元剤として昔はエタノールが使われていたが、毒性があるアセトアルデヒドが発生するため、筆者はブドウ糖、砂糖などの炭水化物を使った。

　無水クロムと硫酸からクロム鞣しに使う塩基性硫酸クロム $Cr(OH)SO_4$ を製造する過程で還元剤として過酸化水素が使える。過酸化水素は酸性で還元剤として作用する。

$$2CrO_3 + H_2SO_4 + 3H_2O_2 \rightarrow 2Cr(OH)SO_4 + 4H_2O + 3O_2$$

第5章　有害物質（不滅の元素が有害物質）

▶第5章のポイント

　　現在、有害物質の水質環境基準が設定されている27項目のうち、①元素そのものが有害で消滅させることのできない水銀、②酸化数を変えることによって低毒化できる6価クロム化合物と6価、原子価、イオンなど化学用語の定義と誤った使われ方を解説した。

　　バーゼル条約（有害廃棄物の国境を越える移動及びその処分の規制に関するバーゼル条約）により、有害物質の範囲が広がり、本章で取り上げたのは、たったの4物質に過ぎない。工業的に生産されている物質は約10万種、世界で年間1,000㌧以上生産されるものは5,000種程度とされる。このうち人体に有害な物質がどの位あるのか、その詳細は不明である。

　　今まで大事故を起こしたものは、毒物及び劇物取締法、消防法（危険物）、特定化学物質等障害予防規則などに指定されているものもあるが、基礎的な化学的性質を理解すれば、ある程度の類推はできる。例えば有機塩素化合物には無害のものはほとんどない。

162

第6章

シアン化合物と有毒ガスの化学
（硫化水素）－無害化できる有害物質

　敗戦後の混乱がまだ続いていた1948年1月26日、池袋に近い帝国銀行椎名町支店に東京都の衛生課員を装った男が、防疫消毒班と書いた腕章をつけて現れ「近所で赤痢が発生したのですぐに進駐軍が消毒にくる。その前にこの薬を飲んでいて下さい」といって銀行関係者16人に毒薬を飲ませ12人を毒殺し、約20万円を奪うという事件（帝銀事件）が発生した。このとき、使われた毒物は青酸カリKCN（シアン化カリウム）であると言われているが、青酸カリは毒性が強く飲むと即死すると言われており、最初に飲んだ人がその場で倒れれば、次の人は飲まないので、12人も死亡することはないということから、日本の軍部が731部隊で研究していた毒物アセトンシアノヒドリン（$CH_3)_2COHCN$ではないかという疑惑もある。この毒物の配糖体がキャッサバに含まれる毒物リナマリンである。

　1950年、帝銀事件が発端となり制定された毒物及び劇物取締法によって毒物に指定されたシアン化合物は、電気めっきに大量に使われており、1971年に水質汚濁防止法が施行される前までは、毒物も河川に無処理放流していたので魚を大量に殺すという事故が相次いだ。そのため公害対策基本法によって有害物質に指定され、次第にシアン化合物を使わないめっきに転換されていった。また、廃棄物処理法でもシアン化合物は規制され

163

第6章　シアン化合物と有毒ガスの化学

ている。

6.1 犯罪に使われたシアン化合物

　シアン化合物は、その強烈な毒性から、犯罪や自殺に昔から使われてきた。

　1998年、和歌山県において町内の夏祭りで振舞われたカレーの中に、何者かが毒物を入れ、死者がでるという事件が和歌山市で発生した。最初、投入された毒物は、シアン化合物であるということであったが、後に砒素による中毒であることが判明した（**第5章5.3.1項**参照）。

　オウム真理教が新宿駅のトイレで毒ガスのシアン化水素を発生させて、大量殺戮を試みたが失敗した例もある。グリコや森永製菓の菓子に毒物を入れるという脅しに使われたのもシアン化ナトリウムNaCN（青酸ソーダ、青化ソーダ）である。

　1998年8月には長野県須坂市でスーパーマーケットに並べてあった烏龍茶の缶の底に何者かが穴をあけて、そこから青酸カリを入れ、それを知らずに購入して飲んだ人が死亡するという事件が発生している。

　古代エジプト人は、農業と受胎を司る女神Isisに捧げる行事として、桃の種を煎じて飲む風習があり、この煎じ汁を飲んで中毒になったことが記録に残っているという。実際に桃の仁（種）には青酸配糖体のアミグダリンが含まれており18世紀になると、桜桃酒が自殺や殺人に使われていたようである。桜桃酒には0.1％程度の青酸が含まれている。

　グリム童話集の白雪姫は、継母の王妃に毒リンゴで殺されるが、白雪姫の中毒症状からみて、使った毒がシアン化合物であるとドイツの毒物学者ローデンナッカーは推論している。リンゴを切ると切口が酸化されて褐色

164

6.1 犯罪に使われたシアン化合物

になるが、シアン化合物が塗られたリンゴの切口は、青酸で酸化が妨げられ、いつまでも白い。また、リンゴを食べて死んだ姫の亡骸は7人のコビトによって硝子の柩に保存されるが、何時までたっても雪のように白かったことになっている。青酸中毒のときには体内の酸化酵素がシアン化水素により変質するため、腐敗が進まないというのが、青酸中毒の特徴なのだそうである。この童話は1812年から1822年までの間に書かれたと言われているが、医者でもないグリム兄弟が材料に使うほど、青酸中毒は世間に知られていたということになる。

1916年、帝政ロシア末期の皇子フェリックス・ユスポフは、青酸カリをワインや菓子のクリームにまぜて怪僧グリゴリー・ラスプーチンを毒殺しようとした。青酸カリは、ワインや菓子の糖分と結合して、毒性を失いラスプーチンは致死量の数倍の青酸カリの入った酒や菓子を食べても異常はなかったと言われている。ワインの中には3～9％の糖分があり250mlのワインに5gの結晶青酸カリを加えた場合、35分で3分の1が、2時間半で3分の2が消失してしまうと言われている。

太平洋戦争の敗色が濃厚になると、自殺用青酸ソーダやカリの奪いあいが起き、当時の橋田邦彦元文部大臣や近衛文麿元首相は青酸カリで服毒自殺を遂げている。

1953年に東京都監察医務院が扱かった自殺、他殺、災害などの事故死の統計によると、当時は特に青酸化合物による自殺が多かったようである。

日本ではカリウム塩が高価なので、化学的性質にほとんど差のないナトリウム塩が使われており、青酸カリKCNといっても実際には青酸ソーダNaCN（シアン化ナトリウム）である場合も多い。

第6章　シアン化合物と有毒ガスの化学

6.2　シアン化合物の歴史

1710年、ドイツの錬金術師ヨハン・コンラート・ディッペル（1673-1734）は、窒素を含む有機物（たんぱく質）である動物の血液、ヒズメ、角、羽毛、皮などに炭酸カリウムを加え鉄屑とともに融解し、溶融物を水で抽出、鉄のシアノ錯体であるフェロシアン化カリウム$K_4Fe(CN)_6$［黄血塩・ヘキサシアノ鉄（Ⅱ）酸カリウム］の粗製品を初めて造った。晶析した結晶が黄色なので黄血塩と名付けた。この黄血塩を塩素などの酸化剤で酸化すると、赤橙色のフェリシアン化カリウム$K_3Fe(CN)_6$［赤血塩・ヘキサシアノ鉄（Ⅲ）酸カリウム］になる。

黄血塩に塩化第二鉄などの水溶性第二鉄塩を反応させると、水に不溶性の青色沈殿（ベルリン青）が生成する。また、赤血塩に硫酸第一鉄などの水溶性第一鉄塩を反応させると、水に不溶性の青色沈殿（プルシャンブルー・紺青）が生成する。これらの青色沈殿は青色顔料として現在でも使われている。

1815年、フランスの化学者ジョセフ・ルイ・ゲイ＝リュサックはこの青色沈殿に希硫酸を加えて蒸留し、高純度のシアン化水素を得た。シアン化水素の水溶液は弱い酸としての作用がある。青色の化合物から得た酸なので、シアン化水素は青酸と呼ばれた。ちなみにシアンはギリシャ語のKyanos（濃青色物質）に由来する。

$$K_4Fe(CN)_6 + 3H_2SO_4 \rightarrow 2K_2SO_4 + FeSO_4 + 6HCN$$

筆者は、硫酸にシアン化ソーダ水溶液を滴下して、シアン化水素を造りつくり、実験に使っていたが、シアン化水素は、杏の匂いどころか、嫌な臭いがする無色の液体（沸点26℃）で青くはない。時間がたつと重合し

166

て褐色になる。シアン化水素のガスを吸うと頭が痛くなり、目が赤くなる。高濃度のものを吸い込めば、当然、即死する。頭が痛くなるので、あまり楽しい研究ではなかった。

$$2NaCN + H_2SO_4 \rightarrow Na_2SO_4 + 2HCN$$

この反応はオウム真理教が新宿駅のトイレで起こそうとした反応である。

6.3 シアン化水素は杏の匂いはしない

最も簡単なシアン化合物はシアン化水素HCN（青酸）である。青酸カリは古くから自殺や殺人に使われ、工業的にも使われていた毒物でありながら、意外に間違った知識が流布されている。

シアン化合物による事件が発生すると、有識者と称する人々がテレビに出演して、したり顔で決まって言うセリフは「シアンは杏の匂いがする」である。ウィキペディアにも同じ間違いが記載されている。これらの有識者と称する人は本当のシアン化水素の臭いを嗅いだことがないことがわかる。

筆者が学生時代に学んだアメリカの化学者ライナス・ポーリング（1901－1994）の著書『一般化学』の中にも「苦扁桃やつぶれた果実の核の味がし、事実これらのものの臭はシアン化水素のためである。」と書かれている。ノーベル化学賞を受賞したポーリングほどの大先生でも本当のシアン化水素の臭気を知らなかったのであるから、日本の先生方が間違えても不思議はないと言ってしまえばそれまでである。

しかしなぜ、杏や苦扁桃の匂いがシアン化水素の臭気と間違われてし

第6章　シアン化合物と有毒ガスの化学

まったのであろうか。

　シアン化水素は、苦扁桃臭がするという日本人に限って苦扁桃（ビターアーモンド）がどのようなものであるかを知らないようである。1～2月頃、地中海沿岸を旅行すると、桃の花に似たアーモンドの花が咲いている。1998年6月に訪れた、チュニジアの首都チュニスの果物屋の店頭に未熟なアーモンドが売られており、果物屋の主人が口で割って種の仁（白い部分）を試食させてくれた。あまりうまくはなかったが、珍しいので500gほど買ってみた。チュニスの人達は、この未熟なアーモンドを買って、車を運転しながら実を歯で割って、生で食べていた。どうしてこんな未熟なまずいものを食べるのかよくわからないが、これも季節感を味わう風物詩なのであろうか。20数年前、ギリシャ・イドラ島の店で生のアーモンドを試食したが、煎ったアーモンドしか食べたことがない者にとって、これはなかなかいける味であった。生でも熟していればうまいのである。この旅で殻つきのアーモンドを購入し、自宅で蒔いたらアーモンドが芽を出し、数年後、2輪ほど花が咲いた。しかし、気候が合わなかったためか、鉢植えで手入れが悪かったせいか枯れてしまった。

　アーモンド（扁桃）は、平べったい小さな桃のようなうぶ毛が生えた実で果肉は薄くて食べられず、食べる部分は成熟した種の中にある仁である。アーモンドは、桃や杏と同じ仲間でバラ科の植物である。アーモンドには、おつまみにするスイートアーモンド（甘扁桃）と仁がほろ苦くてあまり食べないビターアーモンド（苦扁桃）がある。

　ベンツアルデヒドとシアン化水素が反応して生成するシアノヒドリンにブドウ糖2分子からなる糖（ゲンチオビオース）が結合している配糖体であるアミグダリンが、苦扁桃にかぎらずアンズや梅などの核には含まれている。

　苦扁桃の搾油かすを発酵させると仁の中に2.5～4％含まれているアミグダリンがエムルシンという酵素でベンツアルデヒドC_6H_5CHOとシアン化水素HCNとゲンチオビオースとに分解する。これを水蒸気蒸留すると

168

6.3 シアン化水素は杏の匂いはしない

ベンツアルデヒドを主成分とする油状物質が得られる。特異な匂いである
アーモンド臭がするこの油状物質が石鹸の香料等に使われている。カナダ
のホテルにあった大きい化粧石鹸はベンツアルデヒドの匂いがし、包装紙
にはアーモンドと書かれてあった。

苦扁桃臭というのは、実はニトロベンゼンの匂いによく似ているベンツ
アルデヒドの匂いであり、シアン化水素の臭いとは似ても似つかない芳香
に近い匂いであるが、これをシアン化水素の臭気と誰かが間違えてしまっ
たものと思われる。

シチリア島の断崖につくられたタオルミナという古代ローマの遺跡が残
る都市がある。この街の高台でシェリーのような甘口のアーモンドワイン
が売られていた。珍しいワインなので3本も買い込んだ。地中海沿岸では
アーモンド臭が好まれるようである。

中華料理のデザートに杏の仁からつくる杏仁豆腐（キョウニン豆腐）が
あるが、あの匂いが苦扁桃臭（アーモンド臭、ベンツアルデヒド臭）であ
り、シアン化水素の嫌な臭いとは似ても似つかない臭気である。2000年
の初夏、我が家のアンズの仁をすり潰して、牛乳と寒天で固めて杏仁豆腐
を作って見たが、アーモンド臭が強すぎてしまった。

近年、杏仁豆腐をアンニン豆腐という人が多い。唐時代には杏をアンと
発音していたようであり、遣唐使時代の古い言葉が流行っているのか、そ
れとも字が読めないのか。

シアン化水素は、当然、杏の匂いとも、杏の種（杏仁）の臭気とも異な
る。それを知らずに、杏の匂いという輩がいるが、杏と杏仁豆腐とはまた
匂いが違うので、二重に間違えていることになる。杏の仁からつくる咳止
めの薬（日本薬局方）、杏仁水（キョウニン水）にもアミグダリンの分解
生成物が含まれているのでアーモンド臭がする。杏仁水にはアミグダリン
が分解物したシアン化水素も含まれているので、杏仁水には多量に飲むこ
とを禁じる注意書きがつけられている。杏仁水は夏目漱石の名作『吾輩は
猫である』の中にも出てくる。

169

第6章　シアン化合物と有毒ガスの化学

シアン化水素は、生臭いようなとても不快な嫌な匂いであり、アーモンド臭でもなければ、杏の匂いでもない。帝銀事件の被害者の解剖所見をみると、脳に苦扁桃臭がするのでシアン化合物による中毒であると断定している。この解剖医はシアン化水素の本当の臭気或いは苦扁桃油の匂いを知っていたのであろうか。

6.4　植物が持っているシアン化合物

シアン化合物は自然界にも存在しており、梅、杏、桃、李、サクランボ等々、バラ科の植物の仁（種）の中にシアン化合物のアミグダリンが含まれている。オーストラリアに自生するユーカリの中にもシアン化合物の配糖体が含まれている種類があり、この種のユーカリはコアラが食べないという。

有毒なシアン配糖体（青酸配糖体）は、バラ科の植物の仁以外にも豆類やイモ類など、多くの植物から発見されており、高等植物では23種類の青酸配糖体が報告されている。

豆類、イモ類、果実の種子類などで、人間が食用に利用している部分は種子、根茎、葉である。これらの部位は、植物の側からみれば、次の世代を残すための大事な栄養の貯蔵器官であり、当然、動物による食害から防御するための機構を備わっているはずである。

植物では毒物を前駆体の形で細胞内に貯え、さらに、細胞内の異なった位置に、この毒物の前駆体を分解して、毒物を遊離させる酵素が配置されている場合が多い。

ことに青酸配糖体が毒物の前駆体として使われるイモ類、豆類、バラ科植物の種には、酵素としては β グルコシダーゼが存在している。

170

6.4 植物が持っているシアン化合物

この両者は、細胞内での存在する場所が異なり、それぞれ独立に存在している が、庖丁で切断、圧搾による細胞の変形、咀嚼など、細胞を破壊する外圧が加わると、両者が接触し、ここで青酸配糖体から青酸が遊離することになり、この青酸がイモや種子を食する動物に毒性を示すことになる。

6.4.1 豆類、イモ類に含まれるシアン化合物

有毒成分を含む豆類の種類は多く、その中でもシアン化合物を含む豆類がかなりある。

(1) ビルママメ

市販の「さらし餡」には、アズキの代わりに、東南アジア産のバターマメ、ホワイトマメ、サルタニマメ、サルタピアマメ、ベギアマメ、ライママメなどの豆類が原料として用いられている。

これらの豆は、赤、青、白などの色を持っているので、一括して五色豆とか、ビルマ(ミャンマー)から多く輸入されたのでビルママメとも呼ばれている。これらの豆は製餡原料ばかりでなく、家畜の飼料としても用いられている。これらのビルマ豆類には、リナマリンとロトストラリンと呼ばれる青酸配糖体が含まれている。リナマリンは、昔、豆類 phaseolus に含まれる青酸配糖体ということで、ファゼオルナチン phaseolunatine と呼ばれていた。

この種の豆には、青酸として0.05〜0.27%も含まれているので、乳牛や牛馬の飼料として茹でた豆を与えて、斃死事故をひき起した事例が知られている。

厚生省では、これらの豆類による中毒事故を防止するため、「豆類の成分規格」(1962年5月・厚生省告示第192号)を設け、シアン化合物を検出してはならないことを規定している。ただし、さらし餡などの原料として用いるビルママメの類は、青酸として100g当たり50mgまでの含有

171

第6章　シアン化合物と有毒ガスの化学

を認めている。現在輸入されている豆類は、青酸量がこの限度以下のものである。また、この原料を用いて餡を製造した場合の生餡成分規格が設けられており、生餡では青酸が検出されてはならないことになっている。

(2) イモ類（キャッサバ）

キャッサバはマニオク、マンジョーカとも呼ばれ、ジャガイモの次に生産量の多いイモ類であり、南米、アフリカ、東南アジアでも栽培され、塊根（芋）を食料にする。キャッサバから造ったでんぷんがタピオカでんぷんであり、日本でもタピオカはエスニック料理や中華料理の材料として使われている。

キャッサバで無毒或いは甘味種とされているのは、青酸量として新鮮イモ1kg当たり50mg以下のものである。この数値が100mg以上のものは苦味種と呼ばれ、青酸グルコース配糖体であるリナマリン（アセトンシアノヒドリン配糖体）や外皮にはロトストラリン等の青酸配糖体毒物を含むため、毒抜きをしないと食用にならない。

栽培品や市販品中の青酸は、簡単に測定できないので、時々不幸な事態も起きる。また、甘味種にしても主食として毎日キャッサバを利用していると、青酸の慢性毒性から甲状腺腫などが多発する。

熱帯地域では、緑色野菜なども木質化しやすく、硬くなるので、マンジョーカの新芽の部分が緑色野菜として利用されている。この葉もリナマリン量が多いので、これによる青酸摂取も多く、健康に与える影響も大きいことが判明している。現在、キャッサバを主食とする地域は、甲状腺腫が一種の風土病となっている。

原産地である南米に住む原住民は、マンジョーカを摺りおろして、一晩寝かせたものを細長いかごに入れて絞り、これを鉄板の上で焼く。摺りおろすことにより、リナマリン分解酵素により、アセトン、シアン化水素、糖類に分解するため、水分を絞った後、これを加熱、乾燥させればアセトンとシアン化水素は蒸発し無毒になる。ちなみに甘味種は、毒抜きを行い蒸かしたり茹でたりすることで食用にする。味と食感は甘味の少ないサツ

172

6.4 植物が持っているシアン化合物

マイモに似ているという。

16世紀、奴隷貿易を始めたポルトガルは食用として、マンジョーカをアフリカ大陸へ持ち込んだ。アフリカ大陸では発酵法で毒抜きをする方法が開発され、重要な食糧として普及していった。

現存する最も古いキャッサバ栽培の痕跡が南米エルサルバドルにある1400年前のマヤ遺跡ホヤ・デ・セレンで見つかっている。

日本では沖縄を除き、キャッサバは生育しないので、このイモによる中毒は起きていない。熱帯地域では他の作物が乾期に枯死するとき、このキャッサバだけは生育するので、このような地域では重要な食料として利用されている。また一部はチップに加工して家畜の飼料として利用されている。

(3) リナマリン中毒（キャッサバ中毒）

2005年3月、マニラから南東約610km、フィリピン中部ボホール州マビニの小学校で児童が午前中の休み時間、校門外にいつもいる業者から揚げたキャッサバを買って食べたところ、次々に吐き気や腹痛を訴えた。ただちに近隣の四つの病院に運ばれたが、14人は搬送中に死亡。13人が到着後に死亡したほか、さらに2人（計29人）の死亡が確認され、35人が重体になった。

隣接する町タリボンの病院の医師はAP通信に対し、「子供達の中には、2口ほど食べたら苦かったので食べるのを止めたと話している者もいる。2口食べただけで5～10分後にもう気分が悪くなったそうだ」と話している。

揚げたキャッサバを売った売店の業者はAP通信に対し、菓子には何の問題もないと主張して食べて見せたところ、自分も食中毒を起こして重体となった。

173

第6章　シアン化合物と有毒ガスの化学

6.5　シアン化合物の製法と用途

シアン化合物は、工業的にも大量に製造されており特に有機シアン化合物であるアクリロニトリル$CH_2=CH-CN$にスチレンやブタジエンを共重合させたAS樹脂やABS樹脂は自動車や家電製品によく使われており身近なところにもある。羊毛に近い風合いを持つアクリル繊維は、アクリロニトリルとアクリル酸メチル、酢酸ビニル、塩化ビニルなどとの共重合体である。これらの物質は、火事などで熱分解されると、シアン化水素が発生するおそれがある。

6.5.1　シアン化ナトリウム

シアン化ナトリウム$NaCN$は、シアン化ソーダ、青酸ソーダ、青化ソーダなど様々な呼称で呼ばれている。昔は金属ナトリウム、アンモニア、木炭を高温に加熱してつくっていた。現在では、プロピレン$CH_2=CH-CH_3$とアンモニアNH_3からアンモノオキシデーション（アンモ酸化反応・ソハイオ法)によって、アクリロニトリル$CH_2=CH-CN$を製造する工程から、副生するシアン化水素HCNを苛性ソーダで中和し、シアン化ナトリウムを得ている。

天然ガス（CH_4メタン）とアンモニアとのアンモノオキシデーション（アンドリュース法）によって製造しているところもある。

$2CH_2=CH-CH_3 + 2NH_3 + 3O_2 \rightarrow 2CH_2=CH-CN + 6H_2O$

$CH_2=CH-CH_3 + 3NH_3 + 3O_2 \rightarrow 3HCN + 6H_2O$

$HCN + NaOH \rightarrow NaCN + H_2O$

6.5　シアン化合物の製法と用途

シアン化ナトリウムは水に溶けやすい白色の結晶で、その水溶液はアルカリ性を呈する。グリコ・森永事件のとき、テレビに出演した日本医科大学の教授が「シアン化ナトリウムには味がなく、アーモンドの匂いがする」と言っているのを聞いて驚いた。何とも無責任な発言である。

シアン化ナトリウムはアルカリ性が強く、えぐ味と苦味のまざったような、いわゆるアルカリ特有の味や刺激があり、飲みこめば食道も焼けつくような感じがするはずである。味がないというのは明らかに間違っている。

シアン化ナトリウムを空気中に出しておくと、炭酸ガスと反応して、シアン化水素が遊離するためシアン化水素特有の生臭いような不快な臭いがする。

$$2NaCN + CO_2 + H_2O \rightarrow Na_2CO_3 + 2HCN$$

シアン化ナトリウムの水溶液は、温度が高くなるとシアン化水素が加水分解してアンモニアが生成しアンモニア臭がする。

$$NaCN + 3H_2O \rightarrow NaHCO_3 + NH_3 + H_2$$

シアン化ナトリウムは、青色顔料（紺青）の原料、めっき用、浸炭焼入れ用、金銀製錬用等々に使われている。

シアン化ナトリウムを飲み込んだ場合の応急処置として酸化マグネシウム（MgOマグネシア）5gと硫酸第一鉄7水塩（$FeSO_4$-$7H_2O$）2gを水に溶かしたものを飲ませると効果があると言われている。これは第一鉄イオンとシアンイオンとが反応して、青酸ソーダより毒性の低いシアノ鉄錯体（フェロシアンイオン）に変化するためである。

6.5.2　紺青 $Fe_3K_3[Fe(CN)_6]_3$（プルシアンブルー）の製造

紺青は、塗料、印刷インキ、プラスチック、紙、絵具、クレヨン等々を

175

第6章　シアン化合物と有毒ガスの化学

青色や緑色に着色する顔料として年間数千トン製造されている。紺青は次のようなプロセスによって製造する。

シアン化ナトリウム$NaCN$に硫酸第一鉄$FeSO_4$を加えて得られるフェロシアン化ソーダ$Na_4[Fe(CN)_6]$に、さらに硫酸第一鉄を加えてフェロシアン化鉄を造り、これに顔料の色調をよくするため塩化カリKClや硫酸アンモニウム$(NH_4)_2SO_4$の適量を添加する。

$$6NaCN + FeSO_4 \rightarrow Na_4[Fe(CN)_6] + Na_2SO_4$$

$$Na_4[Fe(CN)_6] + 2KCl + FeSO_4 \rightarrow FeK_2[Fe(CN)_6] + Na_2SO_4 + 2NaCl$$

生成した白色沈澱に硫酸を加えて塩素酸ソーダで酸化すると青色の紺青が得られる。

$$6FeK_2[Fe(CN)_6] + NaClO_3 + 3H_2SO_4$$
$$\rightarrow 2Fe_3K_3[Fe(CN)_6]_3 + 3K_2SO_4 + 2NaCl + 3H_2O$$

6.5.3　青化銅（シアン化銅）

銅めっきは青化銅$CuCN$を青化ソーダ（シアン化ナトリウム）に溶かした浴でめっきをするのが一般的であったが、シアンの排出が規制されてから、硫酸銅やピロ燐酸銅のめっき浴が普及している。しかし、銅シアン浴は鉄素地に直接銅めっきができるのでストライク浴として根強い需要がある。詳細は**第12章12.5項**参照。

6.6 シアン化合物の毒性

6.6.1 シアン水素の毒性

経口－人 　半数致死量 LC_{50}：$0.57mg/kg$

吸入－人 　半数致死量 LC_{50}：$180ppm-10$分

この値からもわかるようにシアン化水素の毒性は、非常に強く、そのため毒殺や自殺に古くから使われてきた。シアン化合物中毒にはシアン化水素ガスを吸入して経気道的に起こる場合と、シアン化合物を経口的に摂取して起こる場合とがあり、その致死量には多少の相違がある。

[中毒症状]

◎急性中毒

シアン化水素は、肺や皮膚から速やかに吸収されるため、多くの毒物の中でも、急速にその毒性が現われる物質の一つである。シアン化合物による中毒の経過は非常に速く、作用してから数秒から数分で死亡する場合も少なくない。

定型的に症状が進むときには、四つの病期があると言われている。

初期症状：

- 咽頭部の収縮感があり、眼がちかちかする感じが起こり、舌も灼けるようで、金属の味がする。

- 呼吸は初め浅く、そして深くなり、のちには遅くとぎれがちになる。

- 吐く息は青酸の臭いがし、胸が苦しく、頭痛、めまい、嘔吐を起こし、呼吸が速く、頭が充血し、心臓はどきどきしてくる。

端息期：

第6章　シアン化合物と有毒ガスの化学

- 体はぐったりとし、急に呼吸は遅くなり、息が苦しくなる。

けいれん期：

- 恐怖感がつのり、呼吸はさらに苦しくなり、意識を失い、ついにけいれんがくる。

窒息期：

- 瞳孔がひらいて呼吸は次第に浅くなり死亡する。
- 低濃度では、脱力・めまい・頭痛・悪心・嘔吐など症状が現われる。
- 脈拍は速くなるが、血圧は正常である。
- 呼吸が止まっても心拍はしばらく続く。
- 高濃度では数回の吸入でほとんど瞬間的に昏睡に陥り、呼吸が停止する。

体温は最初40℃に上がるが、後に急に下がり35.5℃なったという例がある。症状の軽い場合は、涙が流れ、まぶしく、瞼がけいれんする。結膜は赤くなり、角膜をルーペでよく見ると白い細かい点が見える。点状角膜炎といって、一つひとつの角膜の酵素がやられて死んだ姿である。時には急性の黄だんになることもある。

こうした症状がでる前には、眼や皮膚が異常に赤くなってくることが多いので、作業者はお互いに向き合って作業し、時々相手の眼に注意すると予防に役立つ。

シアン化水素は皮膚からも吸収され、防毒マスクをしていても、空気中に2％位のシアン化水素が含まれていると3分以内に中毒症状が現われ、1.0％では10分以内0.5％では30分以内に症状がでてくる。

濃厚なガスや水溶液は皮膚からよく吸収されるが、皮膚そのものへの刺激はあまりない。眼に対しては軽度の刺激性がある。

◎慢性中毒

シアンの慢性中毒として、甲状腺腫が知られているが、慢性の頭痛、脱力感、ヘモグロビン量やリンパ球数の上昇、甲状腺肥大などがある。

［代謝］

178

6.6 シアン化合物の毒性

　シアンの毒作用は、多くの酵素系のうち、特に呼吸酵素系に強い阻害作用をもたらし、生体機能に最も重要な組織呼吸が抑制されることにより起こる。シアンが多くの酵素系の中でも特にチトクロームオキシダーゼに最も敏感で、その50%阻害濃度は10^{-8}mol程度と言われている。一般にシアンの酵素阻害作用はシアンが酵素中の鉄、銅など触媒金属と安定なシアン錯体を形成するためである。特に3価の鉄との結合性が強いため、3価の鉄を含むチトクロームオキシダーゼの阻害が著しく、また血中に通常約2%存在するメトヘモグロビンの鉄とも結合する。急性シアン中毒では組織での酸素利用が低下するため、静脈血が鮮紅色になるが、中毒から回復すると再び正常に戻る。一酸化炭素の共存で毒性が増加されるという報告もある。

　シアン中毒後、死亡を免れた場合、シアンは肝、腎などに存在するチオ硫酸と反応して毒性の弱いチオシアンとなり、尿中に排泄される。この反応には生体内に広く存在する酵素ロダネースが触媒として働く。チオシアン形成に比べ、その割合は少ないが、システインなど含硫アミノ酸とも反応してシアンは無毒化され、尿中に排泄される。チトクロームオキシダーゼやメトヘモグロビンと結合したシアンも徐々に解離し、次いでチオシアンとなる。

6.6.2 シアン化合物による死亡事故事例

　青酸カリまたはソーダを用いて金銀製錬を行う青化製錬法は、1897年、マック・アスターによって開発され、南アフリカ・トランスバール鉱山で工業化された方法であるが、同年に鹿児島の芹ケ野金山でいち早く採用している。

　1938年、青化製錬をしていた北海道の金鉱山で4名が死亡するという青酸中毒が発生した。この事件は詳しく報告されたため有名になった。青化製錬では、シアン化水素による中毒が発生していたはずであるが、正確な記録がなく、表面化することはなかった。

179

第6章　シアン化合物と有毒ガスの化学

(1) シアン化ソーダの粉砕作業における死亡事故

　N社は、労働者15名を有し工業薬品、肥料、鉱石、食品などの粉砕を業としている東京都内にある工場である。シアン化ソーダを粉砕機により、粉砕していた作業者1名が死亡した。午前8時の始業とともに作業者LとKの2名はガーゼマスクの上にタオルを重ねて、倉庫に保管してあったドラム缶入シアン化ソーダ20kgを粉砕室に運び込んだ。

　作業開始に先立ち会社から「口に入れたら死ぬからマスクをかけ、ゴム手袋、防塵用メガネをしてやるように」と言われたので、2名はそれらの保護具を着用して、同9時頃から作業を開始した。1名が粉砕機のホッパーにシアン化ソーダを入れ粉砕状態を監視し、他の1名が粉砕されて絞り袋にたまったものを缶に取り出し、これを台秤で計量する作業をしていた。この作業を交替でやり同11時30分ころまで続けた。

　午後1時から再び粉砕作業を開始したが、Lは同2時40分ころ気分が悪いといって休憩室の中の椅子に横たわったので、直ちに医師の往診を受け病院に入院させたが同6時に死亡した。事故原因として次のようなことが挙げられている。

①危険物の有害性についての知識に乏しかったこと

　シアン化ソーダは、毒物及び劇物取締法で、毒物として指定されている毒性の高い物質であり、登録を受けた者でなければ製造（粉砕を業としている場合には製造）しているとみなされていないのに、それを無登録で取り扱っていた。

　シアン化ソーダは、水溶性でアルカリ性が強く、中毒は嚥下もしくは経皮吸収によって起きるが、作業中に起こる中毒は、シアン化ソーダが炭酸ガスと湿気によって生ずるきわめて毒性の強いシアン化水素を吸入した場合か、シアン化ソーダの粉塵を吸入することによって起こる。

②設備が老朽して粉塵が飛散したこと

　粉砕する設備が老朽化しており、ホッパーに付いている流入調節用ネジが破損したので、マグネットボックスの上部の蓋を取り払い、そこに板を

180

6.6 シアン化合物の毒性

差し込んでホッパーからの流量を調節していたため、そこからも、また絞り袋から粉砕されたものを取り出すときにも、粉塵が飛散し、粉砕機付近が白くなっていた。

呼吸量は各人によって差はあるが、ほぼ1分間10L程度である。事故当日作業者が4時間作業したとして、作業時間中の呼吸空気中の粉塵量を推算すると、ほぼ160mg前後の粉塵を吸入した計算になる。微粒子やガスにはガーゼマスクは、全く防護力がない。この工場は、性能が検定済の防塵マスクを購入していたが、作業者には使用させておらず、また経皮侵入を防止するため、顔を全部覆っていなかった。シアン化ソーダを飲み下した場合、180〜200mgで死亡すると言われており、ちなみに1959年ACGIH（アメリカ合衆国産業衛生専門家会議）が勧告したシアン化合物の恕限度は5mg/㎥である。

青酸ソーダや青酸カリは、潮解性で、空気中の湿気と炭酸ガスで分解し、シアン化水素が発生する。この作業場内でも炭酸ガスによりシアン化水素が発生し、これも吸入しているようである。工場長が作業場を見回ったとき、作業場で変な臭いがしたと証言している。

シアン化ソーダもシアン化水素の嫌な臭いがする。杏や杏仁豆腐の臭いではない。シアン化水素を吸入した場合0.3mg/L（266ppm）で即死、0.2mg/L（178ppm）で10分間吸入すれば死亡すると言われている。

機械による強制換気装置はなく、自然換気として直径30cmの空気抜きと左側に1間の戸（当日は3分の1開放）があったが、空気抜きは屋根の上にいくらも突出しておらず、左側の戸は隣家がすぐに接しているので、発生した粉塵やガスが効率よく換気されていなかったものと推定されている。

(2) めっき作業でのシアン化水素による死亡事故

1964年12月、兵庫県の線材第二次製品製造業で作業員が1名死亡する事故が起きた。この事業場は、線材の真鍮（銅と亜鉛の合金・黄銅）めっきをしており、被害者は真鍮めっき作業に伴う雑用係をしていた。

午前7時に前日からの勤務者8名から簡単な引継ぎを受け、I係長以下

第6章　シアン化合物と有毒ガスの化学

　6名で真鍮めっき作業についた。引継ぎの内容は、真鍮めっきの状態が悪いので塩酸を酸洗槽に補充しなければならないことと、当日使用する線材は隣の工場にあるということであった。被害者Y（15歳・勤続年数8カ月）は、当日、真鍮めっき作業をするようにＩから命じられ、まず、めっき用線材を隣の工場からＩと二人で運搬後、塩酸を酸洗槽に補充するように指示されたYは、塩酸タンクから、18L入りのポリエチレン容器2個に塩酸を詰め一人で運んだ。Yは補充するはずの酸洗槽の前を通りすぎて、第1めっき槽へ塩酸を入れはじめた。

　めっき槽に塩酸を入れていたYを目撃したNは、前日配置換えとなったばかりでめっき作業についてあまり知らなかったため、Yの作業に全く不審も抱かずに焼入機の状態を見るためYの側を通りすぎ焼入機の所まで行って振り返ったとき、Yが倒れているのを見て、付近の者に知らせた。ただちに救急車で入院させたが、治療のかいなく5日後に死亡した。

　真鍮めっき液は青化銅$CuCN$と青化亜鉛$Zn(CN)_2$を青化ソーダ$NaCN$に溶解させて造る。

$$CuCN \ + \ 2NaCN \ \rightarrow \ Na_2Cu(CN)_3$$
$$Zn(CN)_2 \ + \ 2NaCN \ \rightarrow \ Na_2Zn(CN)_4$$

　このシアン化合物からなる真鍮めっき槽に、誤って塩酸HClを入れたため、シアン化合物が酸と反応して、シアン化水素ガスが発生し、これ吸入した被害者Yが死亡するという事故になった。

$$Na_2Zn(CN)_4 \ + \ 4HCl \ \rightarrow \ ZnCl_2 \ + \ 2NaCl \ + \ 4HCN$$

(3) 青酸石灰製造時における死亡事故

　1955年3月、神奈川県横浜市の青酸石灰（シアン化カルシウム）を製造している化学工場で、シアン化水素中毒により1名が死亡、3名が中毒になるという事故が起きた。

　青酸石灰の製造工場で、シアン化水素の貯槽から計量槽を経て、反応缶

6.6　シアン化合物の毒性

に送る作業をしていたが、シアン化水素が漏れたので、修理して再度ガス
を通して見たところ、修理前より漏れが激しくなった。あわてて逃げよう
とした際、計量槽と反応缶をつないでいる青酸送入用ゴム管につまずき、
ゴム管がはずれ、シアン化水素の液が噴出してズボンにかかってしまった。
そこで送風マスクをはずして約20mを走って控室に駆け込み助けを呼ん
だが、そのかいなく2時間半ほどで死亡している。このとき、中毒になっ
た作業員のズボンを脱がせようとした同僚3名もガスを吸入し卒倒した。

(4) 下水道工事中のシアン化水素による死亡事故

　1969年4月、東京都内の下水道本管工事中に1名死亡、2名が中毒（休
業6日）するという事故が発生した。下水道本管内で工事中、異臭がした
が1名は作業を続行、1名は出ようとしたが倒れた。上流のめっき工場が
多量のシアン化合物を含む廃水を下水道に流したため、下水管中でシアン
化水素が発生し、これを吸入して被害に遭ったためと推測されている。

(5) 船内燻蒸時のシアン化水素による死亡事故

　1972年8月、兵庫県で船倉のネズミ駆除のためシアン化水素ガスにて
燻蒸中、作業員の一人がシートの裂け目に足を入れたために船底に落ちて
死亡、それを助けに行った作業者も中毒するという死亡事故が起きた。

6.7　シアン化合物の分解無害化技術

　シアン化合物はシアノ基（－CN）に毒性があり、炭素Cや窒素N元素そ
のものには毒性がない。したがって－CN基を分解して他の化合物に換え
れば毒性はなくなる。

　高圧分解では**第9章**（9.3.1項）でも述べるので参考にされたい。

　シアン化合物を含む産業廃棄物には、液状のものと固形状または汚泥状

第6章　シアン化合物と有毒ガスの化学

をしているものとがある。液状のものと、そうでないものとでは当然その
処理方法は異なる。

シアン含有廃棄物を分解無害化する技術として次のような方法が実施さ
れ、研究されている。

- 次亜塩素酸塩による酸化分解法
- 加熱加水分解法
- 湿式酸化法（ジンマーマン・プロセス：ジンプロ）
- シアン化合物回収法

6.7.1　次亜塩素酸塩によるシアンの分解

水溶性のシアン化合物を次亜塩素酸塩［次亜塩素酸ソーダ$NaClO$やさ
らし粉$Ca(ClO)_2$］を用いて重炭酸塩と窒素とに酸化分解する技術は、シ
アン濃度が比較的希薄なめっき廃水の処理等に、広く実用化されている。
しかし、濃厚なシアン化合物を含む廃液の処理には、経済性の点で不向き
である。

次亜塩素酸塩によるシアンの酸化分解反応は二段階に分かれている。

- **第1段階**

pH10以上で次亜塩素酸塩を加え、シアンイオンCN^-をシアン酸イオン
OCN^-にまで酸化する。

$$NaCN \ + \ NaClO \ \rightarrow \ NaOCN \ + \ NaCl$$

シアン酸には、OCN^-（シアン酸）とイソシアン酸NCO^-とがある。

- **第2段階**

シアン酸とイソシアン酸のCN結合エネルギーは、それぞれ225kcal/
molと136kcal/molであり、イソシアン酸の方が分解しやすいことがわ
かる。一般にpHを下げるとイソシアン酸が増加するので、pHを8程度ま

184

で下げた後、再度次亜塩素酸塩を加えてイソシアン酸を酸化分解する。

$$2NaOCN + 3NaClO + H_2O \rightarrow 2NaHCO_3 + 3NaCl + N_2$$

次亜塩素酸酸化分解法では、鉄やニッケルのシアノ錯体のように安定な錯体は分解できない。

6.7.2 加熱加水分解法

加熱加水分解法の原理は、シアン化合物を圧力容器内で加熱し、シアンをアンモニアとギ酸塩とに加水分解させるものである。シアン化ナトリウムの分解反応を次に示す。

$$NaCN + 2H_2O \rightarrow HCOONa + NH_3$$

重金属のシアノ錯体の加水分解には、アルカリの存在が不可欠である。アルカリの存在下では、容易にアンモニア、ギ酸塩、金属酸化物に加水分解されるが、アルカリがないと、シアンの加水分解は不完全になる。

シアン化合物を完全に分解すると、シアノ錯体を形成していた重金属は、その大部分が分離の容易な高密度の酸化物に変化する。

分解速度は、シアン化合物の種類、処理温度により異なる。

本法の特徴は、次亜塩酸塩による酸化分解法では分解できない鉄シアノ錯体等の解離定数が低く、安定な重金属シアノ錯体も完全に分解できることである。

鉄シアノ錯体（フェロシアン化ソーダ$Na_4[Fe(CN)_6]$）の分解反応

$$6Na_4Fe(CN)_6 + 12NaOH + 66H_2O + O_2 \rightarrow 2Fe_3O_4 + 36HCOONa + 36NH_3$$

この反応では、ギ酸塩の一部が更に酸化されて炭酸塩になる。

第6章　シアン化合物と有毒ガスの化学

$$2HCOONa + 2NaOH + O_2 \rightarrow 2Na_2CO_3 + 2H_2O$$

　この方法によればFe$_4$[Fe(CN)$_6$]$_3$・Fe$_3$[Fe(CN)$_6$]$_2$等顔料として用いられている不溶性鉄シアノ錯体もアルカリの添加量さえ適切であれば、容易にシアンを1ppm以下にまで分解することができる。

　•分解条件

　アルカリの添加量は、分解反応の式からもわかるようにNa$_4$Fe(CN)$_6$ 1モルに対して、NaOH 2モル以上が必要である。処理温度は150℃以上、全シアン濃度5万ppm以上のものでも容易に1ppm以下に処理することができる。

　加熱源としては、蒸気を用いるのが昇温速度や操作上からも有利である。ただし、11kg/㎡程度の蒸気圧が得られるボイラーが必要になる。なお、200L以下の場合には、少量なので、容器を外部から直接加熱するバッチ処理も可能である。

　銅めっき液中に存在する銅シアノ錯体は、アルカリの添加だけでは完全に分解しない。しかし、鉄シアノ錯体を加えることにより、分解は進行する。この場合、鉄シアノ錯塩そのものを添加しても良いが、硫酸第一鉄を加えて、廃液中のシアンと反応させて、鉄シアノ錯体を生成させても同じ効果が得られる。

$$3Na_2Cu(CN)_3 + FeSO_4 \rightarrow Na_4Fe(CN)_6 + 3CuCN + Na_2SO_4$$

シアノ錯体を形成しない鉄化合物は、添加しても効果はない。

　添加量はCu 1モル当たり、鉄1.5モル以上が必要である。全シアン濃度が1％以上含まれている廃液にあっては、FeSO$_4$の添加を2回以上に分けて添加した方がFeSO$_4$の添加量と汚泥発生量を少なくすることができる。なお銅めっき老化液中には、かなりの量の鉄シアノ錯体が含まれている。

　亜鉛のシアノ錯体Zn(CN)$_4{}^{2-}$、カドミウムのシアノ錯体Cd(CN)$_4{}^{2-}$は、アルカリを添加すれば145℃以上で容易に分解する。

6.7 シアン化合物の分解無害化技術

　ニッケルのシアノ錯体は、安定で165℃以下では分解しない。170℃まで処理温度を上げると、分解速度が速まり、容易に1ppm以下まで全シアンを低下させることができる。

　亜鉛、カドミウム、ニッケルのシアノ錯体を本法によって分解すると、いずれも金属の酸化物が得られる。

6.7.3　湿式酸化法

　アクリロニトリル製造廃液・コークス炉ガス液等、濃厚シアン廃液・シアン化合物と有機物の両者を含む廃液等の処理に、ジマーマンプロセスと呼ばれる湿式酸化法が採用されている。

(1) 原　　理

　水に溶解しているか、懸濁している有機物やシアン化合物を加熱し、空気を用いて液中で酸化分解する方法で、酸化の過程で発生する熱で、酸化分解は連続的に持続する。温度が高いほど酸化効率が良いため、高温・高圧で酸化反応を行う。

　シアン化合物を含む廃液は、貯槽から高圧ポンプで、酸化に必要な量の圧縮空気とともに熱交換器に圧入し、ここで反応塔から出てきた高温の液と熱交換を行い反応塔へ送る。入口温度は反応塔生成物の熱交換器への流量を制御することによって行う。

　酸化された液及び廃ガスは反応塔より連続的に排出され、熱交換器を通り、気液分離器で、反応生成ガス、残留酸素、窒素等が酸化液と分離される。

　ガスは圧力調節弁PCVを経て減圧されスクラバーで水洗冷却されて大気へ放出する。

　80〜120kg/㎠の高圧酸化法によると、有機物の70〜85％が酸化分解される。アクリロニトリル製造廃液やコークス炉ガス液のように有機物とシアン化合物の両者を含む廃液は、この湿式酸化法によって、シアン化合

第6章　シアン化合物と有毒ガスの化学

物をほぼ100％、有機物を80％以上除去することができる。

本法の特徴として、次のような点を挙げることできる。

- 液状の有機物・シアン化合物等をそのままの状態で酸化分解することができる
- 有機物の発熱により反応は持続するので燃料が不要である
- 300℃以下の比較的低温で酸化を行うことができる
- 密閉反応器中で反応を行うので、衛生的である
- 不快臭、粉塵、廃ガス等の処理が容易である
- 装置が小型で用地が少なくてすむ

欠点としては、運転管理にかなり高度な技術を要する有機物が完全に酸化分解しないことである（**第9章9.3.2項**参照）。

6.8　シアン化合物の回収法

本法は、筆者が考案し特許を取った方法で、めっき廃液からシアンと銅を回収する方法である。

銅めっき廃液中には$Na_2Cu(CN)_3 \cdot NaCN$、亜鉛めっき廃液中には$Na_2Zn(CN)_4 \cdot NaCN$が含まれている。これらの廃液に塩化第一銅またはその塩化物錯体を加えると、シアン化銅を回収することができる。

$$Na_2Cu(CN)_3 + 2CuCl \rightarrow 3CuCN + 2NaCl$$
$$Na_2Cu(CN)_3 + 2Na_2CuCl_3 \rightarrow 3CuCN + 6NaCl$$
$$Na_2Zn(CN)_4 + 4Na_2CuCl_3 \rightarrow 4CuCN + ZnCl_2 + 10NaCl$$

この方法は、シアンを分解させずに、銅めっき液の原料であるシアン化銅$CuCN$を回収することができるが、鉄シアノ錯体は、処理液中に残りこれを処理しなければならない。

188

6.9 シアン化物の分析問題

　水質汚濁防止法で有毒物質に指定されているシアンは、その排出を厳しく規制されている。そのため、その濃度を正しく測定することが求められた。しかし、シアンを使用していない工場等の排水や廃棄物からシアンが検出される事例が多数報告され、行政機関とトラブルが生じている。

　シアン生成原因として、排水中のシアンを安定に保つためのアルカリ固定や全シアンの前処理で添加するエチレンジアミン四酢酸（EDTA）がHCNの生成に関与することが明らかになった。

　JIS法で定められている全シアンの分析方法は、本来シアノ錯体や金属イオンを含む排水中の全シアンの測定を目的として定められた方法であるが、このJIS法は、シアンを含まない排水にも多用されていることから、加熱蒸留時に排水中の亜硝酸イオンや窒素酸化物が添加したEDTAとの反応や含窒素有機化合物の分解等によってシアン化水素が生成することが明らかになった。

　シアノ錯体と金属イオンを含み難分解性のシアノ錯体を形成する排水の場合はEDTAを添加して加熱蒸留し、シアンを含まない排水の場合はEDTAを添加しないで加熱蒸留、或いは、他の分離を行うなど、測定試料によって前処理法を分けることも必要であるという。シアン化水素は、加熱蒸留のみならず、室温においても化学反応で簡単に生成する。

第6章　シアン化合物と有毒ガスの化学

6.10　硫化水素

日本は火山国で多くの火山からは、有毒ガスである硫化水素が発生している。

2014年9月27日11時52分、長野県と岐阜県の県境に位置する御嶽山（標高3,067m）が噴火したが、降下した火山灰にはマグマ由来の成分は検出されていないため、噴火は水蒸気爆発とされている。日本登山史上、戦後最悪の死者数57人となり、命を落とした人の9割は噴石の頭部直撃による即死と推定されているが、火山性有毒ガスである硫化水素H_2Sで死亡した人もいたはずである。

6.10.1　硫化水素とは

硫化水素hydrogen sulfideは、化学式H_2Sで無色の気体、空気より重く（比重1.1905）水によく溶け弱い酸性を呈する。化学の教科書には腐った卵の臭いと書かれているが、腐った卵の臭いを嗅いだことがある日本人は何人いるのか、化学を専攻した級友に聞いても経験者は皆無であった。卵を茹で過ぎると黄身が黒くなる。白身のタンパク質は硫黄を含むシステインのようなアミノ酸から構成されており、これが熱で分解して硫化水素が発生、これが黄身の中の鉄分と反応して黒色の硫化鉄を生成するためである。そのため固茹で卵の白身はかすかに硫化水素臭がする。

日本人が知っている硫化水素の臭気は硫黄温泉の臭いであり、マスコミなどでは「硫黄のニオイ」と呼ばれているものである。ちなみに硫黄は黄色の固体であり、硫黄に限らず水不溶性の無機物固体は無臭である。樟脳

190

のような有機物の結晶は常温でも昇華するので、特有の臭いがする。

　筆者も腐敗した卵の臭気を嗅いだ記憶はないが、卵の主成分はタンパク質なので、腐敗した卵は恐らく魚や肉が腐敗したときに生成する悪臭物質である各種のアミン臭がするはずである。さらに嫌気性で腐敗が進むと硫化水素が生成することになる。廃棄物埋立地やメタン発酵では、有機物が嫌気性分解して硫化水素が生成している。

　硫化水素は有毒な気体で、悪臭防止法では特定悪臭物質に指定されている。また、硫化水素は可燃性であり空気と混合した場合、着火源があると爆発の危険性がある。

　爆発限界は4.3～46v/v%　不完全燃焼させると硫黄が遊離する。完全燃焼すると二酸化硫黄になる。

$$2H_2S + O_2 → 2H_2O + 2S　………（不完全燃焼）$$

$$2H_2S + 3O_2 → 2H_2O + 2SO_2　………（完全燃焼）$$

　硫化水素と二酸化硫黄からも単体の硫黄と水が生じる。日本各地にある地獄谷や硫黄山などでは、噴気孔の回りに黄色の硫黄が析出しているのはこの反応による。また、この反応は硫黄回収装置に応用されている。

$$2H_2S + SO_2 → 2H_2O + 3S$$

　硫化水素は 好気性生物にとっては有毒であるが、海底火山の熱水噴出孔付近に生息する細菌の中には、硫化水素を栄養源にして生息している硫黄酸化細菌もいる。

　自然界にある有機物が水中で腐敗すると、硫化水素が発生し、これが泥の中にある鉄分と反応して黒色の硫化鉄FeSが生成するため、どぶさらいをした泥は黒色をしている。これを天日にさらすと空気酸化されて、鉄分は元の酸化鉄Fe_2O_3に戻る。神奈川県箱根町の大涌谷へ行くと温泉黒卵を売っている。硫化水素を含んだ温泉水で卵を茹でると、殻に含まれている鉄分と硫化水素が反応して黒色の硫化鉄ができるからである。この黒卵を

第6章　シアン化合物と有毒ガスの化学

2、3日放置すると黒色が退色する。これも硫化鉄が空気酸化されて酸化鉄に戻るからである。

　鹿児島県奄美大島の大島紬は、車輪梅から抽出したタンニンで生糸を染めて、それを泥田に漬ける。泥田では有機物（蘇鉄の葉）が嫌気性分解して生成した硫化水素と酸化鉄とが反応して硫化鉄が生成する。この泥田をかき回すと硫化鉄が酸化されて、水溶性の硫酸第一鉄 $FeSO_4$ が生成し、この鉄イオン(Ⅱ)がタンニンと反応して黒色不溶性の鉄タンニン化合物となって大島紬の絹糸に染着する。

$$9H_2S + 4Fe_2O_3 \rightarrow 8FeS + H_2SO_4 + 8H_2O$$

$$FeS + 2O_2 \rightarrow FeSO_4$$

6.10.2　化学的性質

　硫黄と酸素は、長周期表酸素族（第16族）に属する同族元素で、化学的性質がよく似ている化合物を生成する。硫化水素や水は、共有結合性の水素化合物である。密度は、空気を1とすると1.190であり空気よりも重い。

　水溶液（硫化水素酸）は、水硫化イオン（硫化水素イオン）HS^- と水素イオン H^+ にごくわずか電離し、弱い酸性を呈する。

$$H_2S \rightarrow HS^- + H^+ \cdots\cdots Ka = 1.3 \times 10^{-7} mol/L \cdots\cdots pKa = 6.89$$

　空気中に放置すると水溶液はゆっくりと酸化され単体硫黄を生じる。

　硫化水素は金属イオンを含む水溶液と反応して、金属硫化物の沈殿を生じる。この硫化物の沈殿生成は硫化水素が弱酸であるため水溶液のpH及び硫化物の溶解度積に著しく依存する。沈殿の色は、金属イオンの分解・検出の重要なポイントとなる。

　分析化学の実験では分族試薬として硫化水素を多用していたが、ドラフ

192

6.10 硫化水素

ト中で操作したにもかかわらず実験が終わると学生服の金ボタン（黄銅・CuとZnの合金）の銅が、硫化銅になり真っ黒になってしまった。温泉街など硫化水素が発生しやすい場所では、銀、銅はサビや腐食が発生するため持ち込まないようにと注意書きも見受けられる。

6.10.3 実験室的製法

通常は、金属硫化物に酸を加えると硫化水素を発生させられる。

$MS + 2H^+ \rightarrow H_2S + M^{2+}$

学生実験では硫化鉄と希硫酸からキップの装置を用い発生させていたが、時々、反応性の悪い硫化鉄があった。キップの装置とは、19世紀に活躍したオランダの化学者ペトルス・キップ（1808－1864）によって発明され、実験室で固体と液体を反応させて少量の気体を得るのに使用する装置である。

炭酸カルシウムと塩酸から二酸化炭素が、適当な金属と酸から水素等が得られる。ガスボンベを使用するよりも簡便に、必要な分だけ気体を発生させることができる。

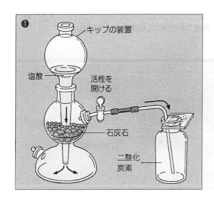
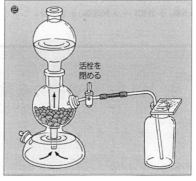

第6章　シアン化合物と有毒ガスの化学

　現在では工業的に生産されたガスボンベを利用することが通常になり、毒性の強さから、実験室規模の製法の実施にあたっても、安全性を確保するため、ドラフト中で理科教員や有資格者による監視・管理のもと実施されている。

6.10.4　分析化学

　現在、古典的定性分析で使われた硫化水素を用いず、チオアセトアミド（Thioacetamide）を使う方法が普及している。

　チオアセトアミドは分子式CH_3CSNH_2で白色結晶性固体の有機化合物である。この水溶液を重金属イオンと反応させると、加水分解により硫化物を生じるため、猛毒の硫化水素に代わって使われている。有機、無機の硫化物合成でもチオアセトアミドが使われている。

　　$M^{2+} + CH_3CSNH_2 + H_2O \rightarrow MS + CH_3CONH_2 + 2H^+$ ……（M＝Ni・Pb・Cd・Hg）

　3価の陽イオン（カチオン：As^{3+}・Sb^{3+}・Bi^{3+}）と1価の陽イオン（Ag^+・Cu^+）にも利用できる。

　硫化マンガン（Ⅱ）MnS・硫化亜鉛ZnSなどは希塩酸でも溶解し、硫化アンチモンSb_2S_3や硫化スズ（Ⅱ）SnSなどは濃塩酸により溶解する。また硫化銅CuSや硫化銀Ag_2Sなどは希硝酸により酸化されて溶解するが硫化水銀HgSは希硝酸でも溶解しない。

6.10.5　その他の金属硫化物

　浮遊選鉱による金属鉱石の精製では、鉱物粉を硫化水素で処理し分離を促進する。一部の金属は時々、硫化水素によって不動態化する場合もある。

194

水素化脱硫に使われる触媒は硫化水素によって活性化する。

6.11 硫化水素による死亡事故

　伊豆諸島の三宅島のように亜硫酸ガス（二酸化硫黄SO_2）が問題になる火山もあるが、日本には御嶽山のように硫化水素を発生している火山や温泉は圧倒的に多く、この有毒ガスを吸い込んで死亡する事故が多発している。

　硫化水素は空気よりも重いため、谷間や窪地に溜まりやすい。

　呼吸は止めることができないので、空気中に有毒ガスが存在すると否応なく吸い込んでしまい死亡する。第一次世界大戦でドイツ軍がベルギーのイーペルで、有毒ガスの塩素を放出し、風下のフランス・カナダ連合軍の兵士6,000人が死亡した。あまりにも悲惨な非人道的行為であるということで、毒ガス禁止条約が制定されたが、第二次世界大戦では日本もアメリカもこの条約を批准していなかった。

　硫化水素のような有毒ガスでは、救助に行った人まで死亡することが多く、何人もの死亡者を出す事例が多い。

　次に硫化水素による死亡事故例を示す。

◎振子沢スキー客 死亡事故（群馬県）

　1971年12月27日、草津国際スキー場の振子沢を下っていたスキーヤー6人が死亡。原因は近くのボーリングパイプから漏れていた硫化水素がその沢に溜まっていたため。当日は曇りで風もなかった。

　この事故以降も硫化水素による死亡事故が起きているが、事故の起きた場所と日時だけを列挙する。

◎白根沢 死亡事故（群馬県）

　1976年8月3日、教師1人と生徒2人が死亡。

第6章　シアン化合物と有毒ガスの化学

◎立山地獄谷　死亡事故（富山県）

1985年7月22日、弁護士1名死亡。この地獄谷では1935年から1985年までに11件の事故が発生し、9人が死亡、56人が救助されている。

◎万座温泉　入浴中の死亡事故（群馬県）

1958年7月、2人が入浴中に死亡。1960年8月、万座温泉に入浴中の旅客が硫化水素中毒で死亡した。その後、万座温泉地域では硫化水素中毒の恐れのある地点への立ち入りは厳しく制限され、防護柵も整備されている。

◎泥湯温泉における事故（秋田県）

2005年12月29日、4人が硫化水素ガスで死亡。

硫化水素は、空気中の濃度が0.15％程度で即死するほど強い毒性を持つ。

◎下水工事での死亡事故（愛知県）

2002年3月、愛知県半田市の下水工事現場で、高濃度の硫化水素を吸ったことから作業員5人が死亡。

◎安定型最終処分場における死亡事故　（福岡県）

1999年10月6日、福岡県筑紫野市の安定型最終処分場で水質検査サンプリング作業中、作業員3名が死亡。

◎登別病院における死亡事故（北海道）

2014年6月29日、北海道登別市登別温泉町、独立行政法人地域医療機能推進機構「登別病院」の貯水タンク内で男性2人が死亡。

◎東燃川崎工場における死亡事故（神奈川県）

1995年5月30日、脱硫装置の定期改修工事中、東燃社員5名、市消防職員1名を含む47名（うち1名死亡）が被害にあった。

◎産業廃棄物収集時に起きた死亡事故

1981年、収集・運搬と処分業の許可を持つ業者1名が死亡。

廃アルカリ中の硫化物に硫酸を混合したため硫化水素が発生したことによる事故。

6.11 硫化水素による死亡事故

$$Na_2S + H_2SO_4 \rightarrow Na_2SO_4 + H_2S$$

◎産業廃棄物処理時に起きた　もらい死亡事故（神奈川県）

　川崎市の産業廃棄物処理業者が廃アルカリを中和中、硫化水素が発生、産廃業者と無関係な工事作業者が死亡。業者の無知によるもらい事故の典型と言える。

▶第6章のポイント

　完全無害化できるシアン化合物と硫化水素についてその性質を学んだ。

　完全に分解無害化できるシアン化合物について、自然界におけるシアン化合物・シアンの毒性とその事故例を示した。また、シアン化合物の無害化についても示した。

硫化水素：

　マスコミでは硫黄温泉の硫化水素臭を「硫黄のニオイ」と報じている。硫黄は黄色の固体であり、無臭である。どうして硫化水素臭というのが正しく伝わらないのであろうか。硫黄は固体であり、硫化水素は気体なので、外観も全く異なるのに不思議である。硫化水素の臭気を卵の腐ったニオイと学校で教えるから、硫化水素臭という言葉が定着しないのであろうか。

　自然界にある硫化水素とそれを巧みに染色に利用した先人の知恵には驚嘆する。（大島紬の事例）

COLUMN ③

シアン化水素と遺伝子

1961年、スペイン・バルセロナ出身の生化学者ジョアン・オロは、水溶液中でアンモニアとシアン化水素の重合反応によって大量のアデニンが生成することを発見した。

五種類ある核酸の塩基のうちの一つアデニンは、遺伝子の構成成分であり、プリン環を基本骨格とする生体物質である。アルカロイド（塩基性物質）等の成分でもあり、プリン体とも呼ばれている。プリン骨格は糖ともアミノ酸とも異なる独特の形状をしており、DNAの成分であるアデニン・グアニンの他にコーヒーや茶に含まれるカフェイン、ココアに含まれるテオブロミン、緑茶に含まれるテオフィリンなどを構成しているありふれた有機物である。

アデニンはシアン化水素とアンモニアを混合して加熱するだけで合成されるため、原始の地球でもありふれた有機物であったと考えられる。

三つの重要な補酵素、補酵素A・FAD・NADの構成成分であるほか、最も重要なエネルギー物質であるATPの塩基部分など、他の核酸塩基に比べ生体内で利用する所が多い塩基である。

リボース－5－リン酸をグリシン、グルタミン、アスパラギン酸、テトラヒドロ葉酸などを用いてイノシン酸（IMP）に変換し、そこからAMPやGMPを合成する経路があり、プリン代謝によって合成される。

1885年、アルブレヒト・コッセル（ドイツ）により膵臓から抽出されたため、「腺」を意味する古代ギリシア語 "aden" に因んで命名された。ビタミンBであるナイアシンやリボフラビンと結合し、NAD・FADとなる。

第7章

都市ゴミ焼却炉とエネルギー回収

　1977年、オランダのオーリーが都市ゴミ焼却炉からダイオキシン（2.3.7.8-四塩化ジベンゾパラジオキシン）が発生することを報告し、それが契機となって、ヨーロッパではダイオキシン対策が進んだ。また、スウェーデンでは1985年に都市ゴミ焼却炉の建設を一時停止し、翌年0.1ng／Nm³という厳しい排ガス基準を設けて、再出発した。

　日本では1983年11月18日、愛媛大学の立川涼教授（当時）が西日本にある9カ所の都市ゴミ焼却炉の焼却灰と集塵灰の中からダイオキシンが検出されたことを発表、社会問題となった。以前から都市ゴミ中に混入する塩化ビニルを始めとする有機塩素化合物は、大気汚染物質である塩化水素の発生源として問題になっていた。塩化水素と有機未燃物とが電気集塵機中の銅化合物が触媒となって、300℃前後でオキシクロリネーション（酸素塩素化反応）により、ダイオキシン生成することを筆者は主張していた。そのため、電気集塵機より低温で集塵するバッグフィルターに転換された。

　1990年代に入ると、日本でもようやくダイオキシン対策として、焼却炉の大型化と次世代焼却炉と称する熱分解・ガス化溶融炉の建設が始まる。

　現在、これらの焼却炉は耐用年数が来て、建て替えの時期を迎えており、発電と給湯施設をつけ、エネルギー回収を宣伝している施設が多い。

第7章　都市ゴミ焼却炉とエネルギー回収

エネルギー源の95％以上を外国に依存している日本は、化石燃料の輸入が途絶えれば、戦争もできない。この事実は銃後の少国民と呼ばれた子供の頃、筆者は知ることになる。

ドイツでは、19世紀の末頃から、都市ゴミによる発電や給湯が実施され、20世紀初頭、ドイツの隣国デンマークではゴミを燃料にする熱電併給システムが稼働している。

資源小国である日本でそのシステムが普及しなかった理由は、電力業界、その許認可権を握る官僚、カネと票に群がる政治家、電力業界を支える原子力村などで互いの利権を守っていたためである。資源・エネルギー小国である日本が、都市ゴミのような地域エネルギー、生物資源（バイオマス）エネルギー、風力をはじめとする自然エネルギー等に、なぜ見向きもしなかったのか、その理由が利権にある。

自然エネルギー等はコストが高く、安定供給に不向きというのが、電力会社の触れ込みであるが、ヨーロッパの現状を見るとその根拠は薄弱である。

7.1　ヨーロッパに遅れた日本のエネルギー開発

UAE（アラブ首長国連邦）のドバイを取材したテレビ番組を見た。目を見張るような近代都市が砂漠に出現。そこにいた男子高校生の月々の小遣いが20万円、女子高校生の多くは10万円ということであった。何に使っているのか不明であるが、日本が購入している2011年の化石燃料の購入費69兆円の一部がその小遣いに化けていることは確かである。

自然エネルギーは安定性がないと言われているが、化石燃料や濃縮ウランを購入するための費用も輸送費も不要である。しかもCO_2は排出しない

200

7.1　ヨーロッパに遅れた日本のエネルギー開発

ので理想的な地球温暖化防止対策であり、また、資源枯渇の問題もない。

　原子力発電所（原発）は、発電中は確かにCO_2を発生しないが、ウラン鉱石の採掘から精錬、濃縮の過程で大量のCO_2を発生しており、使用済み核燃料の処理過程でも大量のCO_2を発生するので、地球温暖化をしないクリーンエネルギーではない。

　イギリス、ポルトガル、ノルウェーでは、浮体式洋上風力を含めた海洋エネルギーの実証機の実海域試験の発電容量は着実に10年に10倍の速度で進んでおり、潮流発電の実証機SeaGen、波力発電のPelamis、浮体式洋上風力のHywindの実証試験が行われてきた。残念ながら日本は1周どころか2周も3周遅れで取り残されてしまった。

　荒海での深海石油開発で蓄積された海洋技術の活用先に、地球温暖化防止、北海油田の枯渇、雇用創出の面でも海洋エネルギーは積極的に取り組む価値があった。

　日本近海を流れる潮の巨大な力で電気を作る潮流発電が、2018年度の実用化に向けて動き出す。環境省が2014年度から企業を募り、海峡などの速い流れを使う発電施設の開発を始める。東京電力福島第1原子力発電所の事故で、火力発電への依存度が高まっているため、CO_2の削減やエネルギーの安全保障へ新たなエネルギー源の開拓を急ぐ必要がある。

　潮流発電は海中に並べた水車で潮の流れる力で、発電機を回して電力を発生させる。海洋エネルギーの中で、潜在能力は2,200万kwと世界3位の地熱発電並みの可能性があり、天候に左右されない潮流発電を有力候補である。

　環境省は、研究を委託し、漁業に配慮した環境影響が少ない1,000kw級の商用規模の潮流発電システムを確立する方針である。2014年度予算案の概算要求で関連費用として6億円を盛り込んでおり、2018年度までに30億円を超える予算を投じる見込みである。

　日本は明石海峡や鳴門海峡を始めとした瀬戸内海近海、有明海や八代海を抱える九州西部、津軽海峡などで潮の流れが秒速2～5mの潮流発電に

第7章　都市ゴミ焼却炉とエネルギー回収

向く海域が多い。

　自然エネルギーを開発し、地域で消費する。今、雪国の暖房は石油が主流を占めているが、吹きすさぶ寒風で風力発電をして、これを暖房に使えば、正に地産地消と言える。

　海がシケで漁に出られないときこそ、海洋エネルギー活躍の場と言える。地域で消費しきれなかった余剰電力は、北は北海道から南は九州まで直流送電網を建設して新幹線のように大都市を結べば、50ヘルツと60ヘルツの問題も解決するし、このシステムで農閑期の農村やシケで出漁できない漁村も潤うことになる。

　一方で既得権益を守るため自然エネルギーの開発、普及を阻止しようとしている勢力が、フランスでも止めてしまった高速増殖炉「もんじゅ」の研究に多大な税金を浪費している。この研究費を海洋エネルギー研究にまわせば、日本が豊かになると同時に、輸出産業としても有望になるはずである。

7.2　青砥藤綱の教訓

　神奈川県鎌倉の鶴岡八幡宮境内にある鶴岡幼稚園の建物は、昔、参詣客の休憩所であった。そこには、教訓となる故事が大きな額縁に入った絵画として掲示されていた。その絵画の中に青砥藤綱の故事を描いたものが子供心の記憶に残っている。

　鎌倉幕府第5代執権（在職：1246～1256年）北条時頼に仕えた有能な官吏であった青砥藤綱は、あるとき10文の銭を滑川へ落としてしまった。その銭を拾うために、人足と松明購入に支払った銭は50文であった。たった10文の銭を拾うために50文も使うとはバカな奴だと指摘する人が

202

いた。しかし、藤綱は「10文とういう銭は、わずかなものだが、これを失えば天下の貨幣を永久に失うことになる。50文は自分にとって損失ではあるが、もらった人が使えるので他人を益することになる。合わせて60文の利は大であるとは言えまいか」と答えたという。

産油国に支払った金は、産油国の高校生の豊かな生活を支えはするが、日本の高校生は、そのおこぼれすら恩恵に浴すことはできない。

廃棄物や自然エネルギーは、原料代はタダであり、燃料代も輸送費も要らない。廃棄物処理費は、原料代がマイナスということになる。

電力業界は自然エネルギーでは、現行の電力料金の3倍になるとその根拠も示さず、消費者を脅している。地域独占で暴利をむさぼっている電力業界をそのまま温存していけば、自然エネルギー開発は進まず、電力料金は総括原価方式で上がる一方である。しかし、発送電分離と電力自由化で自由競争が進んだ場合、自然エネルギーははるかに安くなるはずである。たとえ現行より高くても、その費用は産油国に支払う必要はなく、日本国内で分配されるはずである。まさに青砥藤綱の教訓である。

日本国内に存在するエネルギー源を徹底的に利用し、地産地消を行えば、産油国に支払っていた69兆円の大半は日本で使うことができ、もっと豊かな国になるはずである。

先進国で一番高価な電力を買わされ、電力供給地域を独占し、小売りができないような仕組みで、電力自由化を阻止し、送電網まで独占しているのが現在の電力業界である。自由化の根源となる発送電分離をしていない先進国は、日本とメキシコだけという。

風力発電の方が、太陽光発電より建設費は安く、日陰は短時間なので日照問題もなく、牧草地や田畑に立地しても農作物への影響は太陽光発電より小さい。しかし、建設にあたっては、陸上風力発電の立地、調査にかかわる様々な規制が障害になる。

建築基準法第2条に、建築物とは、土地に定着する工作物で、屋根、柱、壁を有するもので、建築設備を含むものとある。風力発電は屋根も柱も壁

第7章　都市ゴミ焼却炉とエネルギー回収

もないので、建築基準法は適用できないはずなのに、風車に対する耐震、強度設計基準は、大勢の人が居住や仕事をする超高層ビルと同等の基準が明確な根拠なしに適用されている。周辺300mに人家や施設がないところに耐震、強度などの設計基準など必要ない。これはあくまで建設者側の問題であり、倒壊で被害や損害を受けるのは建設者である。

　この他にも立地や必要な調査に関わる法律、電気事業法などの電気関係法規、風力発電の設置や変更に関わる法手続きなど、立地調査、設備設計、建設に関わる法規・省令など数多くの法律が関わってくる。

　風力発電は規模の経済が働く事業なので、設置できる面積が大きければ大きいほど、経済的なメリットが大きくなる。ところが日本の陸上風力発電の適地は、山岳地や海岸近くの丘陵地などが多く、上記の立地・調査に関わる法規制の制約がかかる土地が多い。その中でも特に問題になるのが、森林法、国有林野法、農地法、農業振興法（農業振興地域の整備に関する法律）、自然公園法、自然公園条例である。そこでこういった立地規制を緩和して陸上風力事業の規模の経済を実現しながら、農地や森林、自然保護などの目的とのバランスを取っていくことのためにも、合理性に欠ける規制を緩和したり、合理性のある規制へと変更していくことが重要になる。現行法は既得権益を守るために汲々としている電力業界を擁護するための法規制と言わざるを得ない。

　環境影響評価については、大変な時間とコストがかかる負担の多い内容となっており、迅速化が求められていたが、2012年8月24日に経済産業省と環境省が話し合い、「審査期間を短縮し、国と地方自治体にまたがる手続きを簡略化したり、事業者の調査を省くなどし、2012年10月からの改正で従来の3年から5年の評価期間を、2分の1程度にする方針」を固めた。

　都市ゴミ焼却炉建設にあたっては、単なる熱回収ではなく、ヨーロッパの都市ゴミ焼却炉のような熱電併給システム（コージェネレーション）で徹底的にエネルギー回収をしてもらいたいものだ。

7.3 火力発電の現状

　二酸化炭素の発生量が石炭や石油に比べて少ないメタンを燃料とする最新鋭の火力発電所では、まずメタンでガスタービンを回して発電し、その排熱でボイラーを加熱、発生する水蒸気で蒸気タービンを回して発電する複合発電（コンバインドサイクル）方式が採用されている。これにより熱効率は58％に向上している。しかし、この方式でも3分の1以上の熱エネルギーが冷却水として海に捨てられている。また、これから建設される最新鋭の石炭火力発電所では、石炭を蒸焼き（熱分解）にして得られる可燃性ガスでガスタービンを回す石炭ガス化複合発電（IGCC）が採用される。これにより熱効率は37％前後から一気に50％に向上する。一方、「超超臨界（USC）600℃以上に高めた水蒸気で蒸気タービン発電をする火力発電所でも、その熱効率は約45％である。

　これに比較して、ドイツなどEU諸国の都市ゴミ焼却炉の熱効率は、通常、80％以上であり日本の火力発電所よりはるかに熱効率が良い。熱効率が高い理由は、日本の火力発電所のように排熱を海へ捨てずに、60〜70℃の給湯用温水として回収しているからである。

　石炭を採掘しないで、鉱脈中に酸素を送り、地中で熱分解ガス化してガス状で可燃ガスを採取する手法も検討されたことがあるが、石炭がガス化して空洞になったときの落盤による地震の発生などの問題が想定され、実現していない。

第7章　都市ゴミ焼却炉とエネルギー回収

7.4　これからの都市ゴミ焼却炉（エネルギー回収炉）

　都市ゴミ処理施設といえば、焼却炉ということになるが、東日本大震災での東電福島原発事故以後、廃棄物処理もエネルギー問題を無視することはできなくなった。高水分で自燃性のない動植物性残渣を焼却せずにメタン発酵して都市ガスとして供給するシステムは既に一部で稼働している。

　都市ゴミ中から生ゴミを分別収集して、下水処理施設の汚泥消化槽を利用してメタン発酵する方式は一部の自治体で試みられているが、縦割り行政の障壁があり進んでいない。

　焼却しないで、ゴミを熱分解してガス化し、生成する可燃ガスでガスタービン発電をする。その排熱をボイラーで回収、蒸気タービンで発電し、さらにその排熱で給湯をする。この一連の施設が理想的な廃棄物資源化施設と言える。

7.4.1　CO$_2$削減と都市ゴミ処理

　都市ゴミを熱分解すると可燃ガスと炭化した残渣が残る。サーモセレクトシステムでは、それを酸素と水蒸気でガス化して、一酸化炭素と水素にする。しかし、このガスを燃料にすればCO_2になってしまう。

　現在、CO_2を減らすために、液化して深海に投入する、或いは地下300mの適地に貯蔵するなどが検討されている。しかし、CO_2は常温・常圧では気体であり、莫大な費用がかかる。

　CO_2になってしまったものの処分を考えるのではなく、CO_2にしない方法を考えるべきである。熱分解処理で炭化し、安定な炭素になった残渣は、

206

7.4　これからの都市ゴミ焼却炉（エネルギー回収炉）

ガス化をしないで炭素の状態で埋立処分すれば、その分だけはCO_2を減少させたことになる。

　CO_2の削減はマングローブ林の造成、砂漠の緑化が地球温暖化防止法としては、最も効果があり、しかも低コストである。

▶第7章のポイント

　廃棄物処理法では廃棄物を産業廃棄物と一般廃棄物とに分類、産業廃棄物は排出者に処理責任があり、家庭から発生する廃棄物は一般廃棄物として、その処理責任は地方自治体にあり、その処理費は市町村が税金で処理している。本来、廃棄物という物質を扱う産業は化学工業のはずであるが、日本では一般廃棄物（都市ゴミ）は焼却処理して焼却灰を埋立てる方式が1世紀以上続いてきた。

　エネルギー小国でありながら、焼却で発生する熱エネルギーすら回収されてこなかった。これは技術的な問題というより、利権が絡む廃棄物処理制度や電力やガスなどエネルギーを独占している産業の力があまりにも強く、これが化学的、合理的に廃棄物を処理する技術が遅れた原因である。

　水分が多く焼却できない腐敗性の有機系廃棄物はメタン発酵によりエネルギー回収をする技術がようやく普及し始めている。

第8章

バイオ燃料の現状と問題点

　地球温暖化による海面上昇などで、今世紀末までにアジアを中心に数億人が移住を余儀なくされると予測する国連の気候変動に関する政府間パネル（IPCC）の最終報告書の内容が公表された。農作物生産量が減って食糧問題が深刻化するなど、人類の社会、経済に大きな影響を及ぼすと指摘。温室効果ガスの削減だけでなく、被害を軽くする適応策の必要性を強調している。

　地球温暖化ガスである二酸化炭素の総排出量が増えないバイオ燃料の生産は、喫緊の課題であるが、一部で技術思想そのものが間違っており、それに税金が注ぎ込まれている問題もある。

8.1　バイオ燃料

　バイオマス（biomass）とは生態学用語で、生物（bio-）量を物質量（mass）として表したもので、通常、質量で表示する。日本語では生物体量、生物

第8章　バイオ燃料の現状と問題点

量という。

　バイオマスを用いた燃料をバイオ燃料（biofuel）またはエコ燃料（ecofuel）
という。

　バイオ燃料は、次のように分類されている。

①固体バイオ燃料：人類が火を使用し始めたときから使われていた枯木
　や枯草等の植物であり、現在、廃木材・間伐材・古紙など植物系の廃
　棄物を燃料にした火力発電が注目されている。

②液体バイオ燃料：バイオエタノール、バイオディーゼル燃料BDF・
　Bio Diesel Fuel等をいう。エタノール（エチルアルコール）には、ナ
　フサを熱分解したエチレンから製造する合成エタノール（飲用禁止）
　があるので、醸造アルコールのみをバイオエタノールという。

③気体バイオ燃料：動植物性残渣や厨芥（生ゴミ）など生物由来の廃棄
　物をメタン発酵させたメタンがこれに該当する。メタンには化石燃料
　である天然ガスLNGがあるので、メタン発酵で得られたメタンだけ
　を気体バイオ燃料と呼ぶ。

　通常、バイオ燃料といえば、液体バイオ燃料を指し、その開発は次の三
つの世代に分けられている。

8.1.1　第1世代バイオ燃料
（食糧から時代遅れのバイオエタノールの生産）

　欧米ではバイオ燃料の実用化がかなり進んでおり、ドイツでは再生可能
エネルギー消費の67％を占めている（2011年実績）。アメリカでは2005
年の「エネルギー政策法」によってバイオ燃料導入の数値目標が定められた。

　植物はCO_2と水H_2Oを原料にして有機物（ブドウ糖$C_6H_{12}O_6$）を光合成
する。炭素の化合物である有機物を燃やしても排出するCO_2は元に戻った
だけで、理論上大気中のCO_2総量は増えないことになる。これを「カーボ

210

ンニュートラル」という。

$$6CO_2 + 6H_2O \rightarrow C_6H_{12}O_6 + 6O_2 \cdots\cdots光合成$$

$$C_6H_{12}O_6 + 6O_2 \rightarrow 6CO_2 + 6H_2O \cdots\cdots燃焼（カーボンニュートラル）$$

　液体バイオ燃料は、自動車と航空機の燃料が対象になっているが、現在、自動車は蓄電池、燃料電池など、内燃機関を使わない地球温暖化防止可能な電動車の開発が行われており、人間の食糧であるトウモロコシでんぷん、砂糖、菜種油などの食用油からバイオ燃料をつくる方法は、食糧と燃料の競合で価格高騰を招き、発展途上国などから厳しく非難された。

　廃棄物からバイオエタノールを製造するという話が報道されたが成功したという話を聞かない。石油危機対策として、1982〜1988年にかけて通産研究による新燃料油開発研究組合がバイオエタノールの製造研究をしており、経済的に引き合わないという結論を出している。それにもかかわらず、農林水産省は北海道のバイオエタノール施設に180数億円の補助金（税金）を出し、2015年閉鎖に追い込まれ補助金は無駄になった。過去の研究実績を調べれば容易に判断できることを怠り、税金を無駄遣いした官僚の責任は大きい。

8.1.2　第2世代バイオ燃料
（セルロース系原料からのバイオエタノールの生産）

　食糧と競合しないセルロース系バイオマスからのバイオ燃料は、食糧系バイオマスに比べて、燃料製造工程が多く経済性がない。ヤトロファ（西洋油桐）のように食用にならない植物油からバイオディーゼル燃料をつくることも実験されている。しかし、農地とバイオマス栽培地で土地を取り合うことには変わりはないので、本質的な解決にはならない。

211

第8章 バイオ燃料の現状と問題点

8.2 バイオエタノールの問題点

　バイオエタノール製造技術は効率が悪い。ブラジルやアメリカのように余剰農産物として安価な糖やでんぷんが得られて初めて成立する技術である。

　エネルギーやCO_2という観点からこのプロセスをみると、あまりにも無駄が多い。

　アルコール発酵ではブドウ糖$C_6H_{12}O_6$　1分子からエタノールC_2H_5OH　2分子とCO_2　2分子が生成するため、植物が折角固定したCO_2を有効利用することなく2分子も無駄になってしまうのである。食糧の乏しいイスラム圏で飲酒を禁じるのは、理に叶ったことである。炭水化物を直接食べた方が、それを醸して飲むよりはるかに有利なのである。

$$C_6H_{12}O_6 \;\rightarrow\; 2C_2H_5OH \;+\; 2CO_2$$

8.2.1 カーボンニュートラルではないバイオエタノール

　バイオエタノールの原料を生産するためには、農業機械を動かし、肥料や農薬を投入しなければならない。また、発酵によって得られるエタノールの濃度は10％程度であり、これを蒸留や膜分離で99.7％アルコールにするのに多大なエネルギーが必要である。こうした投入資源やエネルギーのかなりの部分が原油や石炭などの化石燃料に由来する場合、バイオエタノール自体はカーボンニュートラルであっても、生産から消費までのすべての過程で使われる化石燃料からのCO_2が放出されているのである。また、農機具の製造、流通過程や農薬、肥料などの流通、使用過程で使用した化石燃料の合計も加

212

8.3 化学プロセスによるバイオマスからの合成ガソリン製造

算すると、製造したエタノールから得られるエネルギーより、消費した化石燃料の方がはるかに大きいという指摘もある。当然、発生するCO_2も多くなるので、地球温暖化防止には何も寄与しないということになる。

バイオエタノールについては、次のような問題点が指摘されている。

- 同量のガソリンと比べ、熱量が約34％小さく、航空機燃料には使えない。
- 燃料供給装置に使われているゴム・プラスチック製品や内燃機関に使用されているアルミニウム製部品を腐食する。
- エタノールは水との親和性が非常に高いため、燃料タンク内と外気の温度差によって発生した結露水と結合し、水分を高温高圧な燃焼室へ送り込み腐食を急激に早める可能性がある。
- 現行の内燃機関でのガソリン燃焼と比べ、亜酸化窒素（N_2O）の発生量が2倍になる。N_2OはCO_2の約310倍の温室効果を持つため、バイオエタノールは地球温暖化防止どころか、かえって地球温暖化を促進させるのではないかとの指摘もある。
- 通常の蒸留では水との共沸で95.6％以上の濃度にはならならず、99.7％にしないとガソリンに混合できない。99.7％アルコールを得るにはヘキサンと蒸留のような手段が必要。
- 誕生から墓場までのライフサイクルアセスメント（環境影響評価：LCA）が不明確。

8.3 化学プロセスによるバイオマスからの合成ガソリン製造

バイオ燃料は、微生物の生命活動を利用する技術であり、生物化学的変

213

第8章　バイオ燃料の現状と問題点

換方法であるが、生化学反応に依存せず、化学合成プロセスでバイオマスから液体燃料を製造する方法もある。バイオマスの資源化だからといって、バイオテクノロジーを使わなければならないという理由はない。

バイオマスからの燃料製造には、技術の蓄積がある熱分解ガス化法（石炭液化：Fischer-Tropsch process；FT法）がある。一酸化炭素COと水素H_2から、触媒を用いて液体炭化水素を合成する一連の製造過程である。触媒としては鉄やコバルトの化合物が一般的である。この方法は、合成ガソリンを製造するのが主な目的であるが、他の合成油や合成燃料を造ることもできる。バイオマスのガス化とFT法を組み合わせることにより、再生可能なバイオ燃料の製造ができる。

南アフリカ共和国のサソール（SASOL）社は石炭と天然ガスを原料として種々の合成石油製品を造っており、同社は同国のディーゼル燃料の大部分を供給している。南アフリカは人種隔離政策のため、国際的に経済制裁を受け、原油の輸入が停止、そのためFT法により石炭液化を始めた。

新技術である亜臨界・超臨界による水熱分解法でバイオマスを熱分解し、メタンCH_4、水素、一酸化炭素などを製造し、これを原料に合成ガソリン等の炭化水素を製造することも可能である。バイオマスからエタノールが生産されているからといって、ガソリンの3分の2しか発熱量がないエタノールを自動車燃料として無理に使う必要はない。合成ガソリンなら、そのまま自動車燃料に使える。

8.3.1　化学プロセスを使ったバイオ燃料にBHF（BioHydrocracking Fuel）

新日本石油（現JXエネルギー）は減圧軽油水素化分解装置を使って動植物油を分解するプロセスを試験している。得られたGTL（Gas To Liquids）は、高品質のディーゼル燃料である。常温で固化するワックスは、原料中の酸

8.4　第3世代バイオ燃料

素分で分解されて液化するほか、グリセリンも分解されるので廃棄物問題も解決して歩留まりも改善する。水素化分解装置は石油精製残渣油水素化分解装置の転用が利くものの大規模な設備投資を必要とする。最も安価といわれるヤトロファを原料にした場合でも2008年現在1バーレル150ドルであるが、軽油の市場価格は60ドル程度であり、採算はとれない。なお、船舶用エンジンでは以前からA重油など低級な燃料油が使われていたこともあり、漁船用に魚油の生焚きも検討されている。

8.4　第3世代バイオ燃料（微細藻類による油脂、炭化水素の生産）

　微細藻類（micro algae）から油脂や炭化水素を生産する研究がアメリカを中心に急速に進んだ。微細藻類は、従来のバイオマスに比べて、同じ敷地面積と生産速度で比較すると生産性が格段に優れている。分類学上の明確な定義はないが、微細藻類とは一般的には水中に存在する顕微鏡サイズの光合成生物の総称である。この微細藻類が近年、にわかにエネルギー生産に活用する非食糧系バイオマスとして注目されている。

　微細藻類には、海洋で生息する塩水性、河川、湖沼、池などに生息する淡水性、両方の環境で生息する汽水性があり、いずれも陸上植物と同様光合成を行うが、脂質生産能力は陸上植物よりも高い種類が多く、乾燥重量の30～50％、種類によっては70％を超えるものも見つかっている。

　微細藻類は土地1ha当たりの油収量が数十トンに及ぶものがあり、関東平野の水田だけで日本の輸送用石油需要を賄える計算になり、農地を必要としない海の微細藻類からの油の製造も検討されている。

　バイオマス資源として微細藻類が注目されている主な理由は次の点にある。

第8章　バイオ燃料の現状と問題点

①単位土地面積当たりの収率が圧倒的に高い

②脂質の蓄積能力が高く、蓄積した脂質は炭素量の多い脂肪酸エステル（中性脂肪、脂肪酸トリグリセリド）が中心であり、化学品用途などへの利用も可能である

③陸上植物と異なり、通年での収穫が可能である

④バイオマス資源用の微細藻類は食糧とは競合しない

⑤光合成によるCO_2の固定化能力が高い

⑥スクアレンのような航空機燃料になる炭化水素を産生する微細藻類もある

⑦海洋微細藻類の場合、栽培面積の制約がない

8.5　メタン発酵と微細藻類

8.5.1　気体バイオ燃料（メタン）

　水分が多くて焼却処理ができない有機性廃棄物である屎尿や下水処理汚泥は、メタン発酵で処理されてきた歴史がある。これらの廃棄物は処理が目的であったため、嫌気性消化と呼ばれ、発生するメタンは有効利用されることなく、そのまま大気に放散されたり、焼却されたりしていた。

　本格的にメタン発酵で得たメタンを都市ガスとして利用したのは、新潟県長岡市であり、その後、石川県金沢市その他の都市に普及した。近年、兵庫県神戸市の下水処理場が大阪ガスへ、また、食品工場から出る有機性廃棄物をメタン発酵して発生するメタンを精製して東京ガスへ供給している民間企業が東京都大田区の城南島で稼働している。

8.5 メタン発酵と微細藻類

　液化天然ガスLNGとして輸入されるメタンは化石燃料であるが、メタン発酵により得たメタンは気体バイオ燃料である。

　今までは、メタン発酵後に発生する有機物と肥料成分（窒素、リン分）を高濃度に含む廃液（消化液、脱離液）の処理問題があり、あまり普及しなかった。

　最近、有機物を栄養源とする従属栄養生物であるオーランチオキトリウムや肥料成分で光合成をする独立栄養生物であるボツリオコッカスなど微細藻類の研究が進み、メタン発酵廃液は格好の資源になることが予想される。

8.5.2 メタン発酵の概要 — メタン発酵（Methane Fermentation）、嫌気性消化（Anaerobic Digestion）

　メタン発酵は、高水分有機性廃棄物の資源化には有効なプロセスであるが、空気が存在する環境下での嫌気性菌の研究の困難さのため、研究は進んでいない。

　メタン発酵は以下に示す四つの反応からなる。

①加水分解反応

　酸素を吸って生きている様々な種類の細菌（好気性細菌）が作用して、タンパク質、炭水化物、脂質、セルロースなどの高分子有機物を、低分子の糖、アミノ酸、脂肪酸などに加水分解する反応。

②有機酸（プロピオン酸 C_2H_5COOH、酪酸 C_3H_7COOH 等）の生成反応

　加水分解された有機物から有機酸生成細菌が、有機酸、二酸化炭素 CO_2、硫化水素 H_2S、アンモニア NH_3 等を造る反応。

③酢酸と水素の生成反応

　酢酸生成菌によって酢酸塩、CO_2、水素 H_2 が生成する反応。

④メタンと二酸化炭素の生成反応

217

第8章　バイオ燃料の現状と問題点

メタン生成菌によってメタンCH_4、CO_2、水H_2Oがアルカリ領域で生成する反応。

メタン生成菌によるメタンの生成経路には次の2経路がある。

（ i ）CH_3COOH（酢酸）→ CH_4（メタン）＋CO_2（二酸化炭素）

（ ii ）CO_2（二酸化炭素）＋$4H_2$（水素）→ CH_4（メタン）＋$2H_2O$

8.5.3　メタン生成菌の活動条件

①水分調節

メタン生成菌は50％以上の水分で活性化し、増殖する。メタン生成菌は廃棄物埋立地、水田、湖沼や牛の胃などに生息している。

②空気・光の遮断

メタン生成菌は偏性嫌気性菌なので、酸素により増殖が阻害される。好気性バクテリアにより、酸素が消費しつくされてから、メタン生成菌は活動する。光はメタン生成菌の増殖を抑えるが殺菌されることはない。

③温度調節

メタン生成菌の生息温度は次の三つに区分され、高温ほど有機物の分解速度が速く、メタンと二酸化炭素の発生量も多くなるが、メタン含有比率は低下する。高温細菌ほど温度の変動に鋭敏であるが、断熱技術の進歩や発酵槽の形状、処理条件が改良され、高温発酵のメタン発酵施設が増えつつある。

低温種：20℃以下

中温種：25℃〜35℃

高温種：45℃以上

④pH調節

アミノ酸等の分解で生成するアンモニアでpH値は7.5程度になるが、pH値が低下する場合、消石灰$Ca(OH)_2$などで調整する必要がある。

218

⑤有機性廃棄物（生ゴミ等）の安定した投入

メタン発酵槽の投入口付近での過負荷を避けるため、1～2回／日の間隔で投入する。投入可能な最大有機乾物（oTS）の量を発酵槽負荷［kg／oTSm3d］という。メタン生成菌が過栄養となりプロセスが崩壊しない限度の発酵槽負荷は、35℃の温度で0.5～1.5［kg／oTSm3d］とされており、絶対最大限度値は5kgと言われている。

⑥攪　拌

攪拌操作はメタン生成菌と有機性廃棄物を効率よく接触させたり、温度を均一にする効果がある。発生するガスで攪拌する方式もある。接触式のメタン発酵では、攪拌しない方式もある。

8.6　メタン発酵廃液の微細藻類による資源化

微細藻類は、一般に植物プランクトンと呼ばれており、太陽エネルギーとCO_2、無機塩を使って増殖する。世界中の海水、淡水域に生息し、スクアレンのような炭化水素を合成する微生物もいる。

葉・茎・根などを持たない微細藻類は、トウモロコシやサトウキビなどと比較して、光合成によるバイオ燃料の生産性が数十倍から100倍程度優れている。

微細藻類を用いたバイオ燃料生産に関する研究は、国内外で活発に進められ始めているが、特にアメリカでは、様々な独自技術を応用したベンチャー企業が、政府や民間ファンドからの多額の資金を活用し積極的に開発を進めている。2009年1月、コンチネンタル航空は微細藻類から得た液体バイオ燃料で旅客機のテスト飛行に成功している。

アメリカ国防総省は、「空軍が自国内で使う燃料のうち、半分を2016

第8章　バイオ燃料の現状と問題点

年までにバイオ燃料へ置き換える」という目標を設定。海軍や陸軍でも同様に具体的目標がある。また、ヨーロッパでも「2020年までに、EUの空港を利用する航空機は、燃料の10%をバイオ燃料にしなくてはならない」という施策を進めており、資金も投じられている。

　日本の現状は、大量に微細藻類を培養し、精製する技術の開発が大幅に遅れ、大規模に商業ベースでバイオ燃料の生産は行われていない。

　現在、日本で注目されている微細藻類について紹介する。

［筑波大学を中心としたグループ］

　微細藻類の一種「ボツリオコッカス※注(1)」と「オーランチオキトリウム※注(2)」を培養し、抽出した油をバイオ燃料にする研究が筑波大学の渡邉信教授を中心に行われている。ボツリオコッカスは、熱帯から亜寒帯まで幅広い地域の淡水に生息する微細藻類であり、水中からCO_2と窒素やリンを吸収して光合成を行い、細胞内に原油の主成分である炭化水素を造り出す。

　ボツリオコッカスなど多くの藻類は太陽光を利用して光合成を行う独立栄養藻類であるが、オーランチオキトリウムは、有機物を栄養にして成長する従属栄養藻類であり太陽光を必要としない。オーランチオキトリウムを工業的に生産する場合、餌として下水等の有機排水を培養液に使う。しかし、動植物性残渣や生ゴミなどを活用しても不足する可能性が憂慮される。

※注

(1)**ボツリオコッカス・ブラウニー**（学名：Botryococcus braunii ）

　ボツリオコッカスは、光合成によって炭化水素（ボツリオコッセン）を産生することで注目される緑藻の1種（※ボツリオコッカス属3種中の1種）。分類についても研究者によって諸説ある。

(2)**オーランチオキトリウム**（学名：Aurantiochytrium）

　オーランチオキトリウムの増殖は二分裂による。分裂した細胞がそのまま連結し続けることで小型の群体を形成する。遊走子は2本の不等長の鞭毛を持つ。ラビリンチュラ類の特徴である細胞外細胞質のネットワークはあまり発達しない。

　細胞はオレンジ色に呈色する場合があるが、これは細胞内に含まれるアスタキサンチン、フェニコキサンチン、カンタキサンチン、βカロテンなどの種々のカロテノイドによる。このオレンジ色（aurantius；ラテン語"橙黄色の"）が属名の由来である。他にアラキドン酸・ドコサヘキサエン酸などの不飽和脂肪酸（高度不飽和脂肪酸　Poly-unsaturated fatty acid；PUFA）が含まれる。

220

8.6 メタン発酵廃液の微細藻類による資源化

オーランチオキトリウムは、その増殖速度が極端に優れている。その倍加時間は10℃で11.96時間、20℃で4.2時間、30℃だと2.1時間。ボツリオコッカスと比べるとオイル生成量は3分の1と少ないが、36倍の速さで増殖する。オイル生産効率は単純計算でボツリオコッカスの12倍になる。

オーランチオキトリウムが産生する油は、油脂ではなくスクアレン（squalene）という人体にも存在する$C_{10}H_{50}$という組成の炭化水素である。

スクアレンとはテルペノイドに属する炭化水素で、融点マイナス75℃、比重0.858。1906年、東京工業試験所の辻本満丸によってクロコザメの肝油から発見され、1926年、イシドール・ヒールブロンによって構造が決定された。スクアレンはステロイド骨格の中間体でもあり、多くの動物に分布している。ヒトなど哺乳類ではメバロン酸経路を通じてアセチルCoAより肝臓や皮膚で800mg／日程度、生合成されるが、さらにコレステロールに転化されるため、その存在量は多くない。

広さ1ha・深さ1mの培養装置でオーランチオキトリウムを培養すると、4日ごとに収穫では年間約1,000tのオイルが採取できる。倍加時間を4時間として4時間ごとに67％を収穫し、同量の新鮮培養液を継ぎ足すという連続生産システムにすれば年間1万t以上のオイルがとれることになる。

現在、日本が輸入している石油量は約1億9,000万t。連続生産システムを利用すると、2万haあれば2億tの石油生産が可能になる。2万ha（200㎢）は霞ヶ浦の面積（220㎢）とほぼ等しい。

2008年度農林水産省の「耕作放棄地に関する現地調査」によれば、全国で28万4,000haの耕作放棄地が存在する。そのうちの10％をオーランチオキトリウムの連続生産システムの用地として利用すれば、日本の石油需要量は賄われる計算となり、原油輸入国家から原油輸出国家に転換することも可能となる。

現在、次のような組織が微細藻類の研究を行っている。

第8章　バイオ燃料の現状と問題点

[電源開発（J-POWER）、東京農工大学、ヤマハ発動機グループ]

　J-POWERでは海洋微細藻類を用いたバイオ液体燃料の研究開発を行ってきた。海洋微細藻類を用いる最も大きな利点を次に挙げる。

- 海水を活用できる。

　海水はほぼ無限といってよく、内陸部でない限り水資源として容易に活用できる。このことから海洋微細藻類の活用は水資源保護や周辺分野への影響を少なくすることができる。

- 海水は微細藻類の生育に必要な多くの栄養塩を含有し、効率的に培養するため不足する栄養塩を添加するだけで良い。

- 陸上に比べると培養に活用できる広大な面積を得やすい。

（問題点）

　微細藻類を用いたバイオ燃料生産はエネルギー生産プロセスであることが必須である。付加価値の高い物質生産などは、主に経済的な収支を追えば良いが、エネルギー生産プロセスとする場合、プロセス全体エネルギー収支比（EPR：Energy Payback Ratio）を評価しなければならない。

[IHI、神戸大学グループ]

　IHIは、油分を大量に含む微細藻類を屋外で安定培養することに成功したと発表した。培養試験で利用した藻は、神戸大学の榎本平教授が顧問を務めるジーン・アンド・ジーン テクノロジーが発見した高速増殖型ボツリオコッカス（榎本藻）をベースに、ネオ・モルガン研究所が様々な改良を加えたもので、IHIが保有するプラント技術で屋外の開放型の池で増殖に必要なエネルギー源として太陽光のみを利用し、他の藻類や雑菌などに負けない培養方法を開発した。このため、藻を高濃度で安定的に増殖させることができるのが特徴である。

[デンソー、慶応義塾大学グループ]と[ユーグレナ、JX日鉱日石エネルギー（現JXエネルギー）、日立プラントグループ]については、紙幅の関係でウィキペディア（Wikipedia）を参照されたい。

222

8.6 メタン発酵廃液の微細藻類による資源化

▶第8章のポイント

植物はCO_2とH_2Oを原料にして、太陽光を使って自身の体を光合成する。人類は植物を燃料として火の使用ができるようになった。植物を燃焼させて発生する熱や光のエネルギーは元をただせば太陽エネルギーなのである。化石燃料と言われている石炭、原油、天然ガスは昔の植物が変化したものである。

バイオエタノールは1930年代に失敗した技術であり、燃焼やエネルギーを得る技術としては最初からダメなことがわかっているのに多額の税金が浪費されてしまった。しかし、その責任を誰もとらない。

藻類が持つ並外れた光合成の威力を利用したバイオ燃料の製造は、日本が鋭意進める必要があるが、バイオエタノールほど騒がれず税金も使われておらず、規制ばかりを強化しようとしている。

第9章

廃棄物処理と高圧化学

9.1 蒸気機関と硬水

　ジェームズ・ワットの改良により、格段に進歩した蒸気機関は、産業革命の原動力になった。ヨーロッパはカルシウムやマグネシウム濃度の高い水が多く、このような水をボイラーで加熱すると、炭酸カルシウム、炭酸マグネシウム、硫酸カルシウム（$CaSO_4$：石膏）等がボイラー壁面や蒸気パイプに硬い石となって析出する。これを缶石という。硬い石が析出する水なので硬水という。硬水といっても水自体が硬いわけではない。蒸気機関が鉱山や工場ばかりでなく、汽船や蒸気機関車にまで普及すると、蒸気パイプが缶石で詰まり、ボイラーが大爆発する事故が相次いだ。多発するボイラーの爆破事故が、ヨーロッパにおける高圧技術を進歩させるきっかけとなった。

第9章 廃棄物処理と高圧化学

9.2 硬水と缶石の生成反応

　不溶性の炭酸カルシウム（$CaCO_3$：石灰石）は、大気中の炭酸ガスが水に溶けた炭酸H_2CO_3に溶けて、炭酸水素カルシウム$Ca(HCO_3)_2$（重炭酸カルシウム）になる。

　　$CaCO_3 + CO_2 + H_2O \rightarrow Ca(HCO_3)_2$ ……（硬水の生成反応）

　硬水を加熱すると、重炭酸カルシウムは元の炭酸ガスと炭酸塩に分解する。

　　$Ca(HCO_3)_2 \rightarrow CaCO_3 + CO_2 + H_2O$ ……（重炭酸カルシウムの分解・析出）

　マグネシウムMgの場合、反応式中のCaをMgに置き換えただけの反応式で示すことができる。

　硬度の基準は分析技術があまり発達していなかった時代に決めたものであり、ヨーロッパとアメリカでは異なる。蒸気機関が減った現代社会では、化学的にも、飲み水の基準としても、あまり意味はなく、Ca^{2+}イオンやMg^{2+}イオン濃度で表示すべきものであるにもかかわらず水の分野では、相変わらず硬度やアルカリ度が通用している。

9.3 高圧化学の発達

　20世紀に入ると、フリッツ・ハーバーとカール・ボッシュにより、空

226

気中の窒素と石炭から製造した水素を高圧でアンモニアにする空中窒素固定法により、窒素肥料を大量生産することができ、農業革命が起きた。

9.3.1 湿式酸化法 (ジンマーマン法)

1935年、アメリカ人のジンマーマンは、化学パルプ製造工程から発生する黒液を加圧空気で部分酸化すると、黒液中のリグニンがバニラアイスや洋菓子の香料として使われるバニリンに変化することを発見し、黒液からバニリンを製造する方法を開発した。これが発明者の名前をとったジンマーマン・プロセス (Zimmerman Process；ジンプロ) である。その後、高水分の泥炭からのエネルギー回収がジンプロにより実用化された。

常温常圧の水中でも有機物は酸化されるが、酸化速度がきわめて遅い。

高濃度の有機性廃棄物 (屎尿、下水汚泥等) に高温高圧下で、空気を吹き込むと水中で湿式酸化されCO_2、窒素ガス、水、低分子有機物などに分解する。水中で有機物が、炎や煙を出して燃えるわけではないので、二酸化硫黄、窒素酸化物、煤塵などの大気汚染物質は発生しない。また、有機性廃棄物中に含まれていた金属化合物や燐酸塩は、不溶性になり脱水ケーキとともに除去することができる。

湿式酸化 (ジンプロ) は、焼却処理のように水の蒸発潜熱に熱エネルギーが奪われることはなく、ひとたび酸化反応が始まれば有機物の酸化に伴う発熱で反応は持続し、補助燃料は必要ない。有機物濃度 (COD) の高い廃棄物ほど、熱エネルギーの発生量が多いので酸化分解で発生する蒸気やガスを熱や電力としてエネルギー回収することができるが、酢酸のような低分子で安定な有機物を100％酸化分解させることはできない。しかし、通常はエネルギー消費や耐圧容器の設備費用など、経済性からさほど高温高圧で操業してはいないので、安定な低分子有機物 (酢酸等のBOD成分)

第9章　廃棄物処理と高圧化学

が残ってしまい、これを活性汚泥法などで生物処理しなければならなかった。これが原因でジンプロはあまり普及しなかった。

通常の下水汚泥など高水分有機物は、脱水せずに3～6％のスラリー状のまま、温度200～260℃・圧力80～90kg/㎠の条件下で酸化分解している。下水汚泥のCODは約6万ppmである。即ち汚泥100kg中の有機物により6kgの酸素が消費されることになる。

1kgのCODは16.25Mj（メガジュール）の熱量を発生するので、汚泥1kgから0.97Mj（約4,000kcal）の熱量が理論的には得られることになる。

ジンプロでは汚泥を濃縮するだけで、脱水する必要がないので濾過助剤や濾過機も不要であり、管理のやっかいな濾過操作が省ける。濾過助剤が混入しないので酸化分解した残渣の量は、元の汚泥の2％程度にまで減容する。また、残渣の脱水濾過は容易で凝集剤などは不要である。

9.3.2　触媒湿式酸化法（CWO）

コークス炉から発生するガス液と称する廃液には、シアン化合物、フェノール、ベンゼンなど生物に毒性のある成分が含まれている。ガス液は、水質汚濁防止法制定当初、活性汚泥法で処理していたが、その処理効果はほとんどなかった。

大阪ガスは、都市ガス製造で培った触媒技術をベースに、ガス液など生物処理困難な産業廃水処理用にジンプロの欠点を解消する技術（触媒湿式酸化プロセス：CWO）を開発した。

触媒を使用して難分解性有機物も分解できる触媒湿式酸化法は高濃度有機排水やアンモニア含有廃水処理に適している。コークス炉廃液（ガス液）の湿式酸化処理における運転条件は、酸化温度250℃・圧力7MPa（70kg/㎠）程度である。

触媒としては、チタニア、ジルコニア、アルミナ等の担体に、貴金属成

228

9.3 高圧化学の発達

分或いは卑金属成分を数％担持させたものが用いられている。触媒を使用するため、湿式酸化の弱点であった酢酸が残留するという問題も解決され、酢酸は炭酸ガスと水に酸化分解される。触媒を用いた接触湿式酸化ではアンモニアは窒素に、硫黄化合物は硫酸にまで酸化される。

酸素富化空気または純酸素を用いれば、エネルギー回収はさらに有利になる。

また、大阪ガスでは、すべての可燃性廃棄物（紙、プラスチック、生ゴミなど）を高濃度に液体化する可溶化塔などを設けることで、可燃物の処理（処理能力：30kg／日）も可能な新型アクアループシステム（生物処理＋触媒湿式酸化処理）も開発した。

このシステムは、ランニングコストが低く、廃熱回収利用できる。可溶化塔に投入された紙、プラスチック、生ゴミ等は、高温高圧下で酢酸等の低分子有機酸に酸化分解され、水溶液になる。生成した有機酸等はさらに触媒反応塔（150〜300℃・圧力1〜10Mpa）で酸化分解し、水、窒素、炭酸ガス、余剰酸素が主成分の排ガスに分解される。このシステムで処理された水のBOD・SSは2〜3ppmで水道水並みのきれいな水になるので、処理水は中水として植栽の散水やトイレに再利用できる。窒素酸化物や硫黄酸化物は、環境基準レベルまで浄化され、ダイオキシン濃度も基準値よりはるかに低い値になる。また、プロセスから発生した廃熱の高効率な有効利用が可能になる。

9.3.3 亜臨界水熱分解法

近年、酸素（空気）を用いず、高温高圧で生ゴミ等を湿式水熱分解する亜臨界水熱分解法も開発されている。この方法で生ゴミを水熱分解した後、メタン発酵を行うとメタンの発生量が大幅に上昇することが知られている。

第9章　廃棄物処理と高圧化学

9.4　加圧殺菌とSTAP細胞

　食品加工の分野では、加熱殺菌とは全く異なる常温での高圧殺菌処理が実用化されている。

　［高圧殺菌の特徴］

- 有機物の共有結合が開裂しないので、栄養素の破壊や異臭の発生が少なく、有害な物質も生成しない。
- 高圧処理による非加熱殺菌法は高温にしないので、色や香りを残したまま食品を殺菌することが可能になる。
- 瞬時に圧力が均一に伝わることで調理ムラがなく、短時間で殺菌ができる。
- 加圧殺菌に要するエネルギーは加熱殺菌の約16分の1である。

　高圧処理による食品加工は、非加熱殺菌法として、ジャムやジュース、よもぎ餅（よもぎのみを高圧処理）などが商品化されている。タンパク質やでんぷんへの高圧処理により今までにない食品が期待されている。

9.4.1　STAP細胞に対する疑問

　「生物細胞学の歴史を愚弄する」と酷評されたSTAP細胞について、テレビで見ただけの乏しい情報を基に、細胞に対する知識の皆無な門外漢から見当違いからも知れない意見を述べてみたい。

　哺乳動物の細胞がpHを変えただけで、幹細胞に戻るのであったら、胃の中では年がら年中、幹細胞ができていなければならない。当事者が気付いていないか、或いは知っていてもコツ（ノウハウ）として秘密にしてい

230

9.4 加圧殺菌とSTAP細胞

るのか、知る由もないが、細胞分離の段階でキャピラリー（毛細管）を通す工程である。毛細管を通すためには、地表の生物が日常受ける気圧よりはるかに高圧をかけているはずである。毛細管を通しただけでも幹細胞を生じるということなので、幹細胞になる条件は、pHよりむしろ、圧力と温度と時間に関係があるのではないか。

　高圧殺菌の事例からもあまりに高圧にすれば、細胞は破壊され死んでしまう。細胞が破壊される寸前まで加圧すると、細胞は生き残るために幹細胞にまで変化するのではないか。

　因みに妊娠中の女性がダイエットをすると、母体の生活環境が飢餓状態にあると認識した胎児の細胞は、肥満児になるように変化するという。

▶ 第9章のポイント

　産業革命の主力を担った蒸気機関は、高圧の水蒸気を利用したものである。ボイラーの爆発原因となった硬水から析出する缶石から、水の科学が始まり、これがアンモニア製造・石炭液化等の高圧工業へと進化していく。高圧による湿式酸化は処理困難な廃液の分解処理へと進んで行き、食品の殺菌などにも応用されている。

第10章

電　　池

　充電できるリチウムイオン電池はスマートフォンから自動車に至るまで普及し、負極は炭素に替わりシリコン合金、正極はコバルト、ニッケル、マンガンの三元リチウム塩など、容量の増加が図られているが、一方、マグネシウムなどを使った自動車用電池の開発も行われている。

　そこで電池を化学的に考えることにする。

10.1　乾電池とその問題点

　乾電池と水銀問題について、1976年の拙著で指摘したが、ほとんど問題視されなかった。1983年「暮しの手帖」が取り上げると、社会問題となり、多くの自治体で乾電池の分別収集を始めた。現在、ほとんどの乾電池は水銀使用0（ゼロ）になっている。乾電池問題が激化していた頃、乾電池を製造するために消費したエネルギーと乾電池から得られるエネルギーの比率を知るために筆者は、乾電池工業会の専務理事（故人）を訪ね

233

第10章　電　　池

たが「そんなこと考えたこともなく、当然そんなデータはない」という答えに唖然としてしまった。

　100年以上の歴史を有するマンガン乾電池はほとんど研究されたことのない代物であった。仕方なく筆者は、原単位が存在する電気亜鉛、二酸化マンガン、鉄のデータのみを使用し、炭素棒、炭素など原単位の不明なものや乾電池組立にかかるエネルギー等を0と仮定して試算を試みた。その結果は製造に消費されたエネルギーのたった0.4％しか利用できないという想像を絶するものであった。計算間違いがないか何度か検算したが、間違いは発見できなかった。電気エネルギーを貯蔵するはずのマンガン乾電池は極端に効率が悪い製品であることを実感した。前々から電池はあまり研究されておらず、高性能な電池が出現しないのは、電池業界の遅れにあったことを知ることになった。

　金属ではない気体の水素を使う燃料電池自動車は、発生する熱の利用が夏季にはできず、また、化石燃料（褐炭）から水素を製造する工程からは二酸化炭素が発生する。また、特許を公開しても、手を挙げる企業は今のところない。燃料電池自動車は世界の趨勢に反しており、このまま開発を進めれば、世界に通用しない「ガラケー」の二の舞になる可能性は大きい。

10.2　電池と化学反応

　化学反応（chemical reaction）とは、原子間の結合の生成、或いは切断によって異なる物質を生成する現象のことである。反応する物質を反応物或いは基質（substrate）、反応によって生ずる物質を生成物（product）と呼ぶ。

　化学反応はいくつかに分類されているが、その中で電池に関係のある化

10. 2　電池と化学反応

学反応に、反応する物質どうしで電子をやりとりして反応の前後で物質の
酸化数（原子価）が変化する酸化還元反応がある。英語では還元（Reduction）
／酸化（Oxidation）或いはレドックス（Redox）という。

　人類が他の動物と異なることの一つに火の使用がある。枯木や枯草が燃
焼する化学反応は、燃料（還元剤）が空気中の酸素（酸化剤）で酸化され
る酸化還元反応であることを、フランス革命で断頭台の露と消えた"近代
化学の父"ラボアジェが解明した。

　電池の場合、還元剤には金属が用いられるのが普通である。酸化剤とし
ては金属の酸化物や空気を用いる。酸化還元反応は、一組の酸化される物
質（還元剤）と還元される物質（酸化剤）があって初めて成立する。

　電池の酸化還元反応式では、負極（－極）で酸化される物質から放出
される電子と、正極（＋極）で還元される物質が受け取る電子を分けて記
述する。このように電子を含んで式化したものを半反応式、半電池反応式、
半電池式などと呼ぶ。

　左辺に反応物（reactant）、右辺に生成物（product）を示し、筆者の学
生時代には、数学で使う等号（イコール：＝）でつないでいたが、現在は
右向きの矢印で示す。

　ダニエル電池は、イギリスの化学者ジョン・フレデリック・ダニエル（1790
－1845）が1836年に発明した電池で、ボルタ電池を改良したものである。

　金属亜鉛Znを硫酸銅$CuSO_4$水溶液に浸漬すると金属亜鉛が硫酸銅によっ
て酸化されて硫酸亜鉛（亜鉛イオンZn^{2+}）になり、硫酸銅は金属亜鉛で
還元されて金属銅Cuになる。

$$Zn \ + \ CuSO_4 \ \ \rightarrow \ \ ZnSO_4 \ + \ Cu \ \cdots\cdots\cdots \ ①$$

反応物Reactant　　→　　生成物Product

　負極（マイナス側）に硫酸亜鉛溶液と金属亜鉛、正極（プラス側）に硫
酸銅溶液と金属銅を入れ、これを素焼の容器（隔壁）を用いて溶液が混合
しないようにして、金属亜鉛と金属銅を導線でつなぐと、両極の間に電流

235

第10章　電　　池

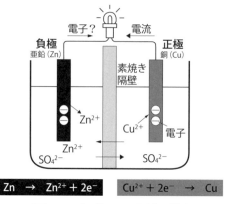

【図10−1】ダニエル電池の構成

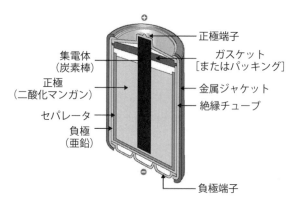

【図10−2】ルクランシェ電池（マンガン乾電池）

が流れる。酸化反応と還元反応を隔壁で分割してやると電子の流れである電流を外部に取り出して電力として利用することができる。

　ダニエル電池の放電を持続させるためには、$ZnSO_4$水溶液の濃度を薄く、$CuSO_4$水溶液の濃度を濃くするのが良い。

　　負極：$Zn \rightarrow Zn^{2+} + 2e^-$ …… e^-は電子を表す。
　　　　これを電流として取り出す。

正極：$Cu^{2+} + 2e^- \rightarrow Cu$

全体：$Zn + Cu^{2+} \rightarrow Zn^{2+} + Cu$ …… ②

②式は①式をイオン式で表示したもので、反応に関与しない硫酸イオン SO_4^{2-} は省略されている。

10.3 電池の電流供給源は金属

据置用電池を除き、電池は、小型・軽量が重要な要素である。電池に使われる金属には、酸化数が＋１、＋２、＋３のものがあるので、単純に比重（密度）だけを比較しても意味はなく、軽い金属は容積が大きいという問題もある。

因みに最も軽い金属元素はリチウムである。ベリリウムはリチウムに次ぐ軽量の金属であるが、毒性と資源賦存量から電池の対象金属とはなりえない。マグネシウムは原子量24.3であるが＋２価の金属であり、電子１個当たりの原子量は12.15になる。アルミニウムは原子量27で＋３価の金属であり、電子１個当たりの原子量は９になり、マグネシウムより重量面だけからは有利である。

10.4 マグネシウム空気電池

負極に金属マグネシウム、正極に空気中の酸素、電解液には食塩水を用

第10章　電　　池

いるマグネシウム電池は、海での遭難に対処するため救急用乾電池として
実用化されている。

放電の反応式

正極：$O_2 + 2H_2O + 4e^- \rightarrow 4OH^-$（E0 = 0.4V）

負極：$Mg \rightarrow Mg^{2+} + 2e^-$（E0 = -2.36V）

全体：$2Mg + O_2 + 2H_2O \rightarrow 2Mg^{2+} + 4OH^-$

10.4.1　実用化への課題

　自己放電を防ぐために電解液をアルカリ性にすると、表面が不動態にな
る。また余分な熱も発生する。生成する水酸化マグネシウムが電解液に溶
解しやすくするための補助剤を加えることで回避する。

　小濱泰昭東北大学名誉教授率いるエアロトレイン開発チームはエアロト
レインに使ったマグネシウム・カルシウム合金を海水に浸して電池を造る
実験をしたところ、従来よりはるかに長く電気が発生することを発見した。
これはマグネシウムとカルシウムが不動態の原因となる水酸化物イオンを
奪い合い続けるため、水酸化物イオンが結びつく相手を変えた瞬間に電極
のマグネシウムが溶け出す現象が起こるからである。現状で反応（放電）
速度を制限しているのはマグネシウムのイオン化速度ではなく酸素の吸収
速度であり、大電流を取り出すためにはより高効率な酸素の吸収を行える
空気極の開発が必要である。

10.4.2　使用済みマグネシウムの再生

　放電によって生成する水酸化マグネシウムは、安定した物質であり、金
属マグネシウムに還元することは容易ではない。東北大学方式として、フェ

ロシリコンや炭素等を還元剤として太陽炉で還元揮発（ピジョン法）する金属マグネシウムを製造する方法を検討中という。

　大量に発生するマグネシウム蒸気が光を導入する窓への付着することや、炭素還元剤を使用した場合に発生する二酸化炭素等々の問題により、単純な太陽炉でのエネルギー循環は未解決の部分が多い。

　これに対して、東京工業大学の矢部教授らは、太陽光から造るレーザーや、自然エネルギーから得た半導体レーザーを用いたマグネシウム再生を提案している。

10.4.3　マグネシウム循環社会構想

　金属マグネシウムをエネルギー貯蔵庫とし、これを電池や発電に使い生成するマグネシウム化合物を太陽光を用いて元の金属マグネシウムに還元することにより、自然エネルギーを循環使用するという「マグネシウム循環社会」構想は、2006年に東京工業大学の矢部教授によって提案された。さらに2007年には、矢部教授らによって自動車等の利用に燃料取り換え可能のマグネシウム電池（マグネシウム燃料電池）が提案された。

　2012年には、この燃料型マグネシウム電池の特許が成立し、実用化に向かって大きく前進している。この電池はフィルム型マグネシウム電池と呼ばれており、蒸着したマグネシウムフィルムをテープレコーダーのように巻き取りつつ発電していくものである。

　フィルム型の利点は、高効率であること、使用していない状態でのマグネシウムの劣化がなく、長時間の停止状態からすぐに再開できること、熱暴走などにより電池全体が損傷したり、火災の危険などの問題がないことなど、多くの特徴を持っている。現在、この電池は実用化に向かって進んでいるようである。

　2013年12月、矢部教授らのグループと藤倉ゴム工業が共同で開発した

第10章　電　　池

フィルム型マグネシウム電池を使った、塩水を交換しなくても長時間使える電池を動力とする車の走行試験に成功した。従来のマグネシウム電池には大量の塩水を数時間おきに交換する必要があるなどの問題があったが、開発されたフィルム型マグネシウム電池はその部分が解決されている。

10.5　マグネシウム空気二次電池の動き

　2014年7月、京都大学のグループがリチウムイオン二次電池と置き換え可能な高エネルギー密度マグネシウム金属二次電池の開発に成功したと発表。本論文がNature Publishing Groupのオンライン科学雑誌『Scientific Reports』に掲載された。マグネシウム電池は高い電圧を出せない課題があったが、新開発の正極と電解液を組み合わせて解決した。これにより、電気自動車や太陽光発電、風力発電の蓄電向けに大容量の大型電池を安く作れるようになり、企業と協力し実用化を目指すという。

240

10.5　マグネシウム空気二次電池の動き

▶第10章のポイント

　電池で動く製品が増え、使い捨ての乾電池から充電して何回も使える二次電池（充電池）へと移行している。風力・太陽光など自然エネルギーは変動するので、発電した電力を電池に貯蔵して、平滑化して使うという動きもある。

　一方、CO_2を発生しない電池で走る電気自動車として二次電池自動車と燃料電池自動車とがしのぎを削っている。

　電池に対する正しい知識を学び、世の中の動きに注目して欲しい。

COLUMN 4

レドックスフロー蓄電池

　レドックスフロー蓄電池は重量エネルギー密度が低く、リチウムイオン電池の5分の1程度と、小型化には向かない。しかし、サイクル寿命が1万回以上と長く、実用上10年以上利用できる。さらに構造が単純で火災に強く大型化に適するため、1,000kW級の電力用設備として実用化されている。

　セルの基本構造は図の通りで、実設備ではこれを幾重にも折りたたんだ多層構造としている。2種類のイオン溶液を陽イオン交換膜で隔て、両方の溶液に設けた炭素製電極上で酸化還元反応を同時に進めることによって、充放電を行う。

　充電時はプラス極に電流が流入（電子が流出）するので、4価のバナジウムは電子を失い5価に酸化される。同じくマイナス極では3価のバナジウムが電子を得て2価に還元される。放電時には、充電時の逆の反応が進行する。

　このとき、バナジウムの対イオンから見ると、プラス側では相手が過剰となり、マイナス側では不足する。これを調整するため陽イオン交換膜を水素イオン（プロトン）が通過し、バランスを取る。通過する水素イオンの量は充電した電荷と等しくなる。

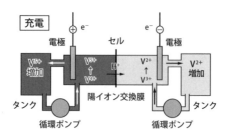

第11章

プラスチックと廃棄物

　廃棄物処理で常に問題になるのが廃プラスチックである。プラスチックは石油等の化石燃料から製造した自然界には存在しない人工合成有機物であるため、生物分解せず、埋立処分しても分解することなく、いつまでも埋立地に残っている。また、有機塩素化合物である塩化ビニル焼却に伴う塩化水素の発生とオキシクロリネーション（有機物の酸化塩素化反応）によるダイオキシンの発生が問題になって久しい。

　海鳥や海亀など海洋生物が餌と間違えて摂取し、喉につまらせたり、胃腸に詰まらせたりして死亡するという事故も問題になっていた。海鳥や海亀の誤飲など物理的な障害のほかに、化学物質の毒性への懸念も広がっている。

　現在、動物プランクトンと同程度の大きさを持った微細なマイクロプラスチックの浮遊が、世界各地の海域で確認されるようになってきている。問題は海の生物だけでなく、それらを口にしている私達の健康への脅威としても認識される。

　2015年6月8日に閉幕したG7エルマウ・サミットの首脳宣言で「マイクロプラスチック」による海洋汚染問題が取り上げられた。

　生物分解性でない微細な廃プラスチックによる海洋汚染と海洋生物への

243

第11章　プラスチックと廃棄物

影響、それに食物連鎖による有害な物質の人体影響などである。こうした
マイクロプラスチックに含まれる化学物質が、魚介類などに摂取され食物
連鎖で蓄積している可能性は避けられない。

11.1　プラスチックの誕生

　1909年、ベルギー系アメリカ人化学者レオ・ベークランド（1863 –
1944）は石炭酸とホルムアルデヒドの縮合物に木粉のような充填剤を加
えて、高温・高圧で成形硬化させる方法を開発し、翌年ベークライトとい
う商品名で工業的に製造、販売を始めた。世界初の工業的に製造されたベー
クライトは、天然の樹脂に似ているが、自然界に存在しない樹脂状人造合
成物質なので合成樹脂synthetic resinと呼ばれた。

　石炭酸を原料にするフェノール樹脂はプラスチック産業の先駆となり、
次々と新しいプラスチックが出現することになる。

　ベークライト（フェノール樹脂、石炭酸樹脂）は機械的強度が強く、化
学的に安定で腐敗せず、寸法安定性にも優れ、電気絶縁性が良好なため、
電気関係の部品として次第に普及した。現在でもフェノール樹脂は、電子
機器、電気製品、プリント基板やその他の分野で広く使われている。

11.2　塑性と弾性、熱可塑性樹脂と熱硬化性樹脂

　輪ゴムに力を加えると伸び、加えている力をなくすと、元に戻る。この

244

11. 2 塑性と弾性、熱可塑性樹脂と熱硬化性樹脂

ような性質を弾性elasticityという。粘土細工で、ある形をつくると、その形のままの状態が保たれ、変形しない。このような性質を塑性plasticityという。英語のプラスチックという言葉は、塑性を示すものという意味で合成樹脂という意味ではない。

プラスチックには、モノマー（単量体）分子が線状（二次元）に結合（重合・縮合）し、加熱すると分子運動が盛んになるため、線状をした高分子はお互いに滑りやすくなり軟化する、これを様々な形状に加圧成形し、冷えるとその形状を保持することができるプラスチックがある。このような線状高分子（線状ポリマー）を熱可塑性樹脂という。

一方、100年以上の歴史を有するフェノール樹脂は、反応途中の樹脂を成形加工し、加熱硬化させてしまうと、再度、加熱しても軟化しない。硬化反応により、高分子は三次元状架橋結合になるため、加熱して分子運動を盛んにしても、分子同士は滑ることができない。このようなプラスチックを熱硬化性樹脂という。熱硬化性樹脂と呼ばれている樹脂の中でも、船舶、浴槽、釣竿、テニスラケットなどに多用されている繊維強化プラスチック（FRP）には不飽和ポリエステル樹脂が使われており、この樹脂は加熱しなくても三次元架橋構造となり硬化するが、構造上から熱硬化性樹脂に分類されている。

1950年代半ばまでは、包装材料に竹の皮、経木、古新聞の袋などが使われていたが、これがプラスチックに代わり、ガラス瓶や瓶詰、缶詰、飲料缶などの容器をプラスチックが追い出していった。

プラスチックは非常に種類が多く、添加剤からラミネート製品まで含めると数百種類はあるものと予想されるが、容器包装に使われるプラスチックだけでも10種類以上ある。そのためリサイクルは困難を極める。

プラスチック（合成樹脂、合成高分子）は化学的構造により、その性状が決まる。

2014年におけるプラスチックの生産量は1,060万 t 、そのうちの89％は熱可塑性樹脂であり、熱硬化性樹脂は9％と全体の約1割弱に過ぎない。

245

第11章　プラスチックと廃棄物

11.3　プラスチックの種類

11.3.1　生産量の多いポリオレフィン樹脂

　ポリエチレン、ポリプロピレン、ポリスチレン樹脂をポリオレフィン樹脂という。中でもポリエチレン、ポリプロピレンは、プラスチック生産量のほぼ半分を占める。その理由は、プラスチックの用途のうち約40％は、袋やラップフィルムなどの包装材や建築土木用シート向けであり、素材としてこれらのプラスチックが適しているためである。

11.3.2　ポリエステル樹脂

　酸とアルコールとから水分子がはずれて生成した化合物をエステルという。無機化学反応では、酸とアルカリから水と塩が生成する反応を中和反応というが、有機化学反応ではアルカリに相当するものがアルコールであり、塩に該当するものがエステルと呼ばれる化合物である。

　ポリエチレンテレフタレート（ポリエステル樹脂）は、テレフタル酸というカルボキシル基を2個持つ有機酸（2価有機酸、ジカルボン酸）と2個のアルコール性水酸基（ヒドロキシル基、ジオール）を持つエチレングリコールという多価アルコールから水分子がはずれて（縮合という）結合したものである。エステル結合がたくさんある樹脂なのでポリエステルという。ポリとは多いという意味である。

　六角形をしたベンゼン核に2個のカルボン酸が結合した化合物をフタル

246

11.3　プラスチックの種類

酸というが、2個目のカルボキシル基が結合する位置によって、化学的性質が異なる3種類の異性体がある。

ベンゼン核で結合基（カルボキシル基）のすぐ隣の位置（オルトの位置）にカルボキシル基が結合した化合物をオルトフタル酸、ベンゼン核の炭素2個隔てたパラの位置にカルボキシル基が結合したものがパラフタル酸である。パラフタル酸はカルボキシル基がベンゼン核の最も遠い位置に結合しているのでテレフタル酸ともいう。テレホンのテレも遠いから生まれた言葉である。

カルボキシル基を2個以上持つカルボン酸を多価カルボン酸といい、2個以上のアルコール性水酸基を持つアルコールを多価アルコールという。

繊維やペットボトルなどに使われるポリエチレンテレフタレートPETは、樹脂の用途によって、名称が変化してきた。例えば繊維ではダクロン（アメリカ・デュポンの商標）、テトロン（帝人と東レの共同商標）など商品名のままで呼ばれることも多い。

1996年、自主規制の緩和で500ml以下の小型サイズのペットボトルが解禁され、これを機に飲料用のペットボトルが急速に普及する。それまでの缶容器では飲みかけの飲料を持ち運ぶのは困難であったが、キャップが付いたのでそれが可能になったためである。

ポリエステル樹脂は、もともとポリエステル繊維として登場したが、この素材は、その優れた性状から容器をはじめ繊維以外のボタンや卵のパッケージなどの成形品としても利用されるようになった。

11.3.3　不飽和ポリエステル樹脂（熱硬化性樹脂）

不飽和ポリエステルは、ガラス繊椎や炭素繊維を補強材として硬化させると機械的強度の優れた構造材科になる繊維強化プラスチック（FRP）ができる。

247

第11章　プラスチックと廃棄物

　不飽和ポリエステル樹脂はマレイン酸やフマル酸など不飽和ジカルボン
酸とプロピレングリコールなどのジオール（2価アルコール）からエステ
ル共縮合したポリエステルにスチレンなどの架橋剤を加えて共重合し三次
元橋かけ硬化させたものでネットワークポリマが形成される。

　耐熱温度は100～150℃程度であるが、トリアリルシアヌレートで橋か
けしたものは、260℃まで向上する。溶剤には侵されにくいが、酸やアル
カリに侵されやすいのが欠点である。ガラス繊維の表面にメタクリル酸の
塩化クロム化合物やトリクロロビニルシラン、ジクロロ-8-クロロアリ
ルビニルシランなどを常温で付着させる処理をすると、樹脂とガラス繊維
との密着性がよくなる。

　補強に使うガラス繊推や炭素繊維は、引っ張り強度が高いため、鋼に匹
敵する曲げや引っ張りに強いFRPができる。比重が1.65から1.8とアルミ
ニウム等の軽金属に比べてもはるかに軽くて丈夫なので、貯留槽、反応器、
構造材料などに使われたり、ヘルメット、浴槽、水槽、タンク、釣竿、船舶、
ボート、バイク、自動車、棒高跳びの棒、ゴルフのクラブ、テニスラケット、
化粧板、プリント配線基板など非常に広範囲に使用されている。FRP製廃
船処理が各地で問題になっている。

11.3.4　ナイロン（ポリアミド樹脂）…アミド結合-CONH-の構造

　1935年、アメリカ・デュポン社の研究者ウォーレス・カロザス（1896-
1937）は、石炭酸からヘキサメチレンジアミン$H_2N-(CH_2)_6-NH_2$とアジピ
ン酸$HOOC-(CH_2)_4-COOH$を合成し、これを縮合して、絹によく似てい
るナイロン66（商品名：ナイロン）を発明する。これが「蜘の糸より細く、
鋼鉄より強い石炭からできた夢の繊維」といわれたプラスチック繊維のナ
イロンである。

248

11. 3　プラスチックの種類

$nHOOC-(CH_2)_4-COOH ＋ nH_2N-(CH_2)_6-NH_2$
$→ (-OOC-(CH_2)_4-COHN-(CH_2)_6-NH-)n ＋ nH_2O$ ……（縮合）

　ナイロンの発明により、アメリカはパラシュート用の絹を輸入する必要がなくなり、第二次世界大戦を有利に戦えたという。このように戦略的な必要性から、化学工業は次々と新しい化学物質（人造合成物質）を生み出してきたのであった。

　平和が戻ると、ナイロンは女性の足を美しくする絹のストッキングの代わりにナイロンストッキングは普及する。絹より強いので敗戦後強くなったのは日本女性と靴下だなどと言われた。

11.3.5　スチレン樹脂

　エチレンの水素 1 個をフェニル基（$-C_6H_5$、ベンゼン核）で置換した構造をしているスチレンという液体がある。スチレンはスチロール（ドイツ語）とも呼ばれており、これを重合すると透明度は良いが、割れやすいポリスチレン樹脂ができる。ポリスチレンは、DVD の透明なケース、菓子折、使い捨ての透明なプラスチックカップやサジなどに用いられている。この樹脂を発泡させたものが包装材料として、広く普及している発泡ポリスチレンである。

（1）ブタジエン－ポリスチレン共重合体

　ブタジエン系ゴムをスチレンに溶解し、ポリスチレンをグラフト重合させると、ゴムのしなやかさを持ったゴム－ポリスチレン共重合体が得られる。これは生菌の乳酸菌飲料容器等に用いられている。

（2）ABS 樹脂

　ポリスチレンはもろい樹脂なのでブタジエンゴムラテックスにスチレンとアクリロニトリルのポリマーを加えてグラフト重合させたものが、アク

249

第11章　プラスチックと廃棄物

リロニトリル・ブタジエン・スチレン樹脂（ABS樹脂）である。

　頑丈な樹脂なので、プラスチックめっきを施して自動車部品として用いたり、自動車のダッシュボード、パソコン等のケース、旅行用トランク、電気掃除機のボディなどに広く利用されている。

（3）AS樹脂

アクリロニトリルとスチレンとを共重合させるとアクリロニトリル—スチレン共重合樹脂（AS樹脂）ができる。やや黄色味を帯びているが、透明で硬く、摩擦にも強く、成型時の寸法精度も優れているので自動車のテールライトカバー、バッテリーケース、使い捨てライター、扇風機の羽根、機械・電気部品等に使われている。

11.3.6　ポリカーボネート

　化合物名字訳基準に則った呼称はポリカルボナートである。モノマーの接合部が、カーボネート基（$-O-(C=O)-O-$）で構成されるため、この名が付けられた。ドイツのバイエル社が開発した。

　アクリル樹脂などとともにその透明度から有機ガラスとも呼ばれる。強度が優れているため、様々な製品の材料として利用される、熱可塑性プラスチックの一種である。

　ビスフェノールAとホスゲン（またはジフェニルカーボネート）を原料として生産される。塩化カルボニルを用いる場合は、界面重縮合でポリマー化される。また、ジフェニルカーボネートを用いる場合は、エステル交換による重合で合成される。

　哺乳瓶に使われていたポリカーボネートの原材料であるビスフェノールAが内分泌撹乱化学物質（環境ホルモン）として注目を浴び、現在は哺乳瓶としては使われていない。

　透明性に優れているため、旅客機の客室窓や軍用機の軽量風防ウィンド

11.3　プラスチックの種類

ウ、自動車・オートバイなどのテールライトレンズ、防弾ガラスの材料などに広く用いられている。

CD、DVD、ブルーレイなどや光学レンズ類、光ファイバー、カメラの本体、双眼鏡、液晶テレビのバックライト用拡散板、パソコンやスマートフォンの筐体、腕時計などに用いられている。

また、安価で耐衝撃性、耐熱性、難燃性など、エンジニアリングプラスチックの中でも優れているので電気電子機器、光学機器・医療機器に使用されており、特に力のかかるプラスチックねじで最も多く使われている材料である。

薬品耐久性はあまり良いとはいえない。特にアルカリや溶剤では劣化する。接着剤などが使用できない欠点がある。

エステル結合を持つため、高温高湿度の環境下では加水分解する。また、引張強度を超える力をかけると、白化して透明度が著しく低下する。

ラジコンカー、ミニ四駆のボディ、スーツケース、包装用または光学用フィルム、筆記用具、文房具、サングラスや眼鏡、ゴーグルなど、またポリカーボネート製の筆入れ「アーム筆入れ」は頑丈さを「象が踏んでも壊れない」と表現したテレビコマーシャル（CM）があった。

特殊部隊が使用するヘルメットの防弾バイザー、警察用の盾、警棒などにもその強度から採用されている。

交通用信号機では、愛知県や兵庫県の一部で設置され「暴走族の投石にも信号機のレンズが割れなかったこと」で材質にポリカーボネートを採用する企業が続出した。

最新型の信号機は分割タイプで西日対策タイプとLEDレンズタイプの2種類があり、パナソニックと京三製作所などで発売され設置されている地域もある。

（1）ポリカーボネートの処理

ポリカーボネートは炭素、水素、酸素からできている樹脂なので、完全燃焼させれば二酸化炭素と水しか生成せず、塩化ビニル樹脂のような塩化

第11章　プラスチックと廃棄物

水素の除去やダイオキシン対策の必要性はない。

11.4　マイクロプラスチック問題

　マイクロプラスチックは、環境中に存在する微小なプラスチック粒子であり、特に海洋で問題になっている。しかし、マイクロプラスチックの定義はまだ定まっておらず、研究者により、その定義は様々である。

- 海洋ゴミの約7％を占めるプラスチックゴミのうち大きさが5mmを下回ったもの、としているが、現場で採取に使用されるニューストンネットのメッシュサイズは333μm（0.333mm）なので、これだとネットを抜けてしまう微細粒子は含まれないことになる。
- 1mmよりも小さい顕微鏡サイズのすべてのプラスチック粒子
　マイクロプラスチックが野生生物や人間の健康に及ぼす影響は、科学的にはまだ研究段階であり解明されていない。

11.4.1　一次マイクロプラスチック

　マイクロプラスチックの発生源と疑われているものは多数存在する。工業用研磨材、角質除去タイプの洗顔料、洗浄ジェル、歯磨き粉、サンドブラスト用研削材などに直接使用するために生産され使われており、漂流プラスチックが劣化していくのとは別に生活排水からもこの問題が生じている。このように多様な消費者製品を生産するための前段階の原料（ペレットまたはナードルと呼ばれる）として間接的に使用するために生産されるマイクロプラスチックもある。

252

11.4 マイクロプラスチック問題

11.4.2 二次マイクロプラスチック

　二次マイクロプラスチックとは、海洋ゴミなどの大きなプラスチック材料が壊れてだんだん細かい粒子になる結果、環境中に形成されたマイクロプラスチックであり、この崩壊をもたらす原因を次に示す。

- 波などの機械的な力
- 太陽光（特に紫外線）が引き起こす光化学的プロセス
- 空気酸化

さらに、家庭での衣類の洗濯による布からの合成繊維の脱落。下水道に流れ込む洗濯排水中のマイクロプラスチック粒子と環境中のマイクロプラスチックの組成との比較により、1 mm 未満の粒径のマイクロプラスチック汚染の大半が脱落した合成繊維から構成される可能性がある。世界中のプラスチック消費量増加により、マイクロプラスチックは全世界の海洋に広く分布するようになり、その量は着実に増大している。

11.4.3 海洋環境への潜在的影響

　2008年9月9日から11日までアメリカのワシントン大学タコマ校で開催された、マイクロプラスチックの海洋ゴミの存在、影響及び環境運命についての最初の国際研究ワークショップに参加した研究者達は、以下の根拠によりマイクロプラスチックが海洋環境に問題をもたらしていることに合意した。

　マイクロプラスチックが海洋環境中に存在することが確認されており、海洋生物によるマイクロプラスチックの摂取が実証されている。また、これらの粒子の滞留期間が長いので、今後、集積する可能性が高い。

253

第11章 プラスチックと廃棄物

　これまでも海を漂うプラスチックゴミが海の生物によって誤飲・誤食される問題は指摘されてきた。例えば、海鳥の場合、(ア)消化管がプラスチックで詰まる、(イ)消化管の内部がプラスチックで傷つけられる、(ウ)栄養失調の原因になる、など大きな脅威になっている。これまでの研究は釣糸や漁網など大きいプラスチックに重点が置かれてきた。プラスチックに絡まるか、プラスチックを摂食するか、喉に詰まらせて窒息することによって、生物が衰弱して死んでしまうか、陸地に乗り上げて身動きができなくなるといったことに関連する問題は広く認識されている。

　これとは対照的に、マイクロプラスチックは5mmよりも小さくて目立たない存在であり、この大きさの粒子はきわめて幅広い生物種が利用しうる形態であるため、摂食されることが実証されているが、沈積物摂食性のゴカイと濾過摂食性のイガイの2例しか報告されていない。

　食物連鎖の下位にいる生物種の摂食の影響がほとんど知られていないことが不安をもたらしている。

　栄養段階を通じてマイクロプラスチックが移行するかどうかはまだわかっていない。

　マイクロプラスチックを摂食した後の海洋生物への影響は次の三つが考えられる。

- 摂食器官または消化管の物理的閉塞または損傷
- 摂食後のプラスチック成分の化学物質の内臓への浸出
- 吸収された化学物質の臓器による摂取と濃縮

　小動物は、偽りの満腹感のために食物の摂取が減る危険があり、その結果、飢餓状態に陥るか、それ以外の物理的被害を受ける。しかし、海洋生物に対する長期的な影響は現時点では未知である。

　また、プラスチックゴミが生物の運び屋的、働きをすることも実証されているので、大洋中の拡散の機会が増大することによって全世界の海の生物多様性が危機にさらされている。侵略的外来種と侵入種の拡散は、汎存

254

11. 4　マイクロプラスチック問題

種の拡散と同じくらい大きな問題である。

　海洋環境中に入り込むプラスチック材料の約半数は水に浮くが、生物の付着によってプラスチックゴミは海底に沈みやすくなる。沈んだプラスチックは底質生物と底質のガス交換プロセスを阻害する可能性があるが、これが重要になるのは大きいプラスチックゴミの場合である。

11. 4. 4　海洋で検出されている有機合成化学物質、残留性有機汚染物質［POPs］（マイクロプラスチックMicroplasticsに吸着）

化学品名	主な健康影響
アルジカルブ（テミック）	神経系への毒性が高い
ベンゼン	染色体損傷、貧血、血液疾患、白血病
四塩化炭素	がん、肝臓・腎臓・肺・中枢神経系の損傷
クロロホルム	肝臓・腎臓の損傷；発がん性が疑われる
ダイオキシン	皮膚疾患、がん、遺伝子変異
二臭化エチレン（EDB）	がん、男性不妊
ポリ塩化ビフェニル（PCBs）	肝臓・腎臓・肺の損傷
トリクロロエチレン（TCE）	高濃度で肝臓・腎臓の損傷、中枢神経系の機能低下、皮膚障害；発がん性と変異原性が疑われる
塩化ビニル	肝臓・腎臓・肺の損傷、肺・心血管、胃腸の障害、発がん性と変異原性が疑われる

　次期の残留性有機汚染物質に関するストックホルム条約（POPs条約、ストックホルム条約）締約国会議では、塩素化ナフタレンCNs、ヘキサクロロブタジェンHCBD、ペンタクロロフェノールPCPが追加される予定。さらに、デカブロモジフェニルエーテルDeBDEの条約対象物質への追加が審議されている。

255

第11章 プラスチックと廃棄物

11.5 マイクロプラスチックと残留性有機汚染物質

　2004年に残留性有機汚染物質（POPs）による地球環境汚染の防止のため、国際的に協調して製造・使用の禁止、非意図的生成物質の排出削減、廃棄物の適正管理等を規定したPOPs条約が発効した。同条約では、早急な対応が必要な物質として、ダイオキシンをはじめとする12種類が規定された。

　マイクロプラスチックは、環境と周囲の海水中に普通に存在するPOPsなどの合成有機化合物をその表面から高濃度に吸着し、移動する可能性がある。マイクロプラスチックが、このような経路を通ってPOPsを環境から生物に移行させる媒介者の働きをしているかどうかはまだ不明であるが、マイクロプラスチックが食物連鎖に入る潜在的な入口であることを示唆する証拠がある。さらに、プラスチックの製造中に加えられた添加剤が摂食時に浸出して生物に深刻な害をもたらす可能性も懸念されている。

　マイクロプラスチックは、廃プラスチックの物理的な障害にとどまらず、化学物質の毒性への懸念も広がっている。プラスチックに使われる添加剤には、有害性が指摘されるものも少なくない。これらは、マイクロプラスチックになっても残留している。さらに漂流するプラスチックからは、表面に吸着したポリ塩化ビフェニルPCBが高い頻度で検出されたという調査結果も出ている。プラスチックを誤飲した海鳥の脂肪に、体内で溶け出した有害化学物質が濃縮されている事例の報告は、懸念をさらに大きくしている。

256

11.6 プラスチックと環境ホルモン

　プラスチック添加剤による内分泌撹乱は、人と野生生物の生殖に関する健康に著しい影響を及ぼす恐れがある。

　現在のレベルでは、マイクロプラスチックがPCB、ダイオキシン、DDTなどのPOPsの外洋における地球化学的貯留層になる可能性は低い。しかし、小規模なスケールでマイクロプラスチックが化学的貯留層として大きい役割を果たすかどうかは明確ではない。大都市の港湾や、農業排水と工業廃水が集中する排水路などの汚染された人口密集地域においては貯留層機能があると考えられる。

　化石燃料を原料とするプラスチックは、ほとんどすべて生分解性がない。これに対して生分解性材料から生産したプラスチックは、現在開発中であるが、それらを大々的に使用する前に、環境中の特性を詳細に精査することが要求される。

　マイクロプラスチック問題は、既に日本の周辺にも及んでいる。環境省が2014年度に行った日本の沖合海域における漂流・海底ゴミ実態調査では、マイクロプラスチックが一定の密度で確認されているし、沿岸域における実態調査でも密度は沖合海域より低いものの、プラスチックの製造過程で難燃剤として添加されるポリ臭化ジフェニルエーテルや、漂流中に表面に吸着したPCBがマイクロプラスチックから比較的高い濃度で検出されたことが発表されている。

　マイクロプラスチックによる海洋汚染の問題は、2015年、国連環境計画（UNEP）から発表された「世界で新たに生じている環境問題」と題する報告書の中にも盛り込まれている。

　この報告書でも、「単なる便利さだけを追求して、安易にプラスチック

第11章　プラスチックと廃棄物

容器や包装を使う生活を改めるべき」であることが述べられている。国連
では、マイクロプラスチックが魚介類を食べる人間にどのような影響を与
えるのかについての専門家調査を開始したところだという。プラスチック
の分解スピードを考えれば、悪影響が検証された段階でプラスチック規制
に乗り出しても、対策としては遅すぎるという批判も有力である。食品、
生活用品、小売りなど消費者に接する企業はもちろん、化学業界にとって
も、マイクロプラスチック問題にどのような姿勢で臨むのかが問われてい
る。

▶第11章のポイント

　　1960年代、高度経済成長政策により始まったプラスチックの大量
生産は、たちまち廃プラスチック処理問題へと進行した。やがて環境
ホルモン、海洋生物への影響、マイクロプラスチックによる海洋汚染
など地球的規模での汚染問題にまで悪化している。

第12章

銅とその化合物（ニッケルとの分離）

　銅は導電体として電気製品には不可欠の金属であるが、人類が最初に出会った金属は川底などから採取した砂金と言われている。その後、自然銅や隕鉄（鉄の多い隕石）を拾い集め、叩いて延ばし、装飾品や武器などを製造していた。

　銅の精錬は紀元前5500年ごろペルシャで、炭酸銅鉱石から製錬していた。しかし、砒素やアンチモン等の不純物が多いため、強度が低く、装飾品くらいしか用途はなかった。

　紀元前3600年ごろ、メソポタミアのシュメール人が青銅（銅と錫の合金）を発見。銅より鋳造性がよく、強度も高いため、武器や生活の道具として使用され、青銅器時代を築いた。

　製錬（smelting）と精錬（refining）は、日本語では同じ発音でも、英語では全く異なる。鉱石を還元して金属を得るのが製錬、金属の純度を高める工程が精錬である。乾式製錬（pyrometallurgy；熱を使った製錬）、湿式製錬（hydrometallurgy；水を精製に使う製錬）、電気製錬（electrometallurgy；電解精錬）に大別できるが、鉱石精製の工程までを含めると、純粋に乾式製錬と言えるものは製鉄しかない。

　小型家電に使われている稀少金属は、単独の鉱石から精錬するものは少

259

第12章　銅とその化合物（ニッケルとの分離）

なく、汎用金属の精錬過程から副産物として得られるものが多い。

12.1　銅の精錬工程

　銅鉱石を露天掘や坑内掘により、採掘し、浮遊選鉱で得た精鉱を乾式製錬した後、電解精錬で電気銅を生産する方法は、現在でも銅精錬の主流を占めている。

　鉱床から銅鉱石（品位0.5～2％程度）を採掘し、鉱山で浮遊選鉱して品位20～40％程度に高めた銅精鉱にする。銅精鉱は、鉱山に付帯した製錬所で精錬したり、日本のように銅精鉱を輸入し、自社の銅製錬所で自熔炉等を用いて乾式製錬により品位99％以上の粗銅にする。

　粗銅を陽極、銅の種板を陰極として、希硫酸中で電気分解し陰極に銅を電着させる。電解槽の底には、銅よりイオン化傾向の小さい金属（貴金属）や硫酸塩が不溶性の鉛のような金属化合物が陽極泥として沈殿する。

　以前は粗銅を耐酸性の袋に入れて、袋にたまる陽極泥を回収していたが、現在は袋を付けずに電解槽の底に陽極泥を沈殿させるプロセスに代わっている。

　粗銅1tの電解精錬で生じる陽極泥の中から、銀が約1kg、金が約30g回収できる。この陽極泥（副産物）は、銅電解精錬の重要な収益になる。

　現在、銅の精錬は電気分解法で行われ、析出した銅の品位は99.99％以上でこれを電気銅と呼ぶ。この精錬プロセスを電解精錬という。

12.1.1　銅精錬プロセス

選鉱　粗鉱　Cu0.5～1.0％　→　銅精鉱Cu25～30％

260

製錬　銅精鉱 Cu25〜30%　→　粗銅（陽極・アノード）Cu99%以上

自熔炉内反応…高温で酸素O_2を用いて硫化物を燃焼させると、その燃焼熱で熔融し、粗銅とカラミに分離する。これらの工程から発生するSO_2から硫酸が製造されている。

$CuFeS_2$ ＋　SiO_2 ＋ O_2 → $Cu_2S・FeS$ ＋ $2FeO・SiO_2$ ＋ SO_2 ＋ 反応熱

銅精鉱　珪酸(珪石)酸素　鈹(カワ)　鎹(カラミ)　ガス

電解 粗銅（陽極・アノード）　Cu99% → 電気銅Cu99.99%以上

陽極（粗銅）　Cu → Cu^{2+} ＋ $2e^-$

陰極（電気銅）　Cu^{2+} ＋ $2e^-$ → Cu

銅よりイオン化傾向の大きい金属は、電解液である硫酸に溶解しており、銅とともに電解析出することはなく、電解液に次第に蓄積していく。特にニッケルの蓄積が多い。

不純物が蓄積すると電解効率が低下するため、電解液を濃縮して、粗製の硫酸ニッケル7水塩$NiSO_47H_2O$を晶析させ、電解液から分離する。

粗硫酸ニッケルには銅、亜鉛、鉄などの硫酸塩が不純物として混入しており、これらを精製・除去して、硫酸ニッケルより高価なニッケルめっき用に使用される塩化ニッケルを製造する。

12.2　銅精錬（湿式法）

銅鉱石から銅イオンを酸によって溶出させる方法には、採掘せずに、鉱石を溶解して水溶液として採取するインプレースリーチング、採掘した銅鉱石を堆積し、それに希硫酸を撒布して銅を溶出させるダンプリーチングやヒープリーチング、浮遊選鉱の残渣（脈石：ずり）などの堆積場に鉄バクテリアを含んだ水や硫酸などを撒布して、銅を溶出するバクテリアリー

第12章　銅とその化合物（ニッケルとの分離）

チングなどの湿式銅精錬法（SxEw法）（solvent extraction-electrowinning 溶媒抽出－電解採取）がある。バクテリアリーチングは溶出してきた硫酸銅溶液を空缶（鉄くず）などに接触させて、沈殿銅を回収する方法であり、小坂鉱山などでも実施されていた。

　堆積した銅鉱石から硫酸で銅イオンを溶出させた後、溶媒抽出により、銅イオンを濃縮して、電解により電気銅を生産する方法をSxEw法という。

　採掘する銅鉱石を大別すると硫化鉱と酸化鉱とに分けられる。主として硫化鉱は乾式製錬、酸化鉱はSxEw法を適用する。SxEw法では、乾式製錬過程を経ず、低品位の酸化鉱などから効率よく電気銅生産まで行えることからSxEw法による生産が増加している。SxEw法はアメリカ南部、チリ、ペルーのような乾燥地帯で発展した技術であり、降水量の多い地帯で適用するためには、土やシートを被せ、雨水による余分な水量の増加を防ぐ方法等がとられている。

　銅イオンの溶媒抽出は1960年代初頭、アメリカのゼネラルミルズ社がベンゼン基やメチル基を有するケトオキシムとアルドキシムを銅の溶媒抽出剤として開発した。これをケロシン5〜10％溶液として用いる。浸出液中の銅イオンは抽出剤のヒドロオキシオキシム二分子とキレート結合し、有機相へ抽出される。銅イオンはpH＝2以上で抽出されるが、第二鉄イオンFe^{3+}も抽出され始める。アルドキシムは結合力が強いため、いったん有機相へ抽出した銅を逆抽出（stripping）することは難しい。現在ではアルドキシムにアルコールやエステルを改質剤として加えたり、ケトオキシムと混合し、逆抽出ができるようにした試薬が市販されている。

　現在では、黄銅鉱主体の硫化鉱から浮遊選鉱で得た精鉱を微粉砕し、それを高温高圧で浸出し、その浸出液を溶媒抽出や電解採取工程で処理する現地製錬とSxEw法を組み合わせた方法も行われている。

262

12.2.1 SxEw法の長所と短所

長所：
- 酸化鉱と低品位硫化鉱の処理が可能である。
- 極低品位の廃石または尾鉱を処理することができる。
- エネルギー消費量が少ない。
- 水使用量が少ない。
- 主要消費財（硫酸・有機溶剤）再利用が可能。
- 地下水汚染は考えられるが、大気汚染がなく比較的環境に優しい。
- 従来の選鉱・製錬法より開発期間が短く、起業費、操業費が低い。
- 高品質の電気銅が得られる。

短所：
- 現地に電解工場等の施設の建設と多量の電力が必要。
- 副産物の貴金属の回収に追加費用を要する。

金属の溶媒抽出に使われる代表的な抽出剤を図12－1に示す。

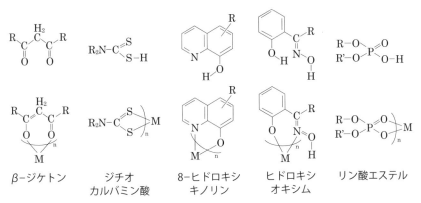

【図12－1】代表的な抽出剤と金属キレート（M^{n+}：金属イオン、R：長鎖アルキル基）

第12章　銅とその化合物（ニッケルとの分離）

12.3　粗硫酸ニッケルから塩化ニッケルの製造プロセス

12.3.1　粗硫酸ニッケルの精製

　分析化学などの常識では、pHの低いところから硫化物の生成しやすい金属硫化物を順番に硫化水素を用いて沈殿分離する。これを分族という。

　粗硫酸ニッケルの場合、共存するCu^{2+}イオンが触媒となって硫酸第一鉄の空気酸化が促進され、硫酸第二鉄となり、Fe^{3+}によって硫化水素H_2Sが酸化されてしまい、硫化銅CuSの沈殿生成を妨害する。そのため硫化物の生成を妨害する鉄イオンを最初に除去する必要がある。そこで、まず、次亜塩素酸ソーダで＋2価の鉄イオンを＋3価の鉄イオンに酸化し、pHを5程度に上げると、水酸化鉄（Ⅲ）が沈殿する。この沈殿をろ過・除去した後、硫化水素を通じると銅と亜鉛を硫化物として除去することができる。

　鉄イオンと銅イオンによる硫化水素H_2Sの酸化反応

　　$H_2S + Fe_2(SO_4)_3 \rightarrow 2FeSO_4 + H_2SO_4 + S$ ……（硫黄Sの遊離）

　　$2FeSO_4 + 2H_2SO_4 + O_2 \rightarrow Fe_2(SO_4)_3 + 2H_2O$ ……（空気酸化）

　脱鉄

　　$2FeSO_4 + H_2SO_4 + NaClO \rightarrow Fe_2(SO_4)_3 + NaCl + H_2O$ ……（鉄イオンⅡの酸化）

　　$Fe_2(SO_4)_3 + 6NaOH \rightarrow 2Fe(OH)_3 + 3Na_2SO_4$ ……（脱鉄・鉄イオンⅢの除去）

　脱銅・脱亜鉛 ……（脱鉄後に硫化物として除去）

　　$CuSO_4 + H_2S \rightarrow CuS + H_2SO_4$

　　$ZnSO_4 + H_2S \rightarrow ZnS + H_2SO_4$

12.3 粗硫酸ニッケルから塩化ニッケルの製造プロセス

12.3.2 塩化ニッケルの製法

精製した硫酸ニッケル$NiSO_4$に炭酸ソーダNa_2CO_3を加えると水に不溶性の塩基性炭酸ニッケル$NiCO_3 \cdot 2Ni(OH)_2$が生成する。

$$3NiSO_4 + 3Na_2CO_3 + 2H_2O \rightarrow NiCO_3 \cdot 2Ni(OH)_2 + 3Na_2SO_4 + 2CO_2$$

副生した硫酸ソーダ（Na_2SO_4芒硝）を傾瀉法（デカンテーション decantation）で水洗除去する。

傾瀉法とは、沈殿などの固形物を液体と分離するために、沈殿を含む液体を静置して固形物を沈殿させたのち、上澄みだけを流し去る操作をいう。工業的には泥状の固体やコロイド状の沈殿を洗浄するのによく用いる。

重金属の炭酸塩や水酸化物を傾瀉法で水洗すると、水溶性塩類の濃度が低下するにしたがい、沈澱は疎水コロイド粒子となり、表面電荷による静電反発力によって水中で分散し、沈降しにくくなる。塩基性炭酸ニッケルの場合、傾瀉法で水洗を続けると、硫酸ソーダの濃度が低下するにしたがい、沈降性が悪化し、上澄みが濁り沈降しなくなる。その理由は、疎水コロイドの形成にある（シュルツ・ハーディの法則）。

水洗を完了した塩基性炭酸ニッケルをフィルタープレスで脱水して、ケーキを塩酸に溶解・濃縮・晶析の工程を経て塩化ニッケル6水塩$NiCl_2 6H_2O$の結晶を得る。

$$NiCO_3 \cdot 2Ni(OH)_2 + 6HCl \rightarrow 3NiCl_2 + 5H_2O + CO_2$$

塩酸の代わりに硝酸を使用すると硝酸ニッケルを製造することができる。

第12章　銅とその化合物（ニッケルとの分離）

12.4　液体イオン交換法による塩化ニッケルの製法

　筆者は、傾瀉法による水洗工程を根底から覆し、水洗工程を皆無にし、尾液から芒硝を回収することも可能になるプロセス（液体イオン交換法）を開発した。

　このプロセスでは、塩基性炭酸ニッケルを製造したり、水洗したりする工程はなく、大量の水と数日かかる面倒な水洗工程と水洗槽は不要になった。

　合成有機酸（R-COOH）であるオクチル酸（2-エチルヘキソン酸）のケロシン溶液を苛性ソーダで鹸化（中和）し、水溶性のカルボン酸塩にする。

$$R\text{-}COOH \ + \ NaOH \quad \rightarrow \quad R\text{-}COONa \ + \ H_2O$$

　　　　　　　　……（中和反応・石鹸製造では鹸化という）

　精製した硫酸ニッケルとカルボン酸ナトリウム塩をイオン交換すると、オクチル酸ニッケルはケロシン溶媒相（上層）に移り浮く、下層の硫酸ソーダ（芒硝）を含む尾液（ラフィネート）を油相と分離する。尾液からの芒硝の回収は容易である。

$$NiSO_4 + 2R\text{-}COOH \rightarrow (R\text{-}COO)_2Ni + Na_2SO_4 \ \cdots\cdots（イオン交換反応）$$

　油相に濃塩酸を加えて逆抽出すると濃厚な塩化ニッケルの溶液が得られカルボン酸が再生される。

$$(R\text{-}COO)_2Ni \ + \ 2HCl \rightarrow NiCl_2 + 2R\text{-}COOH \ \cdots\cdots（塩酸で逆抽出）$$

　硝酸にて逆抽出すれば、硝酸ニッケル$Ni(NO_3)_2$が得られる。

$$(R\text{-}COO)_2Ni \ + \ 2HNO_3 \rightarrow Ni(NO_3)_2 + 2R\text{-}COOH \ \cdots\cdots（硝酸で逆抽出）$$

12.5　銅の化合物

　硫化水素を用いた脱銅・脱亜鉛プロセスをオクチル酸ニッケルとのイオン交換反応に転換することにより、硫化水素の使用をなくし、銅・亜鉛の回収を容易にする技術は、筆者が企業内技術者から独立した後に開発した。

　イオン交換法による脱銅・脱亜鉛……（ニッケル金属石鹸と銅・亜鉛イオンのイオン交換）

$$CuSO_4 + ZnSO_4 + 2(R\text{-}COO)_2Ni \rightarrow (R\text{-}COO)_2Cu + (R\text{-}COO)_2Zn + 2NiSO_4$$

12.5　銅の化合物

　銅に限らず、遷移金属（遷移元素）には複数の原子価（酸化数）を持つものが多い。原子価の小さい方の化合物を第一、大きい方を第二と呼ぶ。化合物や水和イオンが色を呈するものが多く、種々の配位子と錯体を形成することができ、触媒として有用なものも多い。

　銅の化合物には＋Ⅰ価（第一）と＋Ⅱ価（第二）の化合物がある。＋Ⅰ価の銅化合物としては、塩化第一銅、シアン化銅、酸化第一銅（亜酸化銅）などが重要であり、＋Ⅱ価の化合物として塩化第二銅、フタロシアニン銅、硫酸銅、塩基性炭酸銅、酸化第二銅、酢酸銅などが重要である。

12.5.1　第一銅化合物

(1) 塩化第一銅CuCl（Ⅰ）

　デュポンの研究者カロザス（ナイロンの発明者）と彼の協力者であるベルギー系アメリカ人ニューランドは、1928年、塩化第一銅CuCl（Ⅰ）を塩

第12章　銅とその化合物（ニッケルとの分離）

化アンモニウムNH_4Clに溶かした触媒（ニューランド触媒（NH_4）$_2CuCl_3$：トリクロロ銅アンモニウム）を用いて、アセチレン$CH{\equiv}CH$と塩化水素HClから有機塩素化合物であるクロロプレン$CH_2{=}CClCH{=}CH_2$の合成に成功する。

　　ニューランド触媒 …… $CuCl + 2NH_4Cl \rightarrow (NH_4)_2CuCl_3$

　　$2CH{\equiv}CH + HCl \rightarrow CH_2{=}CClCH{=}CH_2$

　このクロロプレンを重合させたものが、合成ゴム（商品名：ネオプレン）である。アメリカで工業化されてから約30年後の1960年代、昭和電工ではこのプロセスでクロロプレンを製造していたが、現在、クロロプレンはナフサを熱分解して生成するブタジエンを原料にして製造されている。

　［**アクリロニトリルの製造**］

　デュポン社は1948年に羊毛の風合いを持ったアクリロニトリル$CH_2{=}CHCN$（acrylonitrile）の繊維（オーロン・日本名カシミロン）を発表し、1950年に市販された。

　日本では1950年代末頃、三菱化成が日炭高松炭鉱から発生するメタンCH_4をアンモ酸化（ammoxidation）して得たシアン化水素HCNとアセチレン$CH{\equiv}CH$をニューランド触媒中で反応させてアクリロニトリルを製造していた。

　　$2CH_4 + 2NH_3 + 3O_2 \rightarrow 2HCN + 6H_2O$

　　$CH{\equiv}CH + HCN \rightarrow CH_2{=}CHCN$

　現在、アクリル繊維やABS樹脂の原料であるアクリロニトリルはソハイオ法で製造されており、炭素繊維の原料として重要である（**第6章6.5.1項**参照）。

　(2) 塩化第一銅の製法（乾式法）

　水分が存在しない状態で金属銅（銅線、電気銅板）を塩素Cl_2と反応させると、熱と光を発して激しい反応が起き、融点442℃の塩化第一銅$CuCl$が生成する。

268

12.5 銅の化合物

$2Cu + Cl_2 \rightarrow 2CuCl$……乾式製法：水分が存在しない状態での生成反応

　この反応をスタートさせる場合、金属銅を赤熱する必要がある。銅線に過剰な電流を流して赤熱させる方法や銅棒をバーナーで赤熱する方法などがある。この反応は熱と光が発生するので燃焼反応である。燃焼反応には必ずしも酸素は必要ないことがわかる。

　塩化第一銅の沸点は1,366℃と記されているが、熔融状態では、刺激性の強い塩化第一銅ヒューム（蒸気）が気化するのでその処理対策が必要である。塩化第一銅の熔融塩を冷却した銅製のドラムで塩化第一銅フレークにする。ニューランド触媒用はフレークで良いが、シアン化銅原料にする場合は粉砕して粉末にする必要がある。

　塩化第一銅はほとんど水に溶けず、水溶性塩化物である食塩NaClや塩化アンモニウム等には帯黄色透明のクロロ錯体を形成して溶解する。

$2CuCl + 4NaCl \rightarrow 2Na_2CuCl_3$……トリクロロ銅ソーダ（I）

　第一銅のトリクロロ銅錯体は不安定で水で希釈すると分解して塩化第一銅の白色結晶を析出する。

$Na_2CuCl_3 \rightarrow CuCl + 2NaCl$

　湿潤状態の塩化第一銅は空気酸化されやすく、すぐに第二銅に変化するため、窒素置換などによって空気を遮断した状態で乾燥しなければならない。

　食塩溶液中で金属銅と塩素を反応させると塩化第一銅と塩化第二銅の混合クロロ錯体溶液ができる。この溶液を過剰の金属銅か還元剤（亜硫酸ソーダNa_2SO_3等）で還元するとトリクロロ銅ソーダ（I）が得られる。

$2Cu + Cl_2 + 4NaCl \rightarrow 2Na_2CuCl_3$

　硫酸銅溶液に食塩を加え、亜硫酸ソーダで還元すると第一銅クロロ錯体

269

第12章　銅とその化合物（ニッケルとの分離）

が生成し、これを希釈すると塩化第一銅が得られる。

(3) シアン化第一銅CuCN（I）（青化銅）

シアン化第二銅は不安定で工業的な用途はないため、シアン化銅（青化銅）といえばシアン化第一銅CuCNを指す。塩化第一銅にシアン化ナトリウム（青化ソーダ）を加えると青化銅と食塩に複分解する。塩化第一銅は水に難溶性結晶であるが、塩化第一銅より溶解度の低いシアン化銅生成に向かって反応は右に進行する。

$$CuCl + NaCN \rightarrow CuCN + NaCl$$

$$Na_2CuCl_3 + NaCN \rightarrow CuCN + 3NaCl$$

上記の湿式プロセスの方が乾式CuCl製造行程がなく、廃ガス・廃水処理に有利である。

シアン化銅をシアン化ソーダに溶解したトリシアノ銅ソーダ$Na_2Cu(CN)_3$溶液で電解銅めっきをする。

$$CuCN + 2NaCN \rightarrow Na_2Cu(CN)_3 \cdots\cdots シアン系銅めっき浴$$

日本では、ニッケルが高価であったため、鉄素地に装飾用や耐食性のめっきをする場合、下地処理としてシアン化銅をシアン化ソーダに溶解したシアン系銅めっき浴が多用されていた。

硫酸銅のような酸性のめっき浴に鉄を浸漬すると、イオン化傾向の差によって瞬時に金属銅が析出し、その銅は沈殿銅同様で手でこすると剥げ落ちてしまうので銅めっきとしては使えない。現在は有害物質のシアン化合物の使用を極力低下させるため、下地処理であるストライクめっきに使われている。

ストライクめっきとは素地の不働態皮膜を除去・活性化し、めっきの密着をよくするために行われる下地めっきのことである。普通より高電流をかけ短時間で処理する。鉄素地へのストライクめっきは、鉄素地の被覆、ふくれ、剥げなど密着不良防止にもなっている。

270

12.5.2 第二銅化合物

(1) 塩化第二銅 $CuCl_2$(II)

＋II価の銅化合物も触媒やその他の用途で重要な地位を占めている。塩酸水溶液中で金属銅と塩素 Cl_2 を反応させると＋II価の銅塩化物(II)である塩化第二銅 $CuCl_2$ が生成する。

$$Cu + Cl_2 \quad \rightarrow \quad CuCl_2 \cdots\cdots 塩化第二銅の生成反応$$

反応液を加温した方が反応性は良い。得られた緑色溶液を濃縮すると塩化第二銅二水塩 $CuCl_2\text{-}2H_2O$ の青色結晶が得られる。水分が多い結晶は緑色で潮解性である。因みに無水塩化第二銅は褐色である。

12.6 ヘキスト・ワッカー法によるアセトアルデヒドの製法

塩化パラジウムを使ったアセトアルデヒドの生成反応は、1894年に既に報告されていた。塩化パラジウムと塩化第二銅を触媒としてエチレンからアセトアルデヒド CH_3CHO を製造するヘキスト・ワッカー法がドイツ・ヘキストの子会社であるワッカー・ケミー社のシュミットらにより、1959年に塩化第二銅を大過剰使用すると生成した金属パラジウムが塩化パラジウムに再酸化されることが発見され、アセトアルデヒド生成発見から65年後に、この反応を触媒化することに成功した。

塩化パラジウムは、エチレンにより金属パラジウムに還元され、アセトアルデヒドが生成する。

第12章　銅とその化合物（ニッケルとの分離）

$$CH_2=CH_2 + PdCl_2 + H_2O \rightarrow CH_3CHO + Pd + 2HCl$$

　塩化第二銅はパラジウムの再酸化によって還元されて塩化第一銅となるが、これを酸素によって再び塩化第二銅へと再酸化する。

$$Pd + 2CuCl_2 \rightarrow PdCl_2 + 2CuCl$$

$$4CuCl + O_2 + 4HCl \rightarrow 4CuCl_2 + 2H_2O \cdots 塩化第一銅の空気酸化反応$$

　このプロセスは、高度経済政策に沸いていた1960年代の石油コンビナートで、水銀触媒を使用しないアセトアルデヒド製造プロセスとして稼働した。

　このプロセスの誕生によって、水俣病の原因となった硫酸水銀触媒によるアセチレンの水和によるアセトアルデヒド製造プロセスは消滅した。

　ワッカー法は、エチレンのような二重結合を有する有機物（アルケン）を酸素によってアセトアルデヒドのようなカルボニル化合物へ酸化する反応であり、エチレンと酢酸から酢酸ビニルも工業的に製造されている。

12.7　塩化第二銅とオキシクロリネーション（オキシ塩素化反応）

　ドイツBASF社の技術者フリードリッヒ・ラシッヒ（1863－1928）は、ディーコン反応に有機物を混在させると有機物が塩素化されることを、1880年代に発見し、塩化第二銅を用いて、塩化水素HClと空気とベンゼンC_6H_6を反応させ、クロロベンゼンC_6H_5Clを合成した。さらに生成したクロロベンゼンをシリカ触媒で水蒸気改質してフェノールC_6H_5OHを得る一連のプロセスを開発し、1891年に工場を建設した。これはディーコン法の改良技術である。

272

12.7　塩化第二銅とオキシクロリネーション

　石炭酸は、ピクリン酸火薬原料、染料原料としての用途の他に消毒や殺菌などにも使われていたが、第一次世界大戦終結により消費量は激減する。

①オキシクロリネーション・酸化塩素化反応

$$2C_6H_6 + 2HCl + O_2 \rightarrow 2C_6H_5Cl + 2H_2O \cdots\cdots ①$$

②脱塩酸反応

$$C_6H_5Cl + H_2O \rightarrow C_6H_5OH + HCl \cdots\cdots ②$$

　触媒によって反応温度は異なるが①の反応は$230\sim350℃$、②の反応は$450\sim500℃$である。このオキシクロリネーション工程からダイオキシンが発生することが知られているが、それについては、歴史は何も伝えていない。当時は現代のような微量物質を分析できる技術はなかった。

　ラシッヒ法から約80年経過した1960年代、エチレンと塩化水素の混合ガスを塩化第二銅触媒を使って空気酸化しEDC（二塩化エタンCH_2Cl-CH_2Cl）やその他の有機塩素系化合物を製造するオキシクロリネーション法が工業化された。

$$CH_2=CH_2 + Cl_2 \rightarrow CH_2Cl\text{-}CH_2Cl \cdots\cdots （エチレンの塩素化、EDCの製造）$$

EDCの熱分解による塩化ビニルモノマー $CH_2=CHCl$ の製造

$$CH_2Cl\text{-}CH_2Cl \rightarrow CH_2=CHCl + HCl$$

オキシクロリネーションによるEDC反応をまとめると以下のようになる。

$$2CH_2=CH_2 + 4HCl + O_2 \rightarrow 2CH_2Cl\text{-}CH_2Cl + 2H_2O$$

　オキシクロリネーションでは、塩化第二銅と塩化カリウムを活性アルミナ担体に担持させた触媒が使用されている。活性アルミナ中の塩化第二銅と塩化カリウムの比率は決まっているが、活性アルミナのタブレットに塩

273

第12章　銅とその化合物（ニッケルとの分離）

化第二銅と塩化カリウムの混合溶液に浸漬すると、塩化第二銅は活性アルミナと反応して塩基性塩化銅CuOHClとなり活性アルミナに沈着してしまう。

$$3CuCl_2 \ + \ Al(OH)_3 \ \rightarrow \ 3CuOHCl \ + \ AlCl_3$$

　そのため浸漬液中の塩化第二銅と塩化カリウムの比率を一定にしておいても、浸漬させた活性アルミナ中の塩化第二銅と塩化カリウムの比率は異なってしまう。これは活性アルミナの製法に起因する。この活性アルミナは金属アミニウムに金属水銀を塗布して表面をアマルガム（水銀合金）にする。それを飽和水蒸気の雰囲気中に放置すると、アミニウムの表面からコウジカビのような綿状の水酸化アミニウムが次々と生成する。この水酸化アミニウムを乾燥してタブレットマシンで錠剤に成形、250℃程度の電気炉で焼成すると高純度の活性アルミナを製造することができる。微量の水銀は焼成中に気化し、タブレット中には残らない。現在は水銀問題でアマルガム法による活性アルミナの製造は行われていない。

▶ 第12章のポイント

　金属銅は古くからアカガネとして、様々な製品や銅合金として使われてきた。本章では銅の化合物には＋Ⅰ価と＋Ⅱ価の化合物があり、それぞれ有機合成用触媒、電解銅めっきと化学銅めっき用化合物、プリント基板エッチング剤など広く使われており、水俣病を惹き起こした水銀触媒によるアセトアルデヒドの製法が、塩化第二銅を使うヘキスト・ワッカー法に転換され、水俣病が起きる危険性を皆無にした。

第13章

環境破壊と人間の行動

13.1 荒廃した環境と宗教

　フランスの作家で政治家でもあったフランソワ＝ルネ・ド・シャトーブリアンは1806年、ギリシャ、コンスタンティノープル、エルサレムを経てカルタゴまで足をのばし、1811年に旅行記『パリからエルサレムへ』を出版する。そこには「文明の前には森林があり、文明の後には砂漠が残る。」という名言が記されているそうである。

　シャトーブリアンが訪れた19世紀初頭の中東は、ここがメソポタミア文明の発祥地とは思えないほど、収奪しつくされた荒野が続いていたに違いない。

　豊かなフランスに比べて、中東の弱小諸国の多くが貧しい理由は、彼らの祖先達が、天然資源を枯渇させたためであるとシャトーブリアンは考えた。

275

第13章　環境破壊と人間の行動

13.1.1　イスラム教とキリスト教の衝突

　イスラム教の開祖ムハンマド（610年頃）はメッカ郊外で天使ジブリールより唯一神（アッラー）の啓示を受けたと主張し、アラビア半島でイスラム教を開いた。750年、ムハンマドの叔父の子孫であるアッバースはウマイヤ朝を倒し、アッバース朝を起こし、神の下での平等を説くイスラム本来の統治理念が実現し、真の意味でのイスラム帝国が成立した。

　アッバース朝は、8世紀末から9世紀初頭に最盛期を迎える。有名な『アラビアンナイト』は、この時代を舞台にした話が多くアジア、ヨーロッパ、アフリカの各地とさかんに交易を行っていた様子が描かれている。国際商業の発展を背景に、数学をはじめ、化学などが発達し、その水準は同時代のヨーロッパをはるかに上回っていた。首都バグダッドの人口は150万人を数え、唐の長安と並ぶ大都市であり国際都市でもあった。

　一方、11世紀ごろの西欧世界は、農業生産力の向上により人口が増加し、それにともない商業も発達しはじめ、さかんに聖地巡礼が行われるようになった。しかし、東方の聖地エルサレムはイスラム教の聖地でもあり、当時はセルジューク朝が支配していた。そのセルジューク朝がアナトリアに進出すると、脅威を感じたビザンツ皇帝はローマ教皇ウルバヌス2世に救援を求めた。これに呼応して教皇は1095年、クレルモンの公会議を開いて十字軍遠征を提唱。教皇のこの呼びかけに応えた諸侯や騎士達からなる第1回十字軍が1096年に出発し、以後約2世紀にわたる十字軍遠征が開始された。聖地奪還という大義の下に集まった十字軍だが、東西両教会統一を目指す教皇や、武勲や戦利品を狙った諸侯や騎士、商業権拡大を目論む商人など、当初から関係者の思惑は様々であった。

　第1回十字軍は1099年に聖地奪還を遂げ、エルサレム王国を建設した。

13.1.2 死への恐怖と宗教

筆者が高校 1 年のときに読んだ雑誌に、「宗教の根源は死への恐怖である。死への恐怖が無くなった時点で、宗教は消滅する」という文章があった。この説によれば、死への恐怖から人を救うのが宗教であったはずである。それがいつの間にか指導者の支配欲を満足させるために宗教が利用されるようになってしまったようである。宗教で権力を得た人達の地位を守るために、「死ねば天国（仏教では極楽）へ行ける」と妄想に過ぎないことを信者に信仰させ、殉教者として自爆テロを称賛する。殉教者として命を捨てることは、死への恐怖とは相対する概念で、本末転倒である。

筆者は自爆テロなどの問題の根源には中東の収奪しつくされた貧しい環境があると考えている。富裕層による化石燃料資源の独占が富の独占となり、これが貧困層との紛争の原因になっていると推察している。

13.1.3 不寛容な一神教

日本では、子供が生まれると誕生祝のお宮参りに始まり、七五三や初詣は神社（神道）へ行く。しかし、葬式は寺（仏教）で僧侶に弔ってもらう。結婚式は大安吉日にキリスト教会で執り行う。本来、キリスト教の祝日であるバレンタイン、ハロウィン、クリスマスでのバカ騒ぎ。また、怪しげな心霊スポットなどという迷信を信じたり、さわらぬ神に祟りなしと無関心を決め込む人もいる。日本は八百万の神が共存する多神教国なので、宗教には寛容、無頓着であり、キリスト教やイスラム教の一神教を信じる国から見れば節操のない国に見えるらしい。

ヨーロッパ諸国を旅行すると、ステンドグラスの美しい荘厳な教会が必

第13章　環境破壊と人間の行動

ず観光コースに入っている。筆者が最初に訪れたポルトガルのジェロニモ
ス修道院やスペインのセビリア大聖堂にあるコロンブスの棺を担ぐ4体の
像の不気味な印象が強烈に残っている。イスラム教徒に支配されていたス
ペインの教会にはイスラムのモスクに見られるモザイクがそのまま残って
いるところもある。

　イスタンブールには壮大なモスクがいくつもあるが、キリスト教の教会
に見られる偶像は全くない。

　世界遺産に登録されているヨーロッパの有名教会のほとんどを見たこと
があるが誰が金を出してこんなばかでかいものを建築したのか、その印象
ばかりが強くて細部はほとんど覚えていない。一神教の信仰心の強さは、
多神教の日本人には理解できないのかも知れない。

　イスラム教の殉教者として洗脳され、自爆テロを起こす若者達と同列に
扱って良いものかはわからないが、日本でも太平洋戦争末期、爆薬を積ん
だ戦闘機で敵の軍艦に体当たりして、敵艦を沈没させる特攻作戦が実行さ
れた。

　戦闘機による特攻隊は、1943年7月頃、城英一郎大佐による「特殊航
空隊の編成に就て」が最初の具体的な提言と言われている。目的はソロモ
ン・ニューギニア海域の敵艦船を飛行機の肉弾攻撃に依り撃滅することで
あり、部隊構成・攻撃要領・特殊攻撃機と各艦船への攻撃法、予期効果が
まとめられている。

　初めての神風特攻隊は、在フィリピンの第一航空艦隊司令長官・大西
瀧治郎海軍中将が編成し、海軍最後の艦隊決戦となったフィリピン・レイ
テ沖海戦に投入された。関行男大尉を隊長とする敷島隊計5機が1944年
10月25日、米海軍の護衛空母「セントロー」（7,800 t）を撃沈。他の3
隻に損傷を与えた。初陣での破格の戦果に、海軍は戦術としての特攻の有
効性を信じた。しかし、特攻戦術による命中率は次第に低下、沖縄戦では
7.9％にまで低下している。

　奇襲攻撃として、アメリカが批判している太平洋戦争の発端となった真

278

13. 1　荒廃した環境と宗教

珠湾攻撃は、5隻の特殊潜航艇（人間魚雷）による自爆攻撃を含むものであり、攻撃に参加した軍人10人中9人は、9軍神としてその遺影が国民学校の教室に飾られていた。

優秀な若者で特攻隊を組織し、人間魚雷（回天）などを含め陸軍・海軍合わせて1万4,007名の若者を死に追いやった。その効果が期待できない手段であるのにもかかわらず若者を殺す支配者がいたのである。

1995年3月20日、営団地下鉄において宗教団体オウム真理教が起こした神経毒ガスのサリンを使用した同時多発テロ事件では、12人死亡・全負傷者数は6,300人に及ぶ被害者を出し、その前にも死者が出た松本サリン事件を起こしている。この事件は日本だけでなく、世界にも大きな衝撃を与えた。

事件の被害者は後遺症に悩まされる日々が続いており、視力の低下など、比較的軽度のものから、PTSDなどの精神的なもの、重度では寝たきりの人まで、被害のレベルは様々であるが、現在、被害者への公的支援はほとんどない。オウム真理教の教祖である麻原彰晃とその信者が起こしたテロ事件であるが一神教への妄信がいかに恐ろしいかを認識させる事件である。

古今東西を問わず、軍部、官僚、政治家達は自身の名声や地位を高めるために、戦争をひき起こし、無辜の人々を死に追いやってきた。また、統治・洗脳・利益誘導・称賛・褒章・差別・迫害・虐殺・強要・恐怖など様々な手段を使って人を支配してきた。

アドルフ・ヒットラーのナチスを支え、第2次世界大戦を支えたのは、ユダヤ教を信じる異教徒ユダヤ人を迫害し続けてきたキリスト教徒である。

ギリシャ神話、ローマ神話からもわかるように、ヨーロッパ各国はもともと多神教であった。それが2000年前頃から一神教のユダヤ教が生まれ、その後、キリスト教、イスラム教が誕生してきた。多くの人々がなぜ一神教が生まれたのか、この疑問を解明しようとして様々な説を展開している

279

第13章 環境破壊と人間の行動

が、どれも科学的な根拠に乏しく、いまひとつ説得力に欠ける。なぜ寛容性に欠ける一神教が生まれ、なぜ、多くの人がそれを信じるのか、納得のいく答えを自然科学的に解明しようとしているのが、イギリスの動物行動学者リチャード・ドーキンス（1941－）である。彼はダーウィンの進化論に基づき宗教を徹底的に分析している。筆者は統治のしやすさから支配者が一神教を採択したものと考えている。

13.1.4　自然を破壊し続ける人類

　人類は永い進化の過程で自然を改造し、食糧を生産する術を体得した。生命を脅かす飢餓、自然災害、伝染病、戦争等々、様々な苦難が人類の前に立ちはだかっており、人類進化の道は決して平坦なものではなかった。

　生活していく上で障害となるものを悪とし、子孫が繁栄し、豊かになることを善とする風潮が、人類の永い歴史の中で自然に醸成されていった。

　産業革命以降、人類は膨大な化石エネルギーを入手することに成功し、それを使ってかつて人類が一度も経験したことのない、豊かな社会をつくりあげた。

　「大きいこと・強いこと・豊かなことはいいことだ」という思潮は今や世界中に浸透している。そしてこの思潮を鵜呑みにして実践してきた結果、公害問題や地球的規模の環境汚染が進行し、人類生存の危機が叫ばれるような時代になってしまったのである。

　「人類は自然に対して何か大きな考え違いをしているのではないか。」そのことを指摘したのがカリフォルニア大学歴史学部教授のリン・ホワイト二世である。

　1967年3月10日の学術雑誌『サイエンス』に掲載された彼の論文は、キリスト教国とその信者の怒りをかうことになった。現在の生態学的危機を招いた環境破壊の思想の根源がユダヤ・キリスト教にあると主張したた

280

13. 1 荒廃した環境と宗教

めである。

ユダヤ・キリスト教は、古代の偶像崇拝や東洋におけるヒンズー教や仏教等々の宗教とは大きく異なる。人類がこれまで信じてきたどの宗教よりも人間中心的な宗教であり、人間を自然と分離独立させ、自然に対抗する対象としてとらえている。

自然は人間に従属するものであり、神の造った自然を人間が治め、従わさせることは、神の命令であり、人間の都合のいいように自然を改造し、破壊し、搾取することは、神の意志であると主張しているのである。

ホワイトは「自然は人間に仕える以外に何らの存在理由もないというキリスト教の公理が斥けられるまで、生態学上の危機はいっそう深められ続けられるであろう」また「いまの科学もいまの技術も、正統キリスト教の自然に対する尊大さであまりにも染まってしまっているため、われわれの生態学上の危機に対する解決法を、その両者のみからでは期待することはできない。われわれの苦しみの根が深く宗教的である以上、それをそう呼ぶにしろ呼ばないにしろ、その救済手段もまた本質的に宗教でなければならない」と主張している。

いつの間にか人類は万物の霊長であると思い上がってしまった尊大で傲慢な人間優位の思想に対してカナダ・ヨーク大学環境学部のジョン・リビングストン教授も、その著書『破壊の伝統』の中で次のように批判している。

「建造物や機械装置のほうがコンクリートで固められた思想よりずっと爆破しやすいことに気づいた。もっとも頑強な抵抗性を示すのは、西欧全体の人間中心主義という建造物である。それは、無神経・貪欲・無知・それと伝統によって擁護され強化されているからである」また「現代の西欧人の圧倒的多数は、自分自身は、物質と食物を与えてくれる生物界とは基本的に異なり区別されるものだと考えている。」

人間優位の思想は資本主義・社会主義など、その体制の如何を問わず、あらゆる近代国家を支配している。権力の座にしがみついている政治家や金儲けに狂奔している資本家はもとより、宗教を否定したはずの社会主義

第13章　環境破壊と人間の行動

の国ですら、ユダヤ・キリスト教の伝統に基づくところの「近代性」の定義を奉信している。

アメリカの細菌学者ルネ・デュボス（1901 − 1982）は「ユートピア論者達が抱懐した見解では、自然研究は自然を理解するためであるというより、人間が自然を支配し利用するためでなければならなかった。自然を制御したいという衝動は西欧文明の最も特徴的な一面だろう」と述べている。

黒船によって太平の眠りを覚まされた日本は、西欧に追いつき・追い越せとひた走りに、突っ走ってきた。気がついてみると、公害問題、自然破壊、化学物質による環境汚染、廃棄物問題、ダイオキシンによる環境汚染、環境ホルモン、地球温暖化等々、解決困難な数多くの問題を抱え込んでしまった。

自然界に適合しない対応の仕方をして、機械・科学文明に基づき産業優先を唱えている西欧思想に対して、1970年マサチューセッツ工科大学の科学者グループは、危機的な環境問題に関する研究報告「地球環境に与えた人間の衝撃−行動の評価と勧告（成長の限界）」の中で「環境に対する要求が度を越し、文明の累進的崩壊をきたす危険性の非常に大きいとされている文化に対して《先進文化》というレッテルを貼っていることがはたして適切なのかどうか疑問がある」と述べている。

13.2　人間中心主義はなぜ生まれたのか

ユダヤ・キリスト教における人間中心・人間優先の思想がどうして発生したのか。

直立歩行を始めた人類の祖先は、自分達の目の位置が大型動物なみの高

13.2　人間中心主義はなぜ生まれたのか

さになり、恐ろしい肉食獣を追い払うのに、多大の効果のあることを経験的に体得したと想像される。二足歩行は他の四足歩行の獣と異なるので、人類は他の動物との違いをかなり意識するようになった。しかし、これだけの理由ではユダヤ・キリスト教文明特有の人間優位の思想が生まれた根源を説明したことにはならない。

NHKで「マリコ」（1981年）というドラマが放映されたことがある。主人公のマリコは、日本人外交官とアメリカ人女性との間に生まれた女の子であり、太平洋戦争が激化すると母とともに長野県に疎開する。ある日、母親が近所の農家から生きた鶏を買ってきて料理しようとすると、マリコが泣いて鶏を殺させまいとする場面が出てくる。

歴史学者の鯖田豊之によれば、魚や貝や小鳥は、卵から生まれ、形も人間とは似ても似つかない生物なので、それを殺して食べることに対して日本人はあまり抵抗感を抱かない。

目も耳も二つあり、鼻も口も歯もあり、子を産んで乳で育て、体温があり、身を切れば赤い血がほとばしり出る、人間と同じ哺乳動物である家畜を殺して食べることに対する良心の呵責を合理化・正当化する手段として、人間と動物との間にはっきりと一線を割し、人間をあらゆる物の上位におく必要が牧畜民族（肉食民族）にはあったのではなかろうか。

牧畜民族は、子供の頃から家畜の子となれ親しんでおり、自分が手塩にかけて育ててきた家畜を親が殺そうとすると、殺さないでくれと泣き叫んだに違いない。大人でも慈悲の心があれば、家畜を殺すのに後ろめたさを感じたに違いない。

そこでこれを乗り越える論理を編みだす必要があった。そのためには、人間と動物との間にはっきりと一線を割し、人間は動物ではなく、すべてのものの支配者であるという論理が、一切の矛盾を解消し、動物屠殺を正当化し、屠殺に対する抵抗感をなくすのに最も有効である。

家畜は神が人間に与えてくれた食料なのであるということを決めれば、それを殺して食べることに何も良心の呵責を感じる必要がなくなる。「牛

283

第13章　環境破壊と人間の行動

や豚は人間に食われるために神様が、造ってくれたものなので、それを殺して食っても可愛そうではないのだ」という論理によって泣き叫ぶ子供を親は説得したに違いない。

　人間中心主義は、自分達と同じ仲間の哺乳動物を殺して食うことの後ろめたさを正当化するため、肉食の民が編みだした自分達に都合の良い論理と言える。

　キリスト教はヘブライ人の民族宗教であるユダヤ教から発展したものである。ヘブライ人は遊牧民であり、人間と動物とは本質的に違うのだという論理で、動物と人間との間を確実に断絶させ、人間はその支配者であるとこじつけたのだろう。

　豚の頭が食卓にのっているのをみて、残酷だというと、フランスのお嬢さんが「牛や豚は人間に食べられるために神様が造ってくれたものだ」といって、平然とナイフで切り食べており、小鳥くらいなら頭からかじることがあるという日本人を、可愛らしい小鳥を食べるなんてなんと残酷な国民だといったという体験を竹山道雄は記している。

　日本人からみれば豚の頭を食うのも、小鳥の丸焼きを食うのも大同小異で残酷だと言われる筋合いはないと思われるが、キリスト教文化圏では、聖書に記されている家畜以外の動物を食べるのは残酷なのである。

　クジラを食べる日本人は、いまキリスト教文化圏から野蛮な民族として非難をされている。これに対して、お前達だって牛や豚を殺して食べているではないかと非難しても、彼等には通じない。牛や豚は、飼育技術は既に完成しており、絶滅する恐れはないし、第一、牛や豚のような家畜は神が人間に与え賜うた食料なのでクジラと同一視できないものなのである。クジラは頭のいい動物だから、食べてはいけないという非難も白人流の人間中心的な論理である。これを逆に解釈すれば、頭の悪い動物なら食ってもいいということになり、頭の悪い人はそのうちに食われてしまう可能性もでてくる。

　クジラを食べるのは日本古来の食文化であるという主張も感心できな

13.2　人間中心主義はなぜ生まれたのか

い。

　日本人全体が本格的にクジラを食べるようになったのは、戦中から戦後の食べもののない時代であり、それまでは沿岸部のごく限られた地域で一部の人達が食べていたに過ぎない。

　クジラの種族を絶滅から守るための禁漁はやむをえない。人類はここ2世紀の間に何百種という野生動物を絶滅させた実績がある。

　江戸末期、捕鯨船の補給基地として日本を利用するために浦賀にきた黒船は、なかば威嚇により開港を迫ったのである。太平洋のクジラは、日本人が滅ぼす前にアメリカ人によって絶滅に近い状態に追い込まれてしまったのである。敗戦後、極端な食糧不足に見舞われた日本は、かろうじてクジラが生きのびていた南氷洋にクジラを求めて侵出し、シロナガスクジラなど大型クジラを乱獲し、今や絶滅寸前にまで追い込んでしまった。

　もはや野生動物を捕獲する時代ではない。どうしてもクジラの肉が欲しいのであれば、養殖技術を開発すべきなのである。既にサケやマスは、資源の保護に成功し沿岸における漁獲高が遠洋を上回っている。

　捕鯨禁止は、アメリカの畜産業者が日本へ牛肉を売らんがために仕組んだ陰謀であるという説もあるが、野生動物を絶滅させた歴史からみて、クジラ捕りはやめるべきである。どうしてもクジラを捕りたいというのであれば、捕鯨砲をやめて手突きのモリにすべきである。最近の調査によれば、鯨肉にはダイオキシン、PCB、メチル水銀などの有害物質が蓄積しており、妊婦が食べる場合には、一週間に80g以下にするように勧告がだされている。鯨を食べたいという人が、はたしてこのことを知っているのであろうか。

　人間優位の思想に貫かれているユダヤ・キリスト教には、人間が現世で悪業を重ねると、来世は牛や馬に生まれかわるなどという、インドをはじめ東洋に広く普及している「輪廻」の思想などない。

第13章　環境破壊と人間の行動

13.3　人間行動とその行動原理の解析

　地球温暖化に伴う砂漠の拡大、農耕地の旱魃、強烈台風、集中豪雨、暖冬、酷暑等々、自然破壊、マグロなど水産資源の枯渇など、将来に明るい希望が抱けない状態が続いている。しかし、これらの環境問題は、すべて人間の行動がひき起こしてきたものである。そこで、環境問題を根本的に解決するためには、人間の行動を分析し、そこから対策を考えた方が近道のように思える。

　人類の祖先が樹上生活をやめて、地上で生活し始めたのがほぼ1500万年前、直立歩行を始めたのが300万年くらい前と言われている。人類は永い進化の過程で自然を改造し、食糧を生産することを体得した。

　人類は、太古から人生、幸福、病気、死などについて、考え、悩み続けてきた。また、人間の様々な行動について、その根源をなす行動原理について幾多の哲学者や宗教関係者が謎解きをしてきた。

　人間行動を解釈する手法として以下のような手段が使われてきた。

- 宗教的アプローチ：アニミズムの世界
- 哲学的アプローチ：紀元前からギリシャ哲学
- 道徳哲学アプローチ：アダム・スミス
- 自然科学的アプローチ：チャールズ・ダーウィンの進化論
- 動物行動学：コンラート・ローレンツやニコ・ティンバーゲン
- 人間行動学：「裸のサル」デズモンド・モリス

　　　　　　　「利己的な遺伝子」リチャード・ドーキンズ

　古典経済学の始祖といわれるアダム・スミスは、1751年にスコットランドのグラスゴー大学で論理学教授、翌1752年に同大学の道徳哲学教授に就任する。1759年には同大学での講義録『道徳情操論』（または『道

13. 3　人間行動とその行動原理の解析

徳感情論』）を発表し、この中で「人間社会における苦労や葛藤の目的は何なのか、貪欲な野心で富と権力と出世とを追求する最終の目的は何なのか、人類社会のこの競争心はどこから生じるのか」と疑問を投げかけた。

洋の東西を問わず人類は、太古から人間関係の苦労や葛藤に悩まされ続けており、スミスは、これらの人類の欲求の根源は「虚栄心」からきていると主張したのである。

虚栄心とは、「他人に眺められ、傾聴されること、他人に同情や称賛されること」であり、個々の人々の虚栄心の追求こそがモラルをつくるというのである。

このスミスのいう虚栄心こそ、まさに自己顕示欲であり、遺伝子によって操られている行動なのである。自己顕示は人間に特有の行動ではなく、孔雀のオスがメスの前できれいな尾羽を広げて見せ、相手を惹き付ける行動もまさに自己顕示である。

ボノボ（ピグミーチンパンジー）の若いオスが、木の枝を引きずって歩く枝引きずりや、石油缶を放り投げて大音響を発して周囲から注目されようとする自己顕示行動をテレビで見たことがある。ニホンザルの若いオスが、木を揺する「枝ゆさぶり」行動などが知られている。これらのサルの行動をみると、暴走族や街中や電車の中でよく見掛ける思春期の若者の自己顕示行動とそっくりなのに驚く。

当人達はなぜ目立ちたいのか、その理由もわからず、ただ、体の中から、むらむらと沸き起こる抑えきれない衝動によって、止む由もなく自己顕示行動を繰り返しているのであろう。

世代交代で年年歳歳人は代わるが、自己顕示行動は変わらず、サルの行動と大差は無い。

本来、野生の世界では、目立つことは外敵に狙われやすく、好ましいことではない。鳥類では、一般にオスがケバケバしく目立った色彩や形をしているが、メスは地味である。卵を温めるメスは、目立たないようにしないと、外敵に襲われる可能性が大きくなるためである。ちなみに、オスが

第13章　環境破壊と人間の行動

卵を抱く習性を持ったタマシギのような鳥では、メスの方が艶やかなのである。

　自己顕示欲というのは、遺伝子が自己保存のために仕組んだ行動プログラムであり、19世紀のドイツの哲学者アルトゥル・ショーペンハウエル（1788－1860）のいう潜在意識のように個体にはそれがはっきりと意識されない。

　動物達の自己顕示行動は単純で理解しやすいが、人間の自己顕示行動は複雑に屈折し、デフォルメされているので、漫然と人生を過している人達には意識されることはない。しかし所詮、自己顕示欲というのは、遺伝子が自己保存のために仕組んだ行動プログラムなので、冷徹な眼差しで人間行動を観察する人からみれば、すぐに底が割れてしまうほど浅はかなものなのである。

　人間の個体は、思春期を迎えると異性とめぐり会う機会を求めて、人が大勢集まる盛り場や祭りに群れたがるようになる。そして遺伝子から発せられた止む由もなき信号によって、異性に注目されるための自己顕示行動がひき起こされる。パフォーマンスや自己実現だとかいう、意味不鮮明の怪しげな言葉が氾濫しているが、これらはいずれも自己顕示欲と置き換えても不都合はない。

　孔雀の場合、自己顕示といえばメスの前でオスが羽を広げるという単純な行動であるが、人間の場合にはやや複雑になる。しかし、自己顕示欲というのは、遺伝子が自己保存のために仕組んだものであり、個体にはそれがはっきりと意識されないまま、やむにやまれぬ衝動によって本能的に行動がひき起こされてしまうのである。

　普通の動物は、移動しないとエサにありつけないが、移動するエネルギーよりエサから得られるエネルギーが少なければ、生命の維持はできない。そのため、なるべく楽をしてエサを取らなければならない。それが動物の本性であり、動物は楽をしたいのである。しかし、子孫を残すためには、難業苦行もいとわない。

288

13.3　人間行動とその行動原理の解析

　42km以上も苦しい競争をするマラソンも沿道に応援する人もなく、賞賛する人がいなければ、走る人はいない。ロビンソン・クルーソーのように無人島にたった一人で生活している人は、マラソンをしても自己顕示欲は満たされないので、そんな苦行はしないのである。

　自己顕示欲というのは、遺伝子特有の性質なので誰もが持っているが、個人差のあるものである。これが異常に強い人は幼少期からでしゃばりとか目立ちたがり屋とかいうことで、その兆候が現われる。そしてこの傾向は、思春期に入ると急速に肥大化し、老年期に入って、もう生殖機能が消失してしまっているにもかかわらず、依然として強烈にそれが持続している人もいる。

　アンプの出力を目一杯あげて、どなる政治団体とおぼしき街宣車も、まさか自分が遺伝子に操られて、自己顕示をしているとはよもや気付いてはいまい。

　政治家や事業家の救い難い自己顕示欲によって本能的にひき起こされてしまう愚かな行動で戦争が起き、幾多の善良なる市民に被害を及ぼしてきた歴史がある。

　ヒットラーにしても、日本の軍閥にしても自己の遺伝子の命ずるがままに行動し、世に害毒を流してきた。日本でも、憲法改正の急先鋒となっている老檜な政治家もこの人達とよく似ている。自分は崇高な理想に燃えて情熱を傾注し、天下国家のことを考えて行動していると偉そうなことを言っており、いかにも高邁な使命を果たしているように錯覚しているようであるが、下世話な駆け引きに明け暮れ、それを生業にしている政治家の一人で、遺伝子の命ずるがまま子孫を残すのに熱中しているだけなのである。

　自己の存在を誇示し、自分の遺伝子を子孫に遺すために行う自己顕示行動が、遺伝子の持つ特有な性質のなせるわざであると意識されることはない。

289

第13章　環境破壊と人間の行動

13.4　潜在化している人間の行動

　筆者が通っていた中学に、商業という科目を担当している怪しげな教師がいた。その教師が授業中に「人間の行動はすべて性欲に基づいている」という話をした。これがジークムント・フロイト（オーストリアの精神分析学者・1856－1939）の説であるという説明は受けなかったが、靴の紐を結ぶ動作まで性欲と関係あるのかといって憤慨している級友がいたことを今でも鮮明に覚えている。

　この話を聞いて、生意気にも筆者は性欲の根源は子孫を残すのが目的なのだから、人間の行動はすべて子孫を残すためにあるという陳腐な結論と同じではないかと秘かに思った。

　筆者が通学した大学では、教員免状を取得するためには、夏休みの夜に実施される教職課程の補講を受講しなければならなかった。教師になるつもりはなかったが、筆者も1953年の夏、その補講を受講することにした。その教科の中で心理学の教授が「人間の行動は寄せては返す波のように、祖先の過ちを子孫が同じように繰返してしまう」という山本有三の『波』の話をした。

　人間行動に懐疑的だった筆者としては、なんとしてでも『波』を読まなければならないという衝動にかられ、なけなしの小遣いをはたいて、安くない山本有三全集を買い込んだ。読み始めてみるとショーペンハウエルの「生きる意志」やフロイトが紹介されており、それに遺伝子をメデシンボール（ボール渡し）に見立てた主人公の述懐があり、どれをとっても生意気盛りで18歳の青二才を魅了する内容であった。興奮を誘う新鮮な思想に感じられ、寝るのも忘れて一気に読破し、気がつくと短い夏の夜は白々と明けていた。

290

13. 4　潜在化している人間の行動

　徹夜で受験勉強すらしたこともない生来の怠け者にとって、これが徹夜初体験となった。この小説が1928年、朝日新聞に連載された小説であったことも驚きであった。古今東西を問わず、人類は「生きる意志」に踊らされて、寄せては返す波のように、愚かな行為を繰り返しているという解釈は、筆者の抱いてきた疑問を解消してくれたような気がした。

　実は、1953年という年はジェームズ・ワトソン（アメリカの分子生物学者・1928－）とフランシス・クリック（イギリスの化学者・1916－2004）が遺伝子DNAの二重ラセン構造を解明し、子が親に似る原理が解明された記念すべき年でもあり、後年、この両名は、遺伝子のラセン構造の発見と子が親に似る理由の解明によりノーベル生理学・医学賞（1962年）の栄誉を受けている。

　フロイトはショーペンハウエルの影響を受けていたと言われているが、ショーペンハウエルを超えることができなかったように思える。フロイトのいう潜在意識のように「利己的遺伝子の意志」は個体自身が、それをはっきりと意識することはない。

　学生時代、フロイトが流行っていたが、話として聞くには面白いが「占いと同じで、そんなことどうやって証明するのか？」という疑問が強く、これを自然科学というのには疑問があると思っていたが、後に、心理学は文学部に属する学問であることを知り納得した。

　まだ、遺伝子などというものが発見されていなかった時代から、人間の不可解な行動を何とか理論づけようとして努力していた人々がいたが、アダム・スミスは、虚栄心というところで思考が停止してしまい、虚栄心が何の目的で存在するのかまでは考察されていない。

　ショーペンハウエルは、意識は精神の単なる表面にすぎず、意識的な感性のもとに、無意識的な「生きようとする意志」が存在するとした。生きようとする意志とは、まさにドーキンスのいう利己的な遺伝子の性質であるといっても良い。

　自己顕示欲は遺伝子固有の性質であり、その目的とするところは子孫を

291

第13章　環境破壊と人間の行動

遺すための手段であるにもかかわらず、そのことがはっきりと意識されないため、手段が目的と化す本末転倒をひき起こし、遺伝子を次の世代に送れなくなってしまうのである。

　人間という動物は、他の生物同様、遺伝子という物質の持つ性質、即ち「生きようとする意志」によって条件さえよければ、無限に増殖しようとしている。これが現在の人口爆発という、かつて地球上に出現したことのない異常事態を招いているのである。

13.5　利己的遺伝子

　生物という有機化合物は、個体を維持すると同時に、自己によく似た個体を子孫として残すという特徴を有する極めて特異な物質である。生物は、自己の個体を生きているという状態に保持するために、最大の努力をはらう。

　人間には精神があるのだから、それを物質だなんて安易に決めつけるのは、人間の尊厳を冒涜すると、怒り出す人も多いが、自然科学的にみれば、まぎれもなく人間は生物という物質であり、それ以外の存在ではない。麻薬という物質が精神に作用することが何よりの証拠である。

　特に人間の自己保存に対する執念は、他の動物にみられる生存競争と比較しても、異常と言えるほど強く、これが戦争や環境破壊につながっている。また、子孫を残そうとする欲求も、他の動物より強烈で、人間以外の動物には決してみられない異常行動も起こしている。

　1976年、ドーキンスは、その著書『THE SELFISH GENS 生物＝生存機械論（利己的な遺伝子）』の中で、人間を含めて生物の個体は、利己的な遺伝子の単なる乗物（生存機械）に過ぎないと主張した。

13. 5　利己的遺伝子

　生物の個体は必ず死ぬが、自己複製素子としての特性を有する遺伝子DNAの配列によって伝えられる遺伝情報は死なず、メデシンボールのように次の世代にそれが受け継がれていく。あらゆる生物は自分の遺伝子をできるだけ後の代に残したいと思っているのだという。

　わが家で生まれたオス猫は、盛がつくと、エサを食いに戻る以外は、家にも寄り付かず、夜な夜な怪しげな鳴声を発して、縄張りをうろつきまわり、傷だらけになって戻ってくることが多かった。まさに、利己的遺伝子を残すための行動が、生活のすべてであった。しかし、わが家の猫が遺伝子を残すため自分は行動していることを意識しているとはとても思えなかった。そもそも彼等は遺伝子なんていうものを知っているはずはないのだから。

　生きとし生けるものが、生き残って増えていきたいと思っている主体は、生物の個体ではなく実は遺伝子なのであって、その遺伝子が生物の個体をうまく操り、自分達が生き残っていけるように仕向けているのだとドーキンスはいう。

　遺伝子は自分が宿っている個体がうまく振舞って、繁殖に成功し、なるべく多くの子孫を残すように仕向けているので、すべての生物の行動は遺伝子の支配下にあるというのである。

　子孫が増えれば、それに応じて遺伝子もたくさん生き残れるということになる。オス達が縄張りをつくり、メスをめぐって激しく闘うのも、実は遺伝子がそうさせているのであり、闘わないオスはメスを獲得できないから、そのような個体に宿った遺伝子は次の世代に生き残ることはできない。

　遺伝子にとってみれば、何としてでも自分が宿っている個体が他のオスと激しく闘い、勝ってくれるように仕向けなければならない。メスの涙ぐましき母性愛も、実は遺伝子のなせるわざであり、遺伝子からみれば、自分が宿っている個体が子を生んでくれただけでは不充分で、その子をしっかりと育て、孫まで生まれてくれなくては、遺伝子は増えない。そこで遺伝子は母となったメスが一生懸命に子を育てるように仕向ける。母親は遺

293

第13章　環境破壊と人間の行動

伝子に操られているだけで「母性愛」などというものはないのだという。

　ショーペンハウエル流に言えば、遺伝子には「生きようとする意志」（遺伝子には代々永続して子孫に伝えて行こうとする情報が組み込んである）があり、それが原動力になって、遺伝子は親から子へ、子から孫へと、バケツリレーのように受け継がれていく。この「生きようとする意志」は、遺伝子という分子の特別な配列が保持している情報であり、遺伝子特有な性質であると言える。

　生物の個体というのは、遺伝子を子孫に伝えるために、遺伝子がこの世に送り出した乗物のようなものである。したがって、個体そのものは、遺伝子が生き残るための手段として、遺伝子の「生きようとする意志」に忠実に従うようにプログラムされたロボットのような存在であり、使い捨ての自動車同様、あまり価値のある物質ではない。だからその個体が老朽化して、遺伝子を遺すという機能が衰えれば死が待っている。

　死によって個体は分解されて無機物と化してしまうが、遺伝子（遺伝情報）はその子供が受け継いで、生き延びている。自然法則であるこの生物の掟に人間も支配されており、その点では他の生物となんら変わるところはない。

　遺伝子の中には、生きること・生殖を行うことに関する情報は、充分すぎるほど組み込まれているが、生殖能力がなくなってしまった時点以降に対する情報は何も組み込まれていない。その必要がなくなった時点で消滅するような、高度な時限装置のようなものは組み込まれていていない。そのためスズメ百まで踊り忘れずということになる。

　自然界の野生動物達は、生殖能力がなくなったとき、寿命が終わる。食物が潤沢に得られない自然界にあっては、生殖能力のなくなった個体がそれ以降40年も50年も生き長らえることは、利己的な遺伝子という観点からも意味はない。

　遺伝子を次の世代に送る使命を終えた個体は、とっととこの世から消えてなくなる宿命にあり、カマキリのオスのように交尾中にメスの栄養に

294

なってしまうものもある。現在、筆者は屋上家庭菜園で野菜をつくり、害虫？に悩まされている。虫からしてみれば、そこにエサがあるから食べているだけで別に子孫を残すために生きているわけではないというかもしれない。

動物行動学者の日高敏隆（1930－2009）は「人類も含めて生物の行動はすべて遺伝子によって操作されている、と考える以外に説得性のある説明は今のところ見つかっていないし、その遺伝子も危機を救ってくれるように作動すると考えるのは甘すぎる」と指摘した。

独裁国家の支配者を見ると、なぜそこまでして、自己の遺伝子を遺そうとするのか。それに気付かず、一生懸命であればあるほど、浅ましく感じるとともに、一抹の哀れさを感じる。

人間の間に起きる様々な争いをはじめ、生きとし生けるものが、様々な闘争を繰り広げながら、なぜ、自己の遺伝子をあらゆる苦難を乗り越えてまで遺そうとするのか、これは筆者が常に抱いている疑問である。この疑問に正解はあるのか、或いは永遠の謎に終わるのであろうか。

▶ 第13章のポイント

> 環境破壊と汚染の根本原因を動物行動学の視点から迫り、自然科学的に人間の行動を考えることを学んで欲しい。イスラエル建国以来、ユダヤ教とイスラム教の争い、現在のキリスト教とイスラム教との争い。これらは他の動物には見られない、人間特有の行動であり、その根源に利己的遺伝子があることを考えて欲しい。

COLUMN ⑤

宗教と食物

　貝塚遺跡などからは、猪や鹿の骨が出土するので、当時の人は
それを食べていたようであるが、仏教伝来とともに殺生禁断によ
り、哺乳動物（四足）を食べることが禁じられた。しかし、仏教
の大乗経典『大般涅槃経』の中に、五味として、乳→酪→生酥→
熟酥→醍醐があり、精製され一番美味しいものとして醍醐があり、
現在でも醍醐味などという言葉が残っている。それぞれは加工乳
製品であり、現在、酪はチーズを表す言葉になっている。

　仏教はインドが発祥の地であるが、インドでは豚に比べて繁殖
力の低い牛の肉を食べること禁止している。元本保証の考え方で
牛乳は飲んだり加工することは自由である。アフリカの遊牧民マ
サイ族は牛乳に牛の血を混ぜて飲み、元本保証を守っている。

　イスラム教では豚を食べることと飲酒を禁じている。豚は人間
同様雑食性であり、ヤギやヒツジのように砂漠に近いところの放
牧では育たないためである。また、飲酒についてはオアシスでは
ブドウやナツメヤシのような酒の原料となるものがあるので、酒
を醸すことは可能であるが、大切な食糧を醸して酒にするのは大
いなる無駄であり、大勢の人を養うのにはそのまま食糧にするの
が適している。水の乏しい所では飲酒で乾いた喉を潤す水はない
のである。イスラム教国でも水の豊富なトルコやチュニジアの人
達は、アルコール飲料を飲んでいる。

　食物に対する習慣は、その地域の気候風土から自然に育まれ生
きたもので、人間の食糧にならない草から、肉やミルクを得る手
段として放牧が始まった。

おわりに

　筆者は廃棄物処理を化学的に考える人達を増やしたいという願望から、講演や執筆活動を続けてきたが、昨今は化学知識の普及より、精神構造を問題にしなければならない事態になっているようにも思われる。

　近代中国の建国に貢献した作家の魯迅は、中国人を救うのには最も良いと考え、医学を専攻するため、1904年、仙台医学専門学校（現 東北大学医学部）に最初の中国人留学生として入学し、学校側も彼を無試験かつ学費免除と厚遇した。しかし、彼は学業半ばで退学してしまう。その原因は、授業でみた中国人の屈辱的な姿を映し出した日露戦争の幻灯写真（スライド）であった。彼はこのスライドを見て、医者として患者を治すより、中国人の精神を治すべきであるということを痛切に感じ、医学をやめて、作家の道へ進むことになった。

　今混乱している世の中を化学的な視点で見たらどうなるのか。なぜ、生物は自己の遺伝子を残そうとするのか、答えは見つかるのか。それが見つかる一助になればと願っている。

　拙著の出版にあたり、北野大 淑徳大学教授、化学工業日報社・安永俊一企画局長及び増井靖出版編集室課長に大変お世話になった。末筆ながら、改めて篤く御礼を申し上げる次第である。

2016年11月

村田 徳治

【引用・参考文献】

1) 宋応星，藪内清 訳注：「天工開物」，東洋文庫130，平凡社，1984年

2) https://ja.wikipedia.org/wiki/アントワーヌ・ラヴォアジエ

3) https://ja.wikipedia.org/wiki/初期のヒト属による火の利用

4) 電池便覧編集委員会：「電池便覧」，p.312～316，丸善，1990年

5) 英 修：「化学と工業」，第41巻第11号，p.1039～1041，日本化学会，1988年

6) 吉田光邦：「錬金術」中公新書，1963年

7) http://jaem.la.coocan.jp/nhgk/ihgk0058006.pdf

8) http://www15.ocn.ne.jp/~hashico2/JAPANESE/co/co2.htm

9) http://response.jp/article/2013/11/15/210791.html

10) http://jaem.la.coocan.jp/nhgk/ihgk0059006.pdf

11) 松本光史：「電気評論」，第95巻第10号，p.72～77，電気評論社，2010年10月

12) M.ファラデー，三石 巌 訳：「ロウソクの科学」角川文庫，1962年10月

13) M.ファラデー，竹内敬人 訳：「ロウソクの科学」岩波文庫，2010年9月

14) 小濱泰昭：「大丈夫だよ！心配ないから－マグネシウム社会の未来」，日刊ゲンダイ，2014年

15) 朝日新聞特別報道部：「原発利権を追う」，朝日新聞出版，2014年

16) 小森敦司：「日本はなぜ脱原発できないのか」，平凡社新書，2016年

17) 村上枝彦：「化学暦」，みすず書房，1971年

18) 後藤 稠，池田正之，原一郎：「産業中毒便覧」，医歯薬出版，1977年

19) http://matome.naver.jp/odai/2142596733914369901/2142596896117239903

20) http://ameblo.jp/cpa-togo/entry-11975810139.html

21) 山崎良兵，近岡 裕：「日経ものづくり」2015年5月号、日経BP社

22) https://ja.wikipedia.org/wiki/燃料電池水素自動車とは

23) http://president.jp ＞ ビジネス ＞ 産業研究

24）http://燃料電池.net/fcv/about.html

25）http://www.huffingtonpost.jp/foresight/fcv_b_6234136.html

26）http://diamond.jp ＞ 企業・産業 ＞ inside Enterprise

27）http://www.nikkei.com ＞ テクノロジー ＞ 環境・エネルギー ＞ グリーンBiz

28）小島由継，市川貴之：「水素エネルギーシステム」，Vo1.36，No.4，水素エネルギー協会，2011年

29）森 浩亮：「化学と工業」，第68巻第3号，p.262～263，日本化学会，2015年

30）甲斐敬美：https://kaken.nii.ac.jp/d/p/11650810.ja.html　二酸化炭素を生成しないメタンからの連続水素製造プロセス

31）三澤弘明：「化学と工業」，第68巻第11号，p.1012～1014，日本化学会，2015年

32）森 達也：http://www.asahi.com/articles/DA3S10952055.html

33）天声人語，2014年5月29日，朝日新聞

34）加藤泰浩：「化学と工業」，第67巻第5号，p.400～402，日本化学会，2014年

35）伊藤 博，綿谷和浩，川添博文：「希土類の材料技術ハンドブック」，p.624～638，エヌ・ティ・エス，2008年

36）https://ja.wikipedia.org/wiki/窒素固定

37）https://ja.wikipedia.org/wiki/ハーバー・ボッシュ法

38）https://ja.wikipedia.org/wiki/フィッシャー・トロプシュ法

39）http:/sts.kahaku.go.jp/tokutei/pdfs/0420.pdf

40）http://www.echigoseika.co.jp/freecontents-15/detail_freecontents-15_contseq_4.html

41）https://ja.wikipedia.org/wiki/六価クロム

42）https://ja.wikipedia.org/wiki/酸化数

43）http://leather.net 革の基礎知識

44）http://www.tcj.jibasan.or.jp 革の豆辞典

45）中村威一：http://mric.jogmec.go.jp/public/kogyojoho/2013-05/MRv43n 1-03.pdf

46）中野幸二，高木 誠：「分離科学ハンドック」，p.75，共立出版，1993年

47）http://chemieaula.blog.shinobi.jp/Entry/242/

48）http://www.vec.gr.jp/info/info2.html

49）http://www.jstage.jst.go.jp/article/yukigoseikyokaishi1943/38/6/38.../_ pdf

50）http://www.geocities.co.jp/HeartLand-Poplar/8632/che_11_1.jpg

51）L.ホワイト，青木靖三 訳：「機械と神」，みすず書房，1972年

52）J.A.リビングストン，日高敏隆，羽田節子 訳：「破壊の伝統」，文化放送出版，1974年

53）鯖田豊之：「肉食の思想」，中公新書，1966年

54）R.ドーキンス，日高敏隆，岸 由二，羽田節子 訳：「生物＝生存機械論」［改題 利己的な遺伝子］，紀伊国屋書店，1980年

55）R.ドーキンス，垂水雄二 訳：「神は妄想である」，早川書房，2007年

56）D.モリス，日高敏隆 訳：「裸のサル」，河出書房新社，1969年

57）日高敏隆：「利己としての死」，弘文堂，1989年

58）日高敏隆：「人間は遺伝か環境か　遺伝的プログラム論」，文春新書，2006年

59）R.デュボス，三浦 修 訳：「理性という名の怪物」，思索社，1974年

60）R.デュボス，長野 敬，新村朋美 共訳：「内なる神」，蒼樹書房，1972年

61）久保田宏，松田 智：「幻想のバイオ燃料」，日本工業新聞社，2009年

62）安斎育郎：「人はなぜ騙されるのか」，朝日新聞社，1996年

63）R.L.パーク，栗木さつき 訳：「わたしたちはなぜ"科学"にだまされるのか」，主婦の友社，2001年

64）M.シャーマー，岡田靖史 訳：「なぜ人はニセ科学を信じるのか」，早川書房，1999年

65）V.G.カーター，T.デール，山路 健 訳：「世界文明の盛衰と土壌」，農林水産

業生産性向上会議，1957年

66）埴原和郎：「新しい人類進化学」，講談社，1984年

67）E.ホール，日高敏隆，佐藤信行 訳：「かくれた次元」，みすず書房，1970年

68）http://www15.ocn.ne.jp/~hashico2/JAPANESE/co/co2.htm

69）http://jaem.la.coocan.jp/nhgk/ihgk0058006.pdf

70）http://response.jp/article/2013/11/15/210791.html

71）http://jaem.la.coocan.jp/nhgk/ihgk0059006.pdf

72）村田徳治：「廃棄物の資源化技術」，オーム社，2000年

73）村田徳治：「資源環境対策」，Vol.40，No.1，p.112～119，環境コミュニケーションズ，2004年

74）村田徳治：「新訂 廃棄物のやさしい化学」第1～3巻，日報出版，2009年

75）村田徳治：「化学はなぜ環境を汚染するのか」，環境コミュニケーションズ，2001年

76）村田徳治：「環境破壊の思想」，日報出版，2000年

77）村田徳治：「産業廃棄物有害物質ハンドブック」，東洋経済新報社，1976年

78）村田徳治：「正しい水の話」，はまの出版，1996年

79）村田徳治：季刊「環境技術会誌」，第112号，p.89～97，廃棄物処理施設技術管理協会，2003年

80）村田徳治：月刊 廃棄物，Vol.40，No.12，p.64～69，クリエイト日報，2014年

81）村田徳治：紙パ技協誌，第62巻第12号，p.2～9，紙パルプ技術協会，2008年

82）本村凌二：「多神教と一神教」，岩波新書 967，2005年

83）ヴォルテール，中川 信 訳：「寛容論」，中公文庫，2011年

84）水田 洋：「アダム・スミス」，講談社学術文庫，1997年

85）D.H.メドウズ他，大来佐武郎 訳：成長の限界－ローマクラブ「人類の危機」レポート，ダイヤモンド社，1972年

86）村田徳治：廃棄物学会誌，Vol.6，No.3，p.242～250，1995年

301

索　引

【記号】

β グルコシダーゼ……………… 170

【数字】

2 価アルコール………………… 248
2 価有機酸……………………… 246
3 価クロム…… 156, 157, 160, 161
6 価クロム…………… 78, 99, 146,
　　　　　　148, 153–159, 162

【A～W】

ABS 樹脂……… 174, 249, 250, 268
ACQ 加工処理 ………………… 133
CO_2 のリサイクル（システム）
　　………… 19, 20, 43, 52
DDT ……………………………… 257
DBP ……………………………… 112
DOP ……………………………… 112
EDC ……………………………… 273
EDTA …………………………… 189
FRP ………… 245, 247, 248
FT 法 …………………………… 214
glucose ………………………… 76
IPCC …………………………… 209

K 殻 …………………………… 21, 22
LCA ……………………… 20, 213
L 殻 …………………………… 22
OSPAR 協定 ………………… 129
POPs ……………… 255, 256, 257
RoHS 指令 …………………… 96
UN－ECE 協定 ……………… 128
WEEE 指令 …………………… 121

【あ】

アーモンド…… 168, 169, 170, 175
亜鉛………………… 76, 96, 122, 130,
　　　　　138, 142, 181, 182, 186,
　　　　　194, 234, 261, 264, 267
青砥藤綱………………… 202, 203
青棒 ………………… 153, 160
悪魔の水…………………84, 85
アクリル繊維 ………… 174, 268
アクリロニトリル……… 174, 187,
　　　　　188, 249, 250, 268
亜酸化銅………………………… 267
アジピン酸……………………… 248
アセチレン……108–112, 268, 272
アセトアルデヒド……… 108–112,
　　　　　114, 161, 271, 272, 274

アセトンシアノヒドリン
　………………………… 163, 172
アダム・スミス……… 286, 291
アッバース…………………276
アッラー……………………276
アデニン……………………198
アナトリア…………………276
亜砒酸……… 30, 131, 134, 140
アブラソコムツ……………… 91
アボガドロ数……………… 5, 25
アマルガム……101-106, 115, 274
アミグダリン
　………………… 164, 168-170
アラビアンナイト…………276
アラブ首長国連邦（UAE）……200
亜硫酸ガス………… 123, 195
亜臨界水熱分解法……………229
アルカリ金属
　………… 22, 70, 71, 94, 151
アルカリ度…………………226
アルカロイド………………198
アルコール………88, 95, 109, 112,
　210, 212, 246, 262, 296
アルシン
　…………135, 138, 142-144
アルソニルイオン…………144
アルドール縮合…… 109, 112, 113
アルドキシム………………262
アルマデン水銀鉱山…………104
アルミドロス……………… 58
アルミナ……… 49, 53-55, 57, 58,
　136, 158, 228, 273, 274

アルミニウム……… 19, 51, 76, 97,
　104, 158, 213, 237, 248
アルミニウム金属石鹸………… 97
アルミニウム再生地金………… 58
アルミニウム精錬………… 55
アルミニウム電解法………… 52
アルミン酸ソーダ……… 53, 54, 56
杏…………………… 166-170, 181
安息香酸…………………30, 86
安定剤………… 95, 96, 120, 121
アンドリュース法…………174
アンニン豆腐（杏仁豆腐）
　………………………… 169, 181
アンモニア……… 40, 50, 61, 85,
　124, 143, 174, 185,
　198, 217, 227, 231
アンモニアボラン………… 62
アンモノオキシデーション
　（アンモ酸化反応）…………174

【い】

硫黄………………… 36, 48, 82, 97,
　104, 123, 190, 195,
　197, 227, 229, 264
硫黄化合物………………… 48, 229
イオン結合……… 22, 24, 26, 148
イオン交換筒………………157
イオン式……………………237
生きようとする意志
　………………… 291, 292, 294
生きる意志………… 290, 291
イグサ……………………… 92

303

池‥‥‥‥‥‥‥‥‥‥‥‥ 298, 299

異常行動‥‥‥‥‥‥‥‥‥‥ 292

イスタンブール‥‥‥‥‥‥‥ 278

イスラム
‥‥‥‥ 212, 276-279, 295, 296

イスラム帝国‥‥‥‥‥‥‥‥ 276

伊勢白粉‥‥‥‥‥‥‥‥‥‥ 102

イソプロピルアルコール‥‥‥‥ 95

イタイイタイ病‥‥‥ 99, 116, 117,
122, 124-127

一酸化炭素‥‥‥ 28, 179, 206, 214

一神教‥‥‥‥‥‥‥ 18, 277-280

一般廃棄物‥‥‥‥ 17, 18, 122, 207

遺伝子‥‥‥‥‥‥‥‥‥ 293, 294

遺伝子DNAの二重ラセン構造
‥‥‥‥‥‥‥‥‥‥‥ 291

遺伝情報‥‥‥‥‥‥‥‥ 293, 294

イトムカ鉱山‥‥‥‥‥‥‥‥ 105

石見銀山ねずみ捕り‥‥‥‥‥‥ 132

陰イオン
‥‥‥‥ 23, 47, 55, 148-150, 157

陰イオン交換樹脂‥‥‥‥‥‥‥ 157

隕鉄‥‥‥‥‥‥‥‥‥‥ 13, 259

インプレースリーチング‥‥‥‥ 261

インホイールモーター‥‥‥‥‥ 73

飲料水規制‥‥‥‥‥‥‥‥‥ 128

【う】

烏脚病‥‥‥‥‥‥‥‥‥‥‥ 138

埋立処分‥‥‥‥‥‥ 15, 58, 155,
157, 207, 243

漆‥‥‥‥‥‥‥‥‥‥‥‥‥ 91

ウルバヌス 2 世‥‥‥‥‥‥‥‥ 276

【え】

栄養素‥‥‥‥‥‥‥‥‥ 76, 230

液化水素‥‥‥‥‥‥‥‥‥‥ 60

液化天然ガス‥‥‥‥‥‥ 39, 217

液体イオン交換法‥‥‥‥‥‥‥ 266

液体炭化水素‥‥‥‥‥‥‥‥ 214

液体バイオ燃料‥‥‥ 210, 211, 219

エステル‥‥‥‥ 88, 92, 109, 111,
216, 245, 250, 262

エステル共縮合‥‥‥‥‥‥‥‥ 248

エステル結合‥‥ 88, 113, 246, 251

エチレングリコール‥‥‥‥ 43, 246

エチレンジアミン四酢酸‥‥‥‥ 189

エッセンス‥‥‥‥‥‥ 88, 92, 93

江戸五不動‥‥‥‥‥‥‥‥‥ 101

エナント酸‥‥‥‥‥‥‥‥‥ 93

エネファーム‥‥‥‥‥‥‥ 40, 64

エネルギー‥‥‥ 19, 32, 55, 64, 75,
210, 212, 219, 222, 227, 229,
233, 239, 263, 280, 288, 299

エネルギーキャリヤー
（エネルギー媒体）‥‥‥‥‥ 39, 59

エネルギー効率‥‥‥‥ 40, 42, 59

エネルギー貯蔵物質
‥‥‥‥‥‥‥ 39, 42, 76, 78

エムルシン‥‥‥‥‥‥‥‥‥ 168

エルー‥‥‥‥‥‥‥‥ 52, 53, 54

エルサレム‥‥‥‥‥‥‥ 275, 276

塩化アルセニル‥‥‥‥‥‥‥‥ 141

塩化アンモニウム‥‥‥ 85, 267, 269

塩化水素⋯⋯⋯⋯85, 95, 108, 111,
　　　　120, 123, 152, 199,
　　　　243, 251, 268, 272
塩化水銀触媒⋯⋯⋯⋯⋯　108, 111
塩化第一水銀⋯⋯⋯⋯　101, 102
塩化第一銅⋯⋯188, 267-270, 272
塩化第二鉄⋯⋯⋯⋯　105, 144, 166
塩化第二銅⋯⋯267, 269, 271-274
塩化ナトリウム⋯⋯⋯⋯⋯23, 32
塩化パラジウム⋯⋯⋯⋯⋯271
塩化ビニル⋯⋯⋯⋯78, 85, 95,
　　　108, 109, 111, 112, 122, 123,
　　　174, 199, 243, 251, 255, 273
塩化物イオン⋯⋯⋯⋯⋯149
塩化物錯体⋯⋯⋯⋯⋯⋯188
塩基性塩化銅⋯⋯⋯⋯⋯274
塩基性炭酸銅⋯⋯⋯13, 101, 267
塩基性砒酸鉄⋯⋯⋯⋯⋯145
エンジニアリングプラスチック
　　⋯⋯⋯⋯⋯⋯⋯⋯251
炎色反応⋯⋯⋯⋯⋯⋯　10
塩析⋯⋯⋯⋯⋯⋯⋯　94
塩素⋯⋯⋯6, 15, 23, 46, 148, 152,
　　　162, 166, 176, 184, 195,
　　　199, 243, 255, 264, 268, 271
塩素酸イオン⋯⋯⋯⋯⋯149
エントロピー
　　⋯⋯⋯17, 18, 26, 45, 76, 96
塩ビ可塑剤⋯⋯⋯⋯　111, 112

【お】

黄鉛⋯⋯⋯⋯⋯　159, 160

黄血塩⋯⋯⋯⋯⋯⋯⋯166
黄色顔料⋯⋯⋯⋯　118, 143, 160
黄銅⋯⋯⋯⋯　94, 181, 193, 262
黄銅鉱⋯⋯⋯⋯⋯⋯⋯262
桜桃酒⋯⋯⋯⋯⋯⋯⋯164
オーランチオキトリウム
　　⋯⋯⋯⋯⋯　217, 220, 221
オーリー⋯⋯⋯⋯⋯⋯199
オーロン⋯⋯⋯⋯⋯⋯268
オキシクロリネーション
　　⋯⋯　112, 199, 243, 272, 273
オクタノール⋯⋯⋯　109, 111, 112
オクチル酸⋯⋯⋯⋯⋯94, 266, 267
オゾン⋯⋯⋯⋯⋯⋯⋯　75
汚泥⋯⋯⋯17, 134, 145, 157, 184,
　　　186, 206, 216, 227, 228
オフサイト方式⋯⋯⋯⋯⋯59, 60
汚物掃除法⋯⋯⋯⋯⋯16, 17
お水取り⋯⋯⋯⋯⋯⋯102
オロ⋯⋯⋯⋯⋯⋯　54, 198
オンサイト方式⋯⋯⋯⋯⋯　59
温室効果ガス⋯⋯⋯⋯　41, 43, 209
温泉黒卵⋯⋯⋯⋯⋯⋯191
温度フューズ⋯⋯⋯⋯⋯⋯119

【か】

カーボネート基⋯⋯⋯⋯⋯250
カーボンニュートラル
　　⋯⋯⋯⋯⋯　42, 210, 211, 212
カーボンブラック⋯⋯⋯⋯　59
回天⋯⋯⋯⋯⋯⋯⋯⋯279
海洋汚染⋯⋯⋯⋯19, 243, 257, 258

海洋微細藻類⋯⋯⋯⋯⋯ 216, 222

過塩素酸イオン⋯⋯⋯⋯⋯⋯ 149

化学⋯⋯⋯⋯⋯⋯⋯⋯⋯⋯⋯ 276

化学原論⋯⋯⋯⋯⋯⋯⋯⋯32, 33

化学式⋯⋯⋯⋯ 5, 15, 20, 24, 25,
　　　　　　26, 52, 150, 152, 190

化学反応⋯⋯⋯ 4, 6, 7, 13, 14, 70,
　　　　111, 189, 214, 234, 235, 246

化学物質⋯⋯⋯⋯⋯ 129, 139, 162,
　　　　　　243, 244, 249, 250,
　　　　　　254, 255, 256, 282

鏡磨師⋯⋯⋯⋯⋯⋯⋯⋯⋯⋯ 103

架橋剤⋯⋯⋯⋯⋯⋯⋯⋯⋯⋯ 248

核分裂⋯⋯⋯⋯⋯⋯⋯ 7, 69, 70

核分裂物質⋯⋯⋯⋯⋯⋯⋯ 69

隔壁⋯⋯⋯⋯⋯⋯⋯⋯ 235, 236

化合物⋯⋯⋯ 3, 4, 14, 21, 76, 140,
　　　　　151, 170, 177, 192, 194,
　　　　　197, 199, 210, 214, 227,
　　　　　228, 239, 243, 246, 250,
　　　256, 259, 260, 267, 270, 292

化合物半導体⋯⋯⋯⋯⋯⋯⋯ 135

過酸化水素⋯⋯⋯⋯⋯ 157, 161

過酸化物⋯⋯⋯⋯⋯⋯⋯⋯⋯ 152

カシミロン⋯⋯⋯⋯⋯⋯⋯⋯ 268

加水分解⋯⋯⋯54, 56, 62, 95, 145,
　　　　　175, 184, 194, 217, 251

ガス液⋯⋯⋯⋯⋯⋯ 83, 84, 108,
　　　　　　　　187, 188, 228

ガスタービン⋯⋯⋯⋯⋯ 205, 206

ガス灯⋯⋯⋯⋯⋯⋯⋯⋯⋯83, 84

苛性化反応⋯⋯⋯⋯⋯⋯⋯⋯ 12

苛性ソーダ⋯ 47, 53-57, 93, 122,
　　　　136, 157, 158, 174, 266

化石燃料⋯⋯⋯⋯⋯ 16, 39, 55, 60,
　　　　　　75, 200, 210, 212,
　　　　　217, 223, 243, 257

化石燃料資源の独占⋯⋯⋯⋯⋯ 277

火素⋯⋯⋯⋯⋯⋯⋯ 14, 27, 28, 37

可塑剤⋯⋯⋯⋯⋯ 108, 109, 111, 112

活性アルミナ担体⋯⋯⋯⋯⋯⋯ 273

活性炭吸着⋯⋯⋯⋯⋯⋯⋯⋯⋯ 105

価電子⋯⋯⋯⋯⋯⋯⋯⋯⋯⋯ 21

カドミウム⋯⋯⋯⋯ 96, 99, 116,
　　　　　　138, 154, 186, 187

加熱加水分解法⋯⋯⋯⋯ 184, 185

カフェイン⋯⋯⋯⋯⋯⋯⋯⋯ 198

カプリル酸⋯⋯⋯⋯⋯⋯⋯⋯ 93

カプロン酸⋯⋯⋯⋯⋯⋯⋯92, 93

ガラケー⋯⋯⋯⋯⋯⋯⋯⋯⋯ 66

ガラス⋯⋯⋯⋯⋯⋯ 9, 10, 31, 34,
　　　　　119, 133, 134, 245,
　　　　　247, 248, 250, 251

ガラス繊維⋯⋯⋯⋯⋯⋯⋯⋯⋯ 248

カリウム⋯⋯⋯⋯ 10-12, 70, 89, 94,
　　　　　163, 165, 166, 273, 274

火力発電⋯⋯⋯⋯ 43, 55, 64, 106,
　　　　　114, 115, 201, 205, 210

カルシウム⋯⋯⋯⋯ 89, 90, 94, 96

カルシウムカーバイド⋯⋯⋯⋯ 108

カルナウバ蝋⋯⋯⋯⋯⋯⋯⋯ 91

カルノーサイクル⋯⋯⋯⋯⋯ 64

カルボキシル基⋯⋯⋯⋯ 246, 247

カロザス⋯⋯⋯⋯⋯⋯⋯ 248, 267

皮なめし‥‥‥‥‥‥‥‥ 148
環境運命‥‥‥‥‥‥‥‥ 253
環境影響評価‥‥‥‥‥ 204, 213
環境毒‥‥‥‥‥‥‥ 127, 129
環境破壊‥‥‥‥‥‥‥‥81, 82
環境破壊の思想‥‥‥‥‥‥ 280
環境ホルモン‥‥‥‥ 109, 116, 117,
　　　　　250, 257, 258, 282
還元‥‥‥ 13, 28, 36, 40, 42, 44, 46,
　　　　95, 104, 134, 142, 151,
　　　　155, 161, 235, 242, 259
乾式製錬‥‥‥‥‥ 259, 260, 262
鹹水‥‥‥‥‥‥‥‥‥11, 12
缶石‥‥‥‥‥‥‥ 225, 226, 231
乾電池‥‥‥‥‥ 76, 121, 233,
　　　　　234, 238, 241
乾電池管理条項‥‥‥‥‥‥ 121
乾溜‥‥‥‥‥‥‥‥‥‥ 108
官僚‥‥‥‥‥ 5, 200, 211, 279
顔料‥‥‥‥‥‥ 18, 30, 59, 100,
　　　118, 121, 143, 148, 153,
　　　159, 166, 175, 186, 252

【き】

黄色絵具‥‥‥‥‥‥‥‥ 118
希ガス‥‥‥‥‥‥‥‥‥5, 148
貴ガス‥‥‥‥‥‥ 5, 22, 23, 24
気化熱‥‥‥‥‥‥‥‥‥ 79
騎士‥‥‥‥‥‥‥‥‥‥ 276
技術評価‥‥‥‥‥‥‥‥ 20
希硝酸‥‥‥‥‥‥‥‥‥ 194
汽水性‥‥‥‥‥‥‥‥‥ 215

吉草酸‥‥‥‥‥‥‥‥92, 93
キップ‥‥‥‥‥‥‥‥‥ 193
起爆薬‥‥‥‥‥‥‥‥‥ 104
ギブサイト‥‥‥‥‥‥‥ 53
虐殺‥‥‥‥‥‥‥‥‥‥ 279
逆錬金術‥‥‥‥‥‥‥41, 48
キャッサバ‥‥‥‥ 163, 172, 173
キャベンディシュ‥‥‥‥‥33, 34
救急用乾電池‥‥‥‥‥‥‥ 238
給湯‥‥‥‥‥‥ 64, 79, 199,
　　　　　200, 205, 206
吸熱脱水素反応‥‥‥‥‥‥ 61
牛脂‥‥‥‥‥‥‥ 83, 89, 92
経木‥‥‥‥‥‥‥‥‥‥ 245
共重合‥‥‥‥‥ 174, 248, 249, 250
共沈法‥‥‥‥‥‥‥‥‥ 145
杏仁水（キョウニン水）‥‥‥ 169
恐怖‥‥‥‥‥ 18, 178, 277, 279
共有結合‥‥‥‥ 22, 24, 26, 192, 230
強要‥‥‥‥‥‥‥‥‥‥ 279
虚栄心‥‥‥‥‥‥‥ 287, 291
魚介類‥‥‥‥‥‥ 110, 244, 258
魚油‥‥‥‥‥‥‥‥‥ 83, 215
キリスト教‥‥‥ 18, 276-285, 295
キリスト教文化圏‥‥‥‥‥ 284
希硫酸‥‥‥‥ 64, 166, 193, 260, 261
金アマルガム‥‥‥‥‥ 100-103
金銀製錬‥‥‥‥‥‥‥ 175, 179
金属亜鉛‥‥‥‥‥76, 138, 235
金属化合物‥‥‥‥‥ 15, 227, 260
金属カドミウム‥‥‥‥‥‥ 118
金属水銀‥‥‥‥‥ 104, 105, 274

307

金属製錬…………… 13, 28, 80, 85

金属石鹸…… 89, 93-97, 120, 267

金属銅…… 13, 235, 268-271, 274

金属ナトリウム………… 63, 174

金属マグネシウム… 76, 237-239

金属マグネシウム合金……… 76

金属硫化物……… 192-194, 264

銀流し…………… 102, 103

【く】

グアニン………………… 198

空気酸化……… 31, 143, 157, 191,
192, 253, 264, 269, 272, 273

偶像………………… 278, 281

偶像崇拝………………… 281

空中窒素固定法………… 50, 227

クーロン力………………… 151

ククイノキ………………… 92

苦扁桃……… 167, 168, 169, 170

暮しの手帖………………… 233

グランジャン………………… 106

クリスタルガラス………… 10, 133

グリセリン…… 88, 89, 93, 94, 215

グリセロール………………… 89

クリック………………… 291

クルーソー………………… 289

クレルモンの公会議………… 276

グローブ………… 19, 64, 207

クロマイト………… 158, 159

クロム化合物
……99, 146, 152, 157, 162, 248

クロム金属………… 95, 147

クロム金属石鹸………… 95

クロム酸………… 95, 133, 147,
153, 155-161

クロム中毒………………… 148

クロム鞣し………… 160, 161

クロム明礬………………… 160

クロロ錯体………………… 269

クロロプレン………………… 268

軍部………………… 5, 163, 279

【け】

鶏冠石………………… 143

傾瀉法………… 265, 266

軽油………85, 214, 215

鯨油………………… 83

ゲイ＝リュサック………… 166

ケトオキシム………………… 262

ケブラチョエキス………… 160

ケミカルタンカー………… 61

ケロシン………95, 262, 266

減圧軽油水素化分解装置……… 214

鹸化………… 95, 266

嫌気性分解………… 124, 191, 192

原子……… 3-5, 7, 14, 16, 20,
26, 37, 67, 69, 234

原子価………… 148, 151, 156,
162, 235, 267

原子核………… 5, 20, 21, 70

原子量……… 5, 21, 69, 70, 237

原子力発電所………… 69, 201

元素………… 15, 19, 28, 32, 34,
36, 99, 111, 120, 142,

146, 149, 151, 183, 192

元素記号……………………… 4, 70

ゲンチオビオース………………… 168

原発………………… 7, 67, 69, 110,
201, 206, 298

研磨剤（研磨材）… 148, 153, 252

【こ】

誤飲……………… 243, 254, 256

高圧殺菌処理………………… 230

紅鉛鉱……………………… 147

高温高圧… 50, 213, 227, 229, 262

高温細菌……………………… 218

高温用はんだ………………… 120

公害問題……………… 6, 280, 282

光学レンズ類………………… 251

高級アルコール………………… 90

高級脂肪酸……………………… 90

光合成………… 19, 20, 42, 51, 75,
210, 215, 219, 223

黄砂………………… 106, 115

鉱酸……………………… 161

硬質クロムめっき……………… 159

甲状腺腫………………… 172, 178

硬水………… 89, 225, 226, 231

高水素含有化合物……………… 62

合成ゴム……………………… 268

合成樹脂………………… 244, 245

合成繊維……………………… 253

高速増殖炉……………………… 202

硬度………………… 13, 226

コークス………… 40, 82‐85, 104,

108, 187, 188, 228

コークス炉廃液………………… 228

コージェネレーションシステム
………………… 64, 79, 204

コーヒー……………………… 198

コールタール………… 83, 84, 85

枯渇性資源……………………… 19

呼吸困難………………… 129, 130

黒液……………………… 227

国際商業……………………… 276

国際都市……………………… 276

極楽……………………… 277

国連食糧農業機関……………… 128

ココア……………………… 198

五酸化バナジウム……………… 95

古事記……………………… 81

誤食……………………… 254

五色豆……………………… 171

骨粗しょう症…………… 125, 130

古典経済学……………………… 286

コバルト……………………… 94

小松市梯川流域………………… 125

ゴム草履……………………… 86

ゴム糊……………………… 86

ゴム－ポリスチレン共重合体… 249

コロイド状………………… 94, 265

紺青………………… 166, 175, 176

コンバインドサイクル………… 205

【さ】

サーモセレクトシステム……… 206

サイエンス……………………… 280

最外殻⋯⋯⋯⋯ 21, 22, 23, 24, 148
最終処分場⋯⋯⋯⋯⋯⋯⋯ 17, 196
再利用⋯⋯⋯⋯⋯57, 229, 263
酢酸⋯⋯⋯⋯ 93, 109, 111, 123,
　　　　124, 174, 189, 217,
　　218, 227, 229, 267, 272
酢酸生成菌⋯⋯⋯⋯⋯⋯⋯⋯ 217
酢酸繊維素⋯⋯⋯⋯⋯⋯⋯⋯ 111
酢酸銅⋯⋯⋯⋯⋯⋯⋯⋯⋯⋯ 267
酢酸ビニル⋯⋯⋯⋯ 111, 174, 272
錯体⋯⋯ 124, 150, 151, 166, 175,
　　179, 185-189, 267, 269
笹ヶ谷鉱山⋯⋯⋯⋯⋯⋯⋯⋯ 137
サソール⋯⋯⋯⋯⋯⋯⋯⋯⋯ 214
殺菌⋯⋯⋯⋯8, 218, 230, 231, 273
砂糖⋯⋯⋯⋯⋯ 15, 91, 161, 211
鯖田豊之⋯⋯⋯⋯⋯⋯⋯⋯⋯ 283
サバチェ反応⋯⋯⋯⋯ 46, 47, 49
差別⋯⋯⋯⋯⋯⋯⋯⋯⋯⋯⋯ 279
さらし餡⋯⋯⋯⋯⋯⋯⋯⋯⋯ 171
酸化塩素化反応⋯⋯⋯⋯ 243, 273
酸化還元反応⋯⋯⋯ 151, 235, 242
酸化鉱⋯⋯⋯⋯⋯ 158, 262, 263
酸化剤⋯⋯⋯⋯⋯ 105, 134, 142,
　　　　144, 148, 166, 235
酸化水銀⋯⋯⋯⋯⋯⋯ 30, 31, 34
酸化数⋯⋯⋯ 141, 142, 146, 148,
　　151-153, 162, 235, 237, 267
酸化鉄⋯⋯⋯⋯⋯⋯ 145, 157, 158,
　　　　　　191, 192, 264
酸化焙焼⋯⋯⋯⋯⋯⋯⋯⋯⋯ 158
酸化反応⋯⋯⋯⋯6, 14, 37, 174, 187,

　　　　227, 236, 264, 272
酸化防止剤⋯⋯⋯⋯⋯⋯⋯⋯ 86
酸化マグネシウム⋯⋯32, 175, 238
産業廃棄物⋯⋯15, 17, 84, 99, 115,
　　184, 196, 197, 207, 301
三酸化二砒素⋯⋯⋯⋯⋯⋯⋯ 131
三次元状架橋結合⋯⋯⋯⋯⋯ 245
酸性雨⋯⋯⋯⋯⋯⋯⋯⋯ 82, 106
酸素⋯⋯⋯⋯⋯4-8, 14, 15, 21, 24,
　　29, 34, 49, 64, 68, 75, 78,
　　134, 149, 152, 158, 192, 205,
　　217, 228, 235, 237, 261, 272
酸素塩素化反応⋯⋯⋯⋯⋯⋯ 199
残留性有機汚染物質⋯⋯ 255, 256

【し】

ジアゾジニトロフェノール⋯⋯ 104
シアノバクテリア⋯⋯⋯⋯⋯ 75
シアン（シアン化合物）
　⋯⋯⋯⋯⋯⋯30, 99, 104, 163,
　　164, 174, 197, 228, 267
次亜塩素酸塩⋯⋯⋯⋯⋯ 184, 185
シアン化カルシウム⋯⋯⋯⋯ 182
シアン水素の毒性⋯⋯⋯⋯⋯ 177
シェーレ⋯⋯⋯⋯⋯⋯⋯ 30, 132
ジオール⋯⋯⋯⋯⋯⋯⋯ 246, 248
紫外線⋯⋯⋯⋯⋯⋯⋯⋯ 75, 253
ジカルボン酸⋯⋯⋯⋯⋯ 246, 248
軸受合金⋯⋯⋯⋯⋯⋯⋯⋯ 120
ジグリセリド⋯⋯⋯⋯⋯⋯⋯ 89
ジクロロ−8−クロロ
　アリルビニルシラン⋯⋯⋯⋯248

310

資源枯渇‥‥‥‥‥‥ 15, 82, 200
自己顕示行動‥‥‥ 287, 288, 289
自己顕示欲‥‥‥287 − 289, 291
自己複製素子‥‥‥‥‥‥‥ 293
自己放電‥‥‥‥‥‥‥‥‥ 238
脂質‥‥‥‥‥ 215, 216, 217
脂質生産能力‥‥‥‥‥‥‥ 215
システイン‥‥‥‥‥ 179, 190
自然エネルギー‥‥‥‥40, 42, 58,
　　　　200, 202, 203, 239, 241
自然破壊‥‥‥‥‥ 8, 282, 286
自然法則‥‥‥‥‥‥‥‥‥ 294
シチリア島‥‥‥‥‥‥‥‥ 169
湿式酸化‥‥‥‥‥ 159, 184, 187,
　　　　　188, 227 − 229, 231
湿式精錬‥‥‥‥‥‥‥‥‥ 259
湿式銅精錬法‥‥‥‥‥‥‥ 262
指導者‥‥‥‥‥‥‥‥5, 277
支配欲‥‥‥‥‥‥‥‥‥‥ 277
自爆テロ‥‥‥‥‥‥ 277, 278
ジフェニルカーボネート‥‥‥ 250
渋味‥‥‥‥‥‥‥‥‥‥‥ 161
死への恐怖‥‥‥‥‥‥ 18, 277
脂肪‥‥‥ 88, 89, 90, 91, 92, 93, 94
脂肪酸‥‥‥‥‥‥ 89, 90, 93, 94,
　　　　　　　216, 217, 220
死亡事故‥‥‥ 179-183, 195-197
脂肪族カルボン酸‥‥‥‥‥‥ 92
ジメチルアルシン‥‥‥‥‥ 143
ジャガイモ‥‥‥‥‥‥ 50, 172
シャトーブリアン‥‥‥‥‥ 275
瀉痢塩‥‥‥‥‥‥‥‥‥‥ 103

朱‥‥‥‥‥‥‥ 100, 101, 104
宗教と食物‥‥‥‥‥‥ 18, 296
周期律表‥‥‥‥‥‥‥‥‥ 21
重クロム酸ソーダ‥ 158, 159, 160
重合‥‥‥‥ 112, 166, 174, 198,
　　　　245, 248 − 250, 268
十字軍遠征‥‥‥‥‥‥‥‥ 276
集塵灰‥‥‥‥‥‥‥‥‥‥ 199
臭素‥‥‥‥‥‥‥‥‥‥‥ 148
従属栄養藻類‥‥‥‥‥‥‥ 220
重炭酸塩‥‥‥‥‥‥‥‥‥ 184
充電式電池‥‥‥‥‥‥‥‥ 118
縮合‥‥‥‥ 88, 109, 112, 113,
　　　　140, 244 − 246, 248 − 250
シュトロマイエル‥‥‥‥‥ 117
シュバルツバルト‥‥‥‥‥ 82
シュルツ・ハーディの法則‥‥‥ 265
循環型社会‥‥‥‥‥‥ 19, 57
殉教者‥‥‥‥‥‥‥‥ 277, 278
焼夷弾‥‥‥‥‥‥‥‥ 97, 107
消化液‥‥‥‥‥‥‥‥‥‥ 217
消化酵素‥‥‥‥‥‥‥‥‥ 8
蒸気機関‥‥27, 83, 225, 226, 231
蒸気タービン‥‥‥‥‥ 69, 205, 206
小規模金採掘‥‥‥‥‥‥ 106, 115
焼却灰‥‥‥14, 78, 123, 199, 207
商業権拡大‥‥‥‥‥‥‥‥ 276
錠剤‥‥‥‥‥‥‥‥‥ 91, 274
硝酸‥‥‥‥‥‥ 51, 78, 88, 133,
　　　　134, 150, 160, 161,
　　　　189, 194, 265, 266
称賛‥‥‥‥‥‥ 277, 279, 287

311

硝酸塩‥‥‥‥‥‥‥78, 133, 134
消色剤‥‥‥‥‥‥‥‥‥134
消石灰‥‥‥‥‥ 12, 110, 150,
　　　　　　　157-159, 219
消毒‥‥‥‥‥‥‥‥163, 273
樟脳‥‥‥‥‥‥‥‥‥190
蒸発潜熱‥‥‥‥‥‥ 79, 227
昭和電工・鹿瀬工場‥‥‥‥‥111
ショーペンハウエル
　‥‥‥‥‥‥288-291, 294
食塩‥‥‥‥ 5, 15, 23, 32, 55, 93,
　　　94, 108, 123, 148, 237, 270
燭台‥‥‥‥‥‥‥‥‥94
触媒‥‥‥‥ 47, 59, 62, 108, 111,
　　　120, 147, 153, 160, 195,
　　　199, 214, 228, 264, 271
触媒湿式酸化プロセス‥‥‥‥228
触媒担体‥‥‥‥‥‥153, 160
食物連鎖‥ 96, 110, 244, 254, 256
食糧‥‥‥‥ 16, 128, 173, 210, 215,
　　　280, 283, 285, 286, 296
食糧問題‥‥‥‥‥‥‥209
恕限度‥‥‥‥‥‥‥‥181
諸侯‥‥‥‥‥‥‥‥‥276
シリコン‥‥‥ 57, 58, 233, 239
飼料化‥‥‥‥‥‥‥‥80
ジルコニア‥‥‥‥‥‥228
シロアリ‥‥‥‥‥‥‥133
腎機能障害‥‥‥‥‥‥126
神経毒ガス‥‥‥‥‥‥279
人工光合成‥‥‥‥ 19, 20, 51
信仰心‥‥‥‥‥‥‥‥278

人口爆発‥‥‥‥‥‥‥292
浸出‥‥‥‥‥‥ 146, 156, 158,
　　　　　　　254, 256, 262
真珠湾攻撃‥‥‥‥‥‥278
神仙思想‥‥‥‥‥‥‥101
人造合成物質‥‥‥ 243, 244, 249
腎臓障害‥‥‥‥‥126-128, 130
人造有害物質‥‥‥‥‥84
浸炭焼入れ用‥‥‥‥‥175
真鍮‥‥‥‥‥‥94, 181, 182
ジンマーマン・プロセス
　‥‥‥‥‥‥‥‥184, 227
侵略的外来種‥‥‥‥‥254

【す】

水銀‥‥‥‥‥30, 31, 34, 99, 100,
　　　117, 122, 128, 143, 162,
　　　194, 233, 272, 274, 285
水銀合金‥‥‥‥‥‥‥274
水銀使用0（ゼロ）‥‥‥‥‥233
水酸化アルミニウム‥‥ 54, 55, 56
水酸化鉄（Ⅲ）‥‥‥‥157, 264
水質汚濁防止法
　‥‥‥‥‥ 99, 163, 189, 228
水蒸気‥‥‥‥‥‥ 36, 40, 41, 51,
　　　59, 64, 69, 79, 168,
　　　190, 205, 231, 272, 274
水蒸気蒸留‥‥‥‥‥‥168
水素‥‥‥‥‥ 4, 5, 6, 19, 24, 33,
　　　36, 39, 40, 56, 76, 145,
　　　150, 152, 206, 214, 234
水素化化合物‥‥‥‥‥152

312

水素化脱硫··············· 195
水素還元··········· 112, 113
水素キャリヤー·········61, 62
水素吸蔵合金電池······· 118, 122
水素ステーション
············ 49, 59, 60, 61, 66
水素生産量··············· 66
水素脆性··········· 39, 120
水素貯蔵量··············· 61
水素添加··············· 61
水硫化ソーダ··············· 157
数学······· 5, 4, 33, 235, 276
スクアレン········· 216, 219, 221
スズ······· 35, 119, 120, 194, 294
スチレン·······174, 246, 248-250
ステアリン酸······ 90, 94, 96, 120
ステロイドホルモン受容体······ 139
ストックホルム条約··········· 255
ストライクめっき··········· 270
スペインの教会··········· 278
スリーアローマーク··········· 121

【せ】

西欧文明················ 37, 282
青化亜鉛··············· 182
生化学反応··············· 214
青化製錬法··············· 179
青化ソーダ
······· 164, 174, 176, 182, 270
青化銅······· 176, 182, 270
正極··········· 64, 118, 233,
235, 237, 238, 240

精鉱··············· 260, 261, 262
青酸·········· 163-167, 170-172,
174, 175, 177, 179, 181-183
青酸カリ
········ 163-165, 167, 179, 181
青酸石灰··············· 182, 183
青酸ソーダ
········ 164, 165, 174, 175, 181
青酸中毒··············· 165, 179
青酸配糖体······ 164, 170, 171, 172
政治家·········5, 16, 97, 106, 200,
275, 279, 281, 289
生殖········· 128, 257, 289, 294
青色顔料··············· 166, 175
生成物······ 69, 87, 123, 134, 158,
169, 187, 234, 235, 256
生態学的危機··············· 280
生態系··············· 75, 78
静態的耐用年数··············· 19
聖地巡礼··············· 276
聖地奪還··············· 276
成長の限界··············· 282
政府間パネル··············· 209
生物資源··············· 200
生物体量··············· 209
生物分解··············· 51, 243
生分解性材料··············· 257
清澄剤··············· 133, 134
精錬······ 40, 52, 55, 66, 103, 104,
106, 115, 201, 259-262
製錬······· 13, 16, 28, 57, 80,
85, 117, 122, 138,

313

146, 175, 179, 259

世界保健機構……………………128

石黄……………………131, 143

赤血塩……………………166

赤色顔料……………………100, 119

石炭…… 41, 50, 68, 75, 82, 96,
106, 114, 205, 212, 214,
223, 227, 231, 244, 248, 273

石炭液化……………………214, 231

石炭ガス……………50, 108, 205

石炭火力発電所
……………106, 114, 115, 205

石炭酸……………244, 248, 273

石炭酸樹脂……………………244

石油需要量……………………221

石油精製残渣油水素化分解装置
……………………215

セシウム……………………69, 70, 71

石灰石……………7, 9, 107, 108, 226

石鹸……… 10, 11, 89, 93-97,
120, 169, 266, 267

セメント固化… 15, 145, 146, 157

セリウム……………………94

セルジューク朝………………276

セルロース系バイオマス………211

セロチン酸ミリシル……………91

繊維……………76, 88, 111, 174,
247, 248, 253, 268

繊維強化プラスチック…………247

前駆体……………………170

潜在意識……………………288, 291

全シアンの分析方法……………189

線状高分子……………………97, 245

染色…… 148, 153, 160, 197, 255

戦闘機……………………278

遷移金属（遷移元素）… 151, 267

洗脳……………………278, 279

船舶……… 63, 118, 215, 245, 248

戦利品……………………276

染料……………………108, 273

【そ】

総括原価方式……………………203

疎水コロイド……………………265

塑性……………244, 245, 250

ソハイオ法……………………174, 268

【た】

ダービー……………………82, 83

タール…… 28, 29, 83-85, 96, 108

ダイオキシン……………78, 199,
229, 243, 252,
255-257, 273, 282, 285

耐火レンガ……………………148

大気汚染
……… 115, 128, 199, 227, 263

ダイナマイト……………………88

第二リン酸ソーダ……………136

堆肥化……………………68, 80

松明……………92, 102, 202

太陽光……… 31, 43, 45, 46,
58, 60, 63, 120, 203, 220,
222, 223, 239-241, 253

太陽炉……………………239

大量生産·········9, 17, 50-52, 60,
　109, 111, 118, 159, 227, 258
多価アルコール·······89, 246, 247
多価カルボン酸·················247
竹の皮·····················245
多原子分子··············4, 152
踏鞴製鉄·····················81
脱塩酸反応·················273
脱離液·····················217
ダニエル電池···········235, 236
タピオカ····················172
多硫化錯イオン················141
炭化水素······60, 61, 90, 94, 97,
　214-216, 219-221
単原子分子·····················5
炭酸カルシウム
　··············9, 193, 225, 226
炭酸ソーダ············9, 159, 265
炭酸ナトリウム·············9, 12
炭酸マグネシウム·············225
炭塵爆発······················68
炭水化物··········8, 15, 76, 77,
　161, 212, 217
弾性················244, 245
炭素··········4, 5, 13, 14, 21, 24,
　28, 36, 40, 42, 54, 59, 86,
　104, 183, 233, 239, 247, 268
炭素製電極················57, 242
単体········3, 4, 25, 26, 58,
　142, 152, 191, 192
タンニン鞣し·················160
タンパク尿·················130

ダンプリーチング·············261
丹薬·····················101
単量体·····················245

【ち】

地域エネルギー·············200
チェスナットエキス·············160
チオアセトアミド·············194
地下水················138, 263
地球温暖化······19, 39, 40, 52, 56,
　60, 63, 75, 96, 200, 207,
　209, 211, 213, 282, 286
蓄電池············118, 211, 242
チタニア····················228
窒素········14, 21, 29, 50, 61,
　108, 134, 142, 166,
　183, 187, 227, 229, 269
窒素肥料·········50, 108, 227
チトクロームオキシダーゼ······179
茶·····11, 53, 117, 133, 164, 198
着火源···········49, 68, 78, 191
厨芥·····················210
抽出剤················262, 263
中性子···········5, 21, 69, 70
中和·····85, 88, 95, 136, 150,
　157, 174, 197, 246, 266
長安·····················276
長周期表酸素族·················192
潮流発電····················201

【つ】

つけ木·····················92

315

釣竿……………………245, 248

【て】

ディーコン反応………………272
ディーゼル燃料……210, 211, 214
低品位硫化鉱…………………263
低融点合金……………………119
デーツ…………………………161
デービー…………………64, 151
テオフィリン…………………198
デカンテーション……………265
鉄………………36, 105, 134,
　　　　　144, 176, 191, 192
鉄屑……………………………166
鉄シアノ錯体………185, 186, 189
テトロン………………………247
デュボス………………………282
テレフタル酸………129, 246, 247
電解質……………………47, 64, 148
電解精錬………………52, 259, 260
電解銅めっき……………270, 274
電解浴……………………53, 54
添加剤……………245, 256, 257
電気自動車…………40, 49, 60,
　　　　　65, 73, 240, 241
電気集塵機……………………199
電気接点………………………120
電気銅……………260-263, 268
電気分解……………40, 42, 46,
　　　　　54, 58, 60, 63,
　　　　　85, 104, 151, 260
電気分解の法則………………85

電気容量………………………64
電極…………46, 47, 51, 57,
　　　　　59, 64, 238, 242
典型7公害………………………99
天工開物………………30, 131, 298
天国……………………………277
電磁誘導の法則………………85
電池………………40, 42, 49, 50, 56,
　　　　　60, 63, 66, 73, 76, 114,
　　　　　118, 121, 211, 233, 298
電池回収箱……………………122
天地返し………………………154
伝統……………………281, 282
デンマーク……79, 106, 128, 200
電力…………40, 42, 45, 52, 55,
　　　　　63, 67, 80, 110, 200,
　　　　　207, 227, 236, 241, 263
電力自由化……………………203

【と】

銅………………12, 30, 94, 101,
　　　　　137, 176, 179, 181, 186,
　　　　　188, 199, 235, 259, 267
同位体（同位元素）…………69, 70
東京ゴミ戦争……………………17
銅合金…………102, 119, 120, 274
銅鉱石……………13, 259-262
陶磁器用顔料……………153, 160
同時多発テロ事件……………279
糖質コルチコイド受容体………139
動植物性残渣………206, 210, 221
灯心……………………………92

316

統治·················· 276, 279, 280
道徳感情論························ 286
当量················ 145, 151, 155
豆類の成分規格·················· 171
ドーキンス········· 280, 291-293
土器························· 9, 13
毒ガス禁止条約·················· 195
特殊潜航艇······················ 279
毒物········· 101, 106, 109, 129,
　　　　　　131, 162-164, 167,
　　　　　　170, 172, 177, 180, 189
毒物及び劇物取締法······ 109, 129,
　　　　　　131, 162, 163, 180
独立栄養藻類···················· 220
都市ガス·········· 40, 50, 69, 85,
　　　　　　108, 206, 216, 228
都市ごみ··· 79, 199, 200, 204-207
特攻隊····················· 278, 279
突然変異原性···················· 128
灯火·······················83, 84
ドライヤー······················ 94
トリアリルシアヌレート········ 248
トリグリセリド······· 89, 92, 216
トリクロロ銅アンモニウム······ 268
トリクロロビニルシラン········ 248
トリメチルアルシン······ 143, 144
トリモチ························ 91
トルエン·····················60, 61
土呂久鉱山······················ 137
トロナ·················· 9, 10, 11
貪欲···················· 281, 287

【な】

ナードル························ 252
内燃機関················65, 211, 213
内分泌撹乱化学物質······ 139, 250
ナイロン66 ···················· 248
長崎県対馬··············· 125, 126
ナツメヤシ··············· 161, 296
ナトリウム······· 9, 10, 12, 15, 23,
　　　　　　32, 51, 53, 63, 70, 89, 150
ナトリウム石鹸···············93, 94
ナパーム弾······················ 97
ナフタリン····················84, 85
ナフテン酸金属石鹸············· 94
生ゴミ········ 68, 79, 80, 206,
　　　　　　210, 219, 221, 229
鉛···················· 76, 94, 96
難燃剤·························· 257
難燃性フィルム·················· 111

【に】

二塩化エタン···················· 273
二月堂·························· 102
肉食動物························ 77
二酸化硫黄
　　　······· 104, 123, 191, 195, 227
二酸化炭素············· 14, 36, 193,
　　　　　　205, 209, 217, 218,
　　　　　　234, 239, 251, 299
ニッケルカドミウム電池
　　　　　　··············· 118, 121-123
ニッケル水素吸蔵合金電池······ 118

317

ニッケルのシアノ錯体… 185, 187
ニトログリセリン…………… 88
ニトロベンゼン……………… 169
ニューランド触媒……… 268, 269
尿路細管障害………… 125, 126
二硫化砒素イオン…………… 141
人間魚雷…………………… 279
人間中心……… 18, 281, 282, 284
人間中心主義… 18, 281, 282, 284
人間の行動
………… 18, 275, 286, 290, 295
人間優位の思想…… 281, 283, 285
人間優先の思想…………… 282
認定基準………… 125, 127

【ね】

ネオプレン………………… 268
ネオン………… 5, 21-24
熱可塑性樹脂………… 244, 245
熱機関………………18, 64
熱源………… 78, 186
熱硬化性樹脂……… 244, 245, 247
熱効率………… 205
熱素………… 32
熱電併給システム
………… 64, 79, 200, 204
熱分解…… 31, 40, 59, 61, 85, 95,
104, 199, 205, 214, 229
燃焼………4, 6, 7, 14, 28, 34, 42,
67, 75, 78, 87, 106, 115,
191, 211, 235, 251, 261, 269
燃素………27, 28

燃料集合体………………… 69
燃料電池……… 40, 49, 50, 56,
60, 63, 211, 234,
239, 241, 298, 299
燃料電池自動車………40, 49, 50,
60, 65, 66, 234, 241
燃料被覆管………………69, 71
燃料棒………… 7, 69, 71

【の】

農業機械………………… 212
農業用水路………………… 123
濃縮ウラン………………… 200
農薬……… 30, 132, 133, 139, 212
農薬登録………………… 132
ノーベル………………… 88

【は】

バーゼル条約………… 99, 162
ハーバー・ボッシュ法
………… 50, 51, 226, 299
配位子………………… 267
バイオエタノール
…… 19, 20, 45, 210-213, 223
バイオディーゼル燃料BDF…… 210
バイオテクノロジー………… 214
バイオ燃料……………… 209-211,
213, 214, 216, 217,
219, 220, 222, 223, 300
バイオマス………… 58, 78, 200,
209-211, 213-216
肺ガン………………… 132

318

肺気腫‥‥‥‥‥‥‥‥‥‥‥ 130
廃棄物埋立地
‥‥‥‥‥‥15, 16, 146, 191, 218
廃棄物処理‥‥‥‥‥ 17, 99, 163,
　　　　　197, 203, 206, 207,
　　　　　225, 243, 297, 301
廃棄物処理法‥‥‥ 17, 99, 163, 207
焙焼
‥‥‥ 54, 55, 104, 108, 146, 158
排泄物‥‥‥‥‥‥‥‥‥‥‥77, 96
排他的経済水域‥‥‥‥‥‥‥ 63
廃プラスチック
‥‥‥ 17, 85, 122, 243, 256, 258
ハイブリッドカー‥‥‥‥‥‥ 65
バイヤー法‥‥‥‥‥‥‥‥‥ 53
破壊の伝統‥‥‥‥‥‥‥‥‥ 281
迫害‥‥‥‥‥‥‥‥‥‥‥‥ 279
バグダッド‥‥‥‥‥‥‥‥‥ 276
バクテリアリーチング‥‥ 261, 262
爆発限界‥‥‥‥‥‥‥ 49, 68, 191
爆発範囲‥‥‥‥‥‥ 49, 67, 68, 69
白砒‥‥‥‥‥‥‥‥30, 131, 132
爆薬‥‥‥‥‥‥‥‥51, 104, 278
櫨‥‥‥‥‥‥‥‥‥‥‥‥‥ 91
八隅子則‥‥‥‥‥‥‥‥‥‥ 22
白金‥‥‥‥‥‥‥‥‥‥‥64, 66
バッグフィルター‥‥‥‥‥‥ 199
白血病‥‥‥‥‥‥‥‥‥ 86, 255
発酵槽負荷‥‥‥‥‥‥‥‥‥ 219
発生期の水素‥‥‥‥‥‥‥‥ 142
発送電分離‥‥‥‥‥‥‥‥‥ 203
発電‥‥‥ 40, 42, 55, 58, 63, 69,

　　　　　78, 86, 106, 114, 137,
　　　　　199, 210, 239, 240, 241
発電機‥‥‥‥‥‥ 69, 86, 201
発泡ポリスチレン‥‥‥‥‥‥ 249
バナジウム化合物‥‥‥‥‥‥ 76
バナジウム金属石鹸‥‥‥‥‥ 95
バニリン‥‥‥‥‥‥‥‥‥‥ 227
バラ科の植物‥‥‥‥‥‥ 168, 170
パラジウム‥‥‥‥‥‥‥‥‥ 272
パラフタル酸‥‥‥‥‥‥‥‥ 247
バラムツ‥‥‥‥‥‥‥‥‥‥ 91
バリウム‥‥‥‥‥‥‥‥‥‥ 96
波力発電‥‥‥‥‥‥‥‥‥‥ 201
パルミチン酸‥‥‥‥‥ 91, 92, 97
パルミチン酸アルミニウム‥‥ 97
パルミチン酸ミリシル‥‥‥‥ 91
ハロゲン‥‥‥‥‥‥‥‥‥‥ 148
半減期‥‥‥‥‥‥‥‥‥ 70, 128
半電池式‥‥‥‥‥‥‥‥‥‥ 235
半電池反応式‥‥‥‥‥‥‥‥ 235
半導体レーザー‥‥‥‥‥‥‥ 239
半反応式‥‥‥‥‥‥‥‥‥‥ 235
ハンブルグ‥‥‥‥‥‥‥‥‥ 79

【ひ】

ヒープリーチング‥‥‥‥‥‥ 261
尾液‥‥‥‥‥‥‥‥‥‥‥‥ 266
砒化ガリウム‥‥‥‥‥‥‥‥ 135
皮革鞣し‥‥‥‥‥‥‥‥‥‥ 153
砒化水素‥‥‥‥‥‥‥‥ 135, 143
光ファイバー‥‥‥‥‥‥‥‥ 251
ピクリン酸火薬‥‥‥‥‥‥‥ 273

319

微細脳損傷症候群·················· 136

微細藻類·········· 215, 216, 217,
　　　　　　　　219, 220, 222

ヒ酸························ 101, 133

砒酸········· 30, 131-137, 140-146

砒酸鉛····························· 132

砒酸塩················ 141, 143, 145

ビザンツ皇帝····················· 276

砒酸鉄········· 143, 144, 145, 146

ピジョン法························· 239

ビスフェノールＡ················ 250

砒石······························· 137

砒霜······················· 131, 132

砒素化合物·············· 131, 133,
　　　　　　　　135-138, 142-146

砒素鏡テスト····················· 142

砒素中毒患者············· 137, 138

ビターアーモンド················ 168

日高敏隆························· 295

ビタミンＣ····················86, 95

鼻中隔穿孔······················ 147

ヒデ································ 92

ヒドロオキシオキシム············ 262

ヒドロキシル基··············· 88, 246

避妊薬···························· 102

火の使用······· 6-9, 26, 223, 235

皮膚潰瘍························· 147

皮膚ガン·················· 132, 138

ヒューム·························· 269

氷晶石·······················53, 54

肥料············· 50, 51, 78, 108,
　　　　　147, 180, 212, 217, 227

肥料成分················· 51, 217

ビルママメ······················ 171

ヒンズー教······················ 281

ヒンデンブルク号················ 67

【ふ】

ファゼオルナチン················ 171

ファラデー······ 85, 86, 87, 91, 92,
　　　　　　　142, 148, 151, 298

フィリピン··············· 173, 278

風力·················58, 60, 63,
　　　　　200-204, 240, 241

富栄養化························· 51

フェニル基······················ 249

フェニル水銀··················· 102

フェノール樹脂·········· 244, 245

フェリシアン化カリウム········ 166

フェロー諸島··················· 106

フェロシアンイオン············· 175

フェロシアン化カリウム········ 166

フェロシアン化ソーダ··· 176, 185

フェロシアン化鉄··············· 176

不完全燃焼·············· 68, 191

負極······ 64, 118, 233, 235-238

複合発電························· 205

副産物··············· 40, 85, 117,
　　　　　　　122, 260, 263

副生水素·····················59, 60

武勲···························· 276

ブタジエン······ 174, 249, 250, 268

ブタジエンゴムラテックス······ 249

ブタノール·········· 109, 111, 112

フタル酸2-エチルヘキシル … 112
フタル酸エステル
　　　………… 109, 111, 112, 113
フタル酸ジブチル………………… 112
フタロシアニン銅……………… 267
婦中町……………… 125, 126
フッ化水素酸………………… 53
仏教……… 15, 277, 281, 296
物質…… 3, 5, 20, 28, 32, 35, 39,
　　　42, 52, 64, 76, 78, 84, 86,
　　　96, 152, 174, 177, 180, 209,
　　　230, 234, 238, 281, 292, 294
物質不滅の法則
　　　……… 4, 14, 15, 16, 18, 26
物質量……………………… 209
仏師のふるえ………………… 102
フッ素……………… 21, 55, 148
物体……………………3, 150
ブドウ糖……… 42, 76, 161,
　　　　　　168, 210, 212
腐敗菌……………… 133
不飽和ジカルボン酸………… 248
不飽和ポリエステル
　　　……… 245, 247, 248
フマル酸……………… 248
浮遊選鉱……… 194, 260, 261, 262
富裕層……………… 277
ブラジルロウヤシ……… 91
プラスチック規制……… 258
プラスチックゴミ… 252, 254, 255
プラスチック添加剤………… 257
プリーストリー……… 31, 34, 35

プリン環（プリン体）………… 198
プリン代謝……………… 198
プリント配線基板… 244, 248, 274
プルシャンブルー……… 166
フロイト……… 290, 291
フロギストン……… 27-29, 31-37
プロピレン……… 174, 246, 248
プロピレングリコール………… 248
分解者……………… 77, 78, 96
粉塵爆発……………… 68
分析化学……… 192, 194, 264
分族……………… 192, 264
分族試薬……………… 192
分別収集… 19, 121, 122, 206, 233

【へ】

ベークライト……………… 244
ヘキサシアノ鉄（Ⅲ）酸カリウム
　　　……………… 166
ヘキサシアノ鉄（Ⅱ）酸カリウム
　　　……………… 166
ヘキサフルオロアルミン酸イオン
　　　……………… 54
ヘキサメチレンジアミン……… 248
ヘキスト・ワッカー法… 271, 274
ペットボトル……………… 88, 247
ベネチアングラス……………… 10
ヘリウム……… 5, 21, 22, 24
ベリリウム……………… 21, 237
ベルセリウス……………… 151
ヘルメット……………… 248, 251
ベルリン青……………… 166

321

ペレット‥‥‥‥‥ 69, 71, 252
ヘンケル法テレフタル酸製造… 129
偏性嫌気性菌‥‥‥‥‥‥ 218
ベンゼン‥‥ 61, 85, 86, 113, 169,
　　228, 247, 249, 255, 262, 272
ベンゼン核（ベンゼン環）
　‥‥‥‥‥‥‥61, 247, 249
ベンツアルデヒド‥‥‥ 168, 169
扁桃‥‥‥‥ 167, 168, 169, 170

【ほ】

ボイル‥‥‥‥‥‥‥32, 33
芳香‥‥‥‥‥‥‥ 92, 169
褒章‥‥‥‥‥‥‥‥ 279
芒硝‥‥‥‥‥‥ 265, 266
ホウ素‥‥‥‥‥‥‥ 21
暴走族‥‥‥‥‥‥ 251, 287
防弾ガラス‥‥‥‥‥‥ 251
防弾バイザー‥‥‥‥‥ 251
防腐木材‥‥‥‥‥‥ 133
ボーキサイト‥‥‥‥52, 53, 54,
　　　　　55, 57, 58, 136
ボーケラン‥‥‥‥‥‥ 147
ホール‥‥‥‥‥‥‥ 301
ホール・エルー法‥‥‥‥52, 53
ホスゲン‥‥‥‥‥‥‥ 250
ポタシウム‥‥‥‥‥‥ 11
ボッシュ‥‥‥‥‥50, 226, 299
ボヘミアンガラス‥‥‥‥‥ 10
ポリエステル樹脂… 88, 245-248
ポリエチレン… 43, 182, 246, 247
ポリエチレンテレフタレート

‥‥‥‥‥‥‥‥ 246, 247
ポリ塩化ビフェニル‥‥‥ 255, 256
ポリカーボネート‥‥‥‥ 250, 251
ポリ臭化ジフェニルエーテル
　‥‥‥‥‥‥‥‥‥ 257
ポリスチレン‥‥‥‥‥ 246, 249
ポリプロピレン‥‥‥‥‥ 246
ボルタ電池‥‥‥‥‥‥ 235
ホルムアルデヒド‥‥‥‥ 244
ホワイト‥‥‥‥‥‥‥ 281
ホワイト二世‥‥‥‥‥ 280
本末転倒‥‥‥‥‥ 19, 277, 292

【ま】

マーシュ‥‥‥‥‥‥ 142
マードック‥‥‥‥‥‥83, 84
マイクロプラスチック‥‥‥ 243,
　　244, 252-254, 256-258
マイナスイオン‥‥‥ 23, 148, 149
マイヤーズ‥‥‥‥‥‥ 117
マグネシウム金属二次電池‥‥ 240
マグネシウム合金‥‥‥‥‥42, 76
マグネシウム電池… 238, 239, 240
マグネシウム燃料電池‥‥‥‥ 239
マッコウクジラ油‥‥‥‥‥ 91
マニオク‥‥‥‥‥‥‥ 172
マラソン‥‥‥‥‥‥‥ 289
マレイン酸‥‥‥‥‥‥ 248
マンガン‥‥‥‥‥‥‥ 94
マンガン乾電池‥‥‥‥‥ 234
マングローブ林‥‥‥‥ 19, 207
マンジョーカ‥‥‥‥ 172, 173

慢性中毒
　……… 116, 130, 135, 138, 178

【み】

ミイラ………………… 11, 100
三重ごみ固形燃料発電所……… 67
水H$_2$O……… 34, 64, 75, 210, 218
水分子………………… 88, 246
三菱化成………………… 129, 268
蜜蝋…………………83, 91
蜜蝋蝋燭………………… 83
水俣条約………… 106, 113, 114
水俣病………… 99, 100, 107,
　109-112, 114, 272, 274
ミリシルアルコール………… 91

【む】

無神経…………………281
無水亜砒酸… 131, 132, 134, 135,
　137, 140, 141, 146
無水酢酸…………………111
無知…………40, 197, 281
ムハンマド…………………276

【め】

メソポタミア文明………………275
メタクリル酸………………248
メタネーションプロセス……… 46
メタノール……… 42-46, 48, 62
メタロチオネイン…………130
メタン……… 24, 39, 46, 59, 69,
　80, 174, 191, 205, 210,

214, 216, 229, 268, 299
メタン生成菌………… 218, 219
メタン発酵…… 80, 191, 206, 207,
　210, 216-219, 229
メチルコバラミン………………143
メチルシクロヘキサン……… 61
メチル水銀………… 109-111, 285
めっき………… 17, 99, 101, 120,
　148, 157, 159, 163, 175, 181,
　186, 188, 250, 261, 270, 274
滅金…………………101
メデシンボール………… 290, 293
メトヘモグロビン………………179
メモリー効果………………118
メンデレーエフ………… 21

【も】

妄信…………………279
モーター………… 40, 65, 73, 86
木炭………28, 42, 80-82, 174
木蝋…………………91, 92
モスク…………………278
モノグリセリド………… 89
モノマー
　……… 111, 112, 245, 250, 273
桃の仁…………………164
森永砒素入りドライミルク事件
　…………………135
モリブデンレッド………………159
モル………… 5, 25, 32, 41, 44,
　46, 47, 155, 186, 222

【ゆ】

雄黄……………… 101, 131, 143
有害包装削減条項……………… 121
有機塩素化合物
　　………… 162, 199, 243, 268
有機ガラス……………………… 250
有機合成用酸化剤……………… 148
有機酸生成細菌………………… 217
有機ハイドライド……………60, 61
有機物……… 8, 14, 17, 42, 76,
　　148, 187, 191, 198, 210,
　　217, 220, 227, 230, 272
有機未燃物……………………… 199
有機溶剤中毒予防規則………… 86
油脂……… 76, 88-91, 93, 96
油状物質……… 84, 108, 112, 169
油性ペイント…………………… 94
ユダヤ教………… 279, 284, 295
油溶性…………………………… 94
油溶性有機酸…………………… 94
ユングナー……………………… 118

【よ】

陽イオン……… 23, 148, 149,
　　150, 153, 194, 242
陽イオン交換膜………………… 242
ヨウ化セシウム………………70, 71
容器包装廃プラスチック……… 85
陽子……… 5, 20, 21, 70
揚水発電………………………… 59
ヨウ素……… 69, 70, 148

溶媒抽出………………… 262, 263
溶融塩電気分解………………… 54
葉緑素…………………………… 75
余剰電力………………………… 202

【ら】

雷管……………………………… 104
雷酸水銀（雷汞）……………… 104
酪酸……………… 92, 93, 217
ラグランジェ…………………… 33
ラシッヒ………………… 272, 273
ラスプーチン…………………… 165
ラティマー……………………… 151
ラフィネート…………………… 266
ラボアジェ
　　……… 14, 15, 32-36, 48, 235
ラミネート製品………………… 245
藍藻……………………… 75, 130

【り】

利益誘導………………………… 279
リオレフィン樹脂……………… 246
陸上植物………………… 215, 216
利己的遺伝子
　　……… 18, 291-293, 295
利己的遺伝子の意志…………… 291
利己的な遺伝子
　　………… 286, 291, 292, 294
リサイクル… 17, 41, 52, 121, 245
リチウム……… 5, 21, 22, 42, 73,
　　118, 122, 233, 237, 240, 242
リチウムイオン電池

‥‥‥‥ 73, 118, 122, 233, 242
リナマリン‥‥‥‥ 163, 171-173
リビングストン‥‥‥‥‥‥ 281
硫化アンチモン‥‥‥‥‥‥ 194
硫化ソーダ‥‥‥‥ 118, 141, 157
硫化カドミウム光電素子‥‥‥‥ 119
硫化銀‥‥‥‥‥‥‥‥‥‥ 194
硫化鉱‥‥‥‥‥‥ 143, 262, 263
硫化水銀
‥‥‥‥ 100, 101, 104, 105, 194
硫化水素‥‥‥‥‥ 30, 124, 141,
143, 145, 163,
190, 217, 264, 267
硫化スズ（Ⅱ）‥‥‥‥‥‥ 194
硫化鉄‥‥‥‥ 190, 191, 192, 193
硫化砒素‥‥‥‥ 101, 131, 141, 143
硫化マンガン‥‥‥‥‥‥‥ 194
硫苦‥‥‥‥‥‥‥‥‥‥‥ 103
硫酸第一鉄‥‥‥‥ 155-157, 166,
175, 176, 186, 192, 264
硫酸第二鉄‥‥‥‥‥‥ 144, 264
硫酸銅‥‥‥‥‥‥ 176, 235, 262,
267, 269, 270
硫酸マグネシウム‥‥‥‥‥‥ 103
硫酸メチル水銀‥‥‥‥‥‥ 109
竜昇殿鉱山‥‥‥‥‥‥‥‥ 105
流動床‥‥‥‥‥‥‥‥‥‥ 59
硫砒鉄鉱‥‥‥‥‥‥‥‥‥ 137
両性‥‥‥‥‥‥‥‥ 141, 144
緑色顔料‥‥‥‥‥ 30, 153, 160
緑色野菜‥‥‥‥‥‥‥‥‥ 172
緑茶‥‥‥‥‥‥‥‥‥‥‥ 198

リン酸一水素ナトリウム‥‥‥‥ 136
燐酸塩‥‥‥‥‥‥‥‥‥‥ 227
輪廻‥‥‥‥‥‥‥‥‥‥‥ 285

【る】

ルテニウム Ru　‥‥‥‥‥‥ 49
ルビジウム‥‥‥‥‥‥‥‥ 70

【れ】

レイテ沖海戦‥‥‥‥‥‥‥ 278
レドックス‥‥‥‥ 76, 235, 242
レドックスフロー蓄電池‥‥‥‥ 242
錬金術‥‥‥‥‥ 15, 28, 32, 41,
47, 48, 166, 298
錬金術師‥‥‥‥‥‥ 28, 32, 166

【ろ】

蝋‥‥‥‥‥‥ 76, 83, 88, 90-92
ロウソク‥‥‥‥‥‥‥ 31, 86, 87,
91, 92, 94, 298
ロウソクの科学‥‥ 86, 87, 92, 298
濾過助剤‥‥‥‥‥‥‥‥‥ 228
緑錆‥‥‥‥‥‥‥‥‥‥‥ 30
ロダネース‥‥‥‥‥‥‥‥ 179
ロトストラリン‥‥‥‥‥ 171, 172

【わ】

和紙‥‥‥‥‥‥‥‥‥‥‥ 92
和製英語‥‥‥‥‥‥‥‥‥ 149
ワッカー法‥‥‥‥ 271, 272, 274
ワックス‥‥‥‥‥ 88, 90, 91, 214
ワット‥‥‥‥‥‥‥ 27, 83, 225

325

ワットルエキス……………… 160
ワトソン…………………… 291

◎著者略歴

村田　徳治（ムラタトクジ）

神奈川県鎌倉市出身　技術士（化学部門：文部科学省登録　第4094号）
1958年　横浜国立大学工学部卒業
　同　年　日本化学産業株式会社に入社
1966年　技術士（化学部門）登録
1970年　日本化学産業株式会社　研究所長
1971年　技術士村田徳治事務所を設立
1975年　株式会社循環資源研究所を設立　現在　同社代表取締役　所長
2000年　淑徳短期大学　兼任講師（～2006年）

【主たる著書】

新訂　廃棄物のやさしい化学　1・2・3巻	日報出版	2004年
化学はなぜ環境を汚染するのか	環境コミュニケーションズ	2001年
廃棄物の資源化技術	オーム社	2000年
環境破壊の思想	日報出版	2000年
都市ごみのやさしい化学	日報出版	2000年
正しい水の話	はまの出版	1996年
産業廃棄物有害物質ハンドブック	東洋経済新報社	1976年

2015年度　公職
　埼玉県　　埼玉県土壌・地下水汚染専門委員会　　　　委員
　相模原市　相模原市廃棄物処理施設専門家委員会　　　委員長

「化学」で考える

―環境・エネルギー・廃棄物問題

村田　徳治　著

2016年11月8日　初版1刷発行

発行者　織田島　　修
発行所　化学工業日報社
☎ 103-8485　東京都中央区日本橋浜町3-16-8
電話　　03（3663）7935（編集）
　　　　03（3663）7932（販売）
振替　　00190-2-93916
支社　大阪　支局　名古屋、シンガポール、上海、バンコク
HP アドレス　http://www.kagakukogyonippo.com/

（印刷・製本：平河工業社）

本書の一部または全部の複写・複製・転訳載・磁気媒体への入力等を禁じます。
ⓒ2016〈検印省略〉落丁・乱丁はお取り替えいたします。
ISBN978-4-87326-675-6　C0043

元　素

族\周期	1	2	3	4	5	6	7	8	9
1	1 H 水素 1.008								
2	3 Li リチウム 6.941	4 Be ベリリウム 9.012			原子番号 元素記号 元素名 原子量				
3	11 Na ナトリウム 22.99	12 Mg マグネシウム 24.31							
4	19 K カリウム 39.10	20 Ca カルシウム 40.08	21 Sc スカンジウム 44.96	22 Ti チタン 47.88	23 V バナジウム 50.94	24 Cr クロム 52.00	25 Mn マンガン 54.94	26 Fe 鉄 55.85	27 Co コバルト 58.93
5	37 Rb ルビジウム 85.47	38 Sr ストロンチウム 87.62	39 Y イットリウム 88.91	40 Zr ジルコニウム 91.22	41 Nb ニオブ 92.91	42 Mo モリブデン 95.94	43 Tc テクネチウム (99)	44 Ru ルテニウム 101.1	45 Rh ロジウム 102.9
6	55 Cs セシウム 132.9	56 Ba バリウム 137.3	57〜71 L ランタノイド	72 Hf ハフニウム 178.5	73 Ta タンタル 180.9	74 W タングステン 183.8	75 Re レニウム 186.2	76 Os オスミウム 190.2	77 Ir イリジウム 192.2
7	87 Fr フランシウム (223)	88 Ra ラジウム (226)	89〜103 A アクチノイド	104 Rf ラザホージウム (267)	105 Db ドブニウム (268)	106 Sg シーボーギウム (271)	107 Bh ボーリウム (272)	108 Hs ハッシウム (277)	109 Mt マイトネリウム (276)

57〜71 L ランタノイド	57 La ランタン 138.9	58 Ce セリウム 140.1	59 Pr プラセオジム 140.9	60 Nd ネオジム 144.2	61 Pm プロメチウム (145)	62 Sm サマリウム 150.4	63 Eu ユーロビウム 152.0
89〜103 A アクチノイド	89 Ac アクチニウム (227)	90 Th トリウム 232.0	91 Pa プロトアクチニウム 231.0	92 U ウラン 238.0	93 Np ネプツニウム (237)	94 Pu プルトニウム (244)	95 Am アメリシウム (243)

典型非金属元素　　　典型金属元素　　　遷移金属元素

周　期　表

10	11	12	13	14	15	16	17	18
								2 He ヘリウム 4.003
			5 B ホウ素 10.81	6 C 炭素 12.01	7 N 窒素 14.01	8 O 酸素 16.00	9 F フッ素 19.00	10 Ne ネオン 20.18
			13 Al アルミニウム 26.98	14 Si ケイ素 28.09	15 P リン 30.97	16 S 硫黄 32.07	17 Cl 塩素 35.45	18 Ar アルゴン 39.95
28 Ni ニッケル 58.69	29 Cu 銅 63.55	30 Zn 亜鉛 65.39	31 Ga ガリウム 69.72	32 Ge ゲルマニウム 72.61	33 As ヒ素 74.92	34 Se セレン 78.95	35 Br 臭素 79.90	36 Kr クリプトン 83.80
46 Pd パラジウム 106.4	47 Ag 銀 107.9	48 Cd カドミウム 112.4	49 In インジウム 114.8	50 Sn スズ 118.7	51 Sb アンチモン 121.8	52 Te テルル 127.6	53 I ヨウ素 126.9	54 Xe キセノン 131.3
78 Pt 白金 195.1	79 Au 金 197.0	80 Hg 水銀 200.6	81 Tl タリウム 204.4	82 Pb 鉛 207.2	83 Bi ビスマス 209.0	84 Po ポロニウム (210)	85 At アスタチン (210)	86 Rn ラドン (222)
110 Ds ダームスタチウム (281)	111 Rg レントゲニウム (280)	112 Cn コペルニシウム (285)						

64 Gd ガドリニウム 157.3	65 Tb テルビウム 158.9	66 Dy ジスプロジウム 162.5	67 Ho ホルミウム 164.9	68 Er エルビウム 167.3	69 Tm ツリウム 168.9	70 Yb イッテルビウム 173.0	71 Lu ルテチウム 175.0
96 Cm キュリウム (247)	97 Bk バークリウム (247)	98 Cf カリホルニウム (252)	99 Es アインスタニウム (252)	100 Fm フェルミウム (257)	101 Md メンデレビウム (258)	102 No ノーベリウム (259)	103 Lr ローレンシウム (260)